海军工程大学研究生教材建设基金资助

高等学校信息安全专业规划教材

现代密码学

罗芳　吴晓平　秦艳琳　编

U0249957

WUHAN UNIVERSITY PRESS

武汉大学出版社

图书在版编目(CIP)数据

现代密码学/罗芳,吴晓平,秦艳琳编 . —武汉:武汉大学出版社,2017.4
高等学校信息安全专业规划教材
ISBN 978-7-307-17324-8

Ⅰ. 现… Ⅱ. ①罗… ②吴… ③秦… Ⅲ. 密码学—高等学校—教材 Ⅳ. TN918.1

中国版本图书馆 CIP 数据核字(2017)第 067178 号

责任编辑:林 莉 辛 凯 责任校对:汪欣怡 版式设计:马 佳

出版发行:**武汉大学出版社** (430072 武昌 珞珈山)
(电子邮件:cbs22@whu.edu.cn 网址:www.wdp.com.cn)
印刷:湖北恒泰印务有限公司
开本:787×1092 1/16 印张:13.75 字数:354 千字 插页:1
版次:2017 年 4 月第 1 版 2017 年 4 月第 1 次印刷
ISBN 978-7-307-17324-8 定价:33.00 元

　　本书是为信息安全专业高年级本科生及密码学专业研究生编写的专业基础课教材，其选材内容的组织安排是编者参考国内外密码学相关书籍和资料，并结合多年教学实践确定的。与国内已出版的同类教材相比，本教材具有以下特点：

　　1. 注重理论基础，内容安排合理。本教材在内容上注重讲解最经典、最核心的密码学基础理论和方法，由浅入深，循序渐进，逻辑严密、前后呼应，通过丰富的实例和典型算法使学员快速掌握密码学的核心概念、方法和技术。

　　2. 广度和深度兼具。为了适应当前信息安全技术迅速发展对密码学基础理论提出的新要求，本教材在介绍经典密码理论的同时，引入了当前各类密码标准中的典型算法以及密码学研究领域中的新技术成果。同时，为了培养学生具有一定的自主研究、应用和创新能力，教材中某些较难的章节可以作为课后自学内容，以培养学生的自主思维能力。

　　3. 注重启发性。为使读者知其然，也知其所以然，教材内容的组织遵循从基本原理到具体算法的编写思路，首先介绍各类经典密码体制的原理，在原理指导下介绍典型算法，通过算法的学习再加深对原理的理解，改变了目前大多数教材以罗列密码算法为主，缺乏对设计原理分析的局面。

　　全书共分为 10 章，第 1 章介绍密码学的基本概念及密码编码的基本方法。第 2 章介绍 Shannon 信息论及其在密码学中的应用。第 3 章介绍密码学中常用的布尔函数的表示及其密码学性质。第 4 章介绍了序列密码的传统编码技术、典型分析方法以及序列密码在数字保密通信中的实际应用。第 5 章介绍了分组密码的编码原理、经典分组密码算法、轻量级分组密码算法以及分组密码的工作模式，详细给出了针对分组密码的差分及线性密码分析的原理及实例。第 6 章介绍了基于三大数学难题构造的公钥密码算法及基于身份的公钥密码体制。第 7 章介绍身份认证及消息认证。第 8 章在前两章的基础上，介绍经典的数字签名方案及特殊作用的数字签名。第 9 章围绕对称及公钥密码管理两部分内容，分别介绍了密码系统的密钥组织架构、密钥全生命周期管理、公钥基础设施，并重点介绍了密钥全生命周期管理中的密钥分配环节。第 10 章针对密码学发展的前沿对量子密码、同态加密技术、混沌密码及侧信道攻击技术进行了概述。

　　本书在编写过程中得到了海军工程大学研究生院同志及信息安全系领导的支持，特别是研究生院教材建设基金的资助；叶伟伟、汪亚等硕士研究生协助对部分文稿进行了核对，做了大量工作，在此一并表示感谢。

　　由于时间仓促，书中不足之处在所难免，希望读者不吝指正。

编 者

2016 年 9 月

目 录

第1章 绪论 ···· 1
1.1 密码学发展简史 ···· 1
1.2 密码学与信息安全 ···· 2
  1.2.1 信息安全面临的威胁 ···· 2
  1.2.2 密码学研究内容 ···· 3
1.3 密码体制的安全性 ···· 7
1.4 密码编码的基本方法 ···· 8
  1.4.1 置换密码 ···· 8
  1.4.2 代替密码 ···· 9
1.5 代替密码的统计分析 ···· 13
  1.5.1 语言的统计特性 ···· 14
  1.5.2 单表代替密码的统计分析 ···· 15
  1.5.3 多表代替密码的统计分析 ···· 17
习题1 ···· 20

第2章 保密理论 ···· 21
2.1 信息论基本概念 ···· 21
  2.1.1 信息量和熵 ···· 21
  2.1.2 联合熵、条件熵和平均互信息 ···· 23
2.2 Shannon保密理论 ···· 24
  2.2.1 密码体制的概率模型 ···· 24
  2.2.2 唯一解码量 ···· 27
  2.2.3 完善保密密码体制 ···· 28
2.3 计算复杂性理论 ···· 30
  2.3.1 问题与算法 ···· 31
  2.3.2 算法的计算复杂性 ···· 31
  2.3.3 问题的复杂性 ···· 32
习题2 ···· 33

第3章 布尔函数 ···· 35
3.1 布尔函数及其表示 ···· 35
  3.1.1 布尔函数的真值表表示 ···· 35
  3.1.2 布尔函数的小项表示 ···· 36

3.1.3 布尔函数的多项式表示 ……………………………………………… 36

3.1.4 布尔函数的谱表示 …………………………………………………… 37

3.1.5 布尔函数的矩阵表示 ………………………………………………… 38

3.1.6 布尔函数的序列表示 ………………………………………………… 39

3.2 布尔函数的平衡相关免疫性 ………………………………………………… 39

3.3 布尔函数的非线性度及其上界 ……………………………………………… 41

3.4 布尔函数的严格雪崩特性和扩散性 ………………………………………… 44

3.5 Bent 函数 …………………………………………………………………… 45

习题 3 ……………………………………………………………………………… 46

第 4 章 序列密码 ……………………………………………………………………… 48

4.1 序列密码基本概念 …………………………………………………………… 48

4.1.1 序列密码设计思想 …………………………………………………… 48

4.1.2 序列密码工作方式 …………………………………………………… 49

4.2 线性反馈移位寄存器序列 …………………………………………………… 50

4.2.1 线性反馈移位寄存器 ………………………………………………… 50

4.2.2 伪随机序列特性 ……………………………………………………… 52

4.2.3 m-序列的密码特性 …………………………………………………… 54

4.2.4 m-序列的还原特性 …………………………………………………… 55

4.3 序列密码编码技术 …………………………………………………………… 57

4.3.1 非线性前馈模型 ……………………………………………………… 58

4.3.2 非线性组合模型 ……………………………………………………… 58

4.3.3 钟控生成器 …………………………………………………………… 59

4.4 序列密码典型分析方法简介 ………………………………………………… 60

4.4.1 相关攻击 ……………………………………………………………… 60

4.4.2 代数攻击 ……………………………………………………………… 61

4.4.3 其他攻击 ……………………………………………………………… 62

4.5 非线性序列源 ………………………………………………………………… 62

4.5.1 非线性反馈移位寄存器序列 ………………………………………… 62

4.5.2 带进位反馈移位寄存器序列 ………………………………………… 63

4.5.3 单圈 T-函数序列 ……………………………………………………… 64

4.6 典型序列密码算法 …………………………………………………………… 65

4.6.1 蓝牙序列密码加密系统 ……………………………………………… 65

4.6.2 A5 算法 ………………………………………………………………… 69

4.6.3 NESSIE 工程及 eSTREAM 工程简介 ……………………………… 71

习题 4 ……………………………………………………………………………… 72

第 5 章 分组密码 ……………………………………………………………………… 74

5.1 分组密码概述 ………………………………………………………………… 74

5.1.1 分组密码原理 ………………………………………………………… 74

5.1.2　分组密码设计原则　……………………………………………………………… 76

5.1.3　分组密码整体结构　……………………………………………………………… 78

5.2　数据加密标准　…………………………………………………………………………… 80

5.2.1　DES 算法　………………………………………………………………………… 81

5.2.2　AES 算法　………………………………………………………………………… 88

5.3　国际数据加密标准　……………………………………………………………………… 96

5.3.1　IDEA 数学基础　…………………………………………………………………… 96

5.3.2　IDEA 算法　………………………………………………………………………… 97

5.4　SMS4 密码算法　………………………………………………………………………… 99

5.4.1　SMS4 加、解密算法　……………………………………………………………… 99

5.4.2　SMS4 密钥扩展算法　……………………………………………………………… 101

5.5　轻量级分组密码　………………………………………………………………………… 102

5.5.1　LBlock 算法　……………………………………………………………………… 103

5.5.2　MIBS 算法　………………………………………………………………………… 103

5.6　差分密码分析原理与实例　……………………………………………………………… 105

5.6.1　差分密码分析基本原理　…………………………………………………………… 105

5.6.2　DES 的差分密码分析　…………………………………………………………… 107

5.7　线性密码分析原理与实例　……………………………………………………………… 109

5.7.1　线性密码分析基本原理　…………………………………………………………… 109

5.7.2　DES 线性密码分析　……………………………………………………………… 111

5.8　分组密码工作模式　……………………………………………………………………… 113

5.8.1　电码本(ECB)模式　……………………………………………………………… 114

5.8.2　密码分组链接(CBC)模式　……………………………………………………… 115

5.8.3　密码反馈(CFB)模式　…………………………………………………………… 116

5.8.4　输出反馈(OFB)模式　…………………………………………………………… 116

5.8.5　计数器(CTR)模式　……………………………………………………………… 117

习题 5　………………………………………………………………………………………… 119

第 6 章　公钥密码　……………………………………………………………………………… 121

6.1　公钥密码原理　…………………………………………………………………………… 121

6.1.1　公钥密码产生背景　………………………………………………………………… 121

6.1.2　公钥密码基本思想　………………………………………………………………… 121

6.1.3　公钥密码的工作方式　……………………………………………………………… 123

6.2　RSA 公钥密码算法　……………………………………………………………………… 125

6.2.1　RSA 算法简介　…………………………………………………………………… 125

6.2.2　RSA 算法的安全性　……………………………………………………………… 126

6.3　ELGamal 公钥密码算法　……………………………………………………………… 129

6.3.1　有限域上的离散对数问题　………………………………………………………… 129

6.3.2　ELGamal 公钥密码算法　………………………………………………………… 130

6.3.3　ELGamal 算法安全性分析　……………………………………………………… 130

6.4 椭圆曲线公钥密码算法 ································ 131
　　6.4.1 椭圆曲线 ···································· 131
　　6.4.2 椭圆曲线密码算法 ···························· 134
6.5 基于身份的公钥密码体制 ····························· 137
　　6.5.1 基于身份密码体制简介 ························· 137
　　6.5.2 BF-IBE 方案 ································· 138
习题 6 ·· 139

第7章 认证 ··· 140
7.1 身份认证 ·· 140
　　7.1.1 一次性口令方案 ····························· 141
　　7.1.2 零知识证明 ································· 141
7.2 消息认证 ·· 145
　　7.2.1 站点认证 ·································· 145
　　7.2.2 报文认证 ·································· 146
7.3 消息认证码 ······································ 151
7.4 Hash 函数 ······································· 152
　　7.4.1 Hash 函数性质 ······························ 152
　　7.4.2 Hash 函数的安全性 ··························· 154
　　7.4.3 Hash 函数标准 SHA-1 ························· 155
　　7.4.4 SMS3 密码杂凑算法 ·························· 158
7.5 基于 Hash 函数的消息认证码 HMAC ····················· 160
习题 7 ·· 162

第8章 数字签名 ····································· 163
8.1 数字签名原理 ····································· 163
8.2 典型数字签名方案 ·································· 165
　　8.2.1 RSA 数字签名方案 ···························· 165
　　8.2.2 ELGamal 数字签名方案 ························ 168
　　8.2.3 数字签名标准 DSS ··························· 170
　　8.2.4 利用椭圆曲线密码算法实现数字签名 ·············· 171
8.3 特殊作用数字签名 ································· 173
　　8.3.1 盲签名 ···································· 173
　　8.3.2 不可否认签名 ······························ 174
　　8.3.3 群签名 ···································· 176
　　8.3.4 代理签名 ·································· 177
习题 8 ·· 178

第9章 密钥管理 ····································· 179
9.1 密钥管理概述 ····································· 179

9.1.1 密钥的种类 ……………………………………………… 179
9.1.2 密钥的组织结构 ………………………………………… 180
9.2 秘密共享 ………………………………………………………… 181
9.3 密钥全生命周期管理 …………………………………………… 182
9.4 公钥基础设施 …………………………………………………… 185
9.4.1 PKI 的基本概念 ………………………………………… 186
9.4.2 公钥证书的原理 ………………………………………… 187
9.5 密钥协商 ………………………………………………………… 187
9.6 密钥分配 ………………………………………………………… 189
习题 9 ………………………………………………………………… 191

第 10 章 密码学新进展 …………………………………………… 193
10.1 量子计算与量子密码 …………………………………………… 193
10.1.1 量子计算机对现代密码体制的挑战 ………………… 193
10.1.2 量子密码理论体系 …………………………………… 195
10.1.3 后量子密码体制 ……………………………………… 199
10.2 同态加密技术 …………………………………………………… 200
10.3 混沌密码 ………………………………………………………… 202
10.4 侧信道攻击技术 ………………………………………………… 205

附录 …………………………………………………………………… 208

参考文献 ……………………………………………………………… 211

第1章 绪 论

密码是按特定的规则对信息进行明、密变换的特定符号。密码学是研究确保信息机密性和真实性的技术，是信息安全的重要基础和核心技术。本章简要介绍密码学的发展历史、密码学的基本概念、密码编码的基本方法、密码分析的分类以及密钥管理。

1.1 密码学发展简史

纵观密码学发展历史，可以将其发展历程归纳为以下三个阶段：

1. 科学密码学前夜时期

从有人类社会开始，人们就有保护自己秘密信息的意愿，也就诞生了密码。4000多年前，人类创造的象形文字就是原始的密码方法。

19世纪末，无线电的发明使信息的传递突破了空间界限，但同时信息的安全性也引起了人们的极大关注，这一时期密码的主要标志是以手工操作或机械操作实现。

在1949年之前，密码技术基本上是一门技巧性很强的艺术，而不是一门真正的科学。在这一时期，密码专家常常是凭借直觉、技巧进行密码设计和分析，例如：凯撒密码、中国古代的阴符、阴书等。

在这一时期，密码学研究也基本上被政府和军事机构垄断，处于秘而不宣的状态。第一次世界大战前，密码学的重要进展很少出现在公开文献中。这一时期最有影响力的密码学文献是1918年Friedman发表的论文《重合指数及其在密码学中的而应用》，该论文给出了多表代替密码的破译方法。

2. 对称密码学的早期发展时期

从1949年到1975年，这一时期最具代表性的工作是Shannon在 *Bell System Technical Journal* 上发表了题为"保密系统的通信理论"（Communication theory of secrecy systems）的论文，该文为对称密码系统建立了理论模型，并应用由Shannon刚创立的信息论来研究密码系统，为密码学奠定了坚实的理论基础，使密码学发展成为了一门真正的科学。

3. 现代密码学发展时期

从1976年到1996年，这一时期密码学无论在广度还是深度上都得到了空前发展。最有影响的两个事件：一是Diffie和Hellman于1976年发表的论文《密码学的新方向》，该文引入了公钥密码的概念，为解决基于公钥的密钥交换和互不信任双方的信息认证问题提供了可能；另一重要事件是美国于1977年制定的数据加密标准DES。这两个事件标志着现代密码学的诞生。

20世纪90年代以来，特别是1997年以来，密码学得到了广泛应用，密码标准化工作和实际应用得到了各国政府、学术界和产业界的空前关注。标准化是工业社会的一个基本概念，它意味着生产规模化、成本降低、维修和更换方便，同时也便于管理。密码技术是保障国家、国防和社会经济安全的重要技术，因此，密码技术标准的研究与制定是一个重要而永恒的研究方向。从密码发展来看，密码标准是密码理论与技术发展的结晶，也是推动密码学发展的原动力，因此，世界各国和一些国际标准化组织高度重视密码标准的研究与制定。这一时期最有影响的标准计划有：美国 1997 年启动的 NIST 计划；欧洲 2000 年启动的 NESSIE 计划；欧洲 32 所著名研究机构和企业 2004 年启动的 ECRYPT 计划；美国 2007 年启动的 SHA-3 计划等。近几年我国高度重视密码标准的研究与制定，如无线局域网密码标准、可信计算密码标准，并在实际应用中发挥了重要作用。

1.2 密码学与信息安全

信息安全问题的解决最终要依赖密码技术，因此，密码技术是无可替代的核心技术，而要理解密码学与信息安全的关系，首先需要明确信息安全面临的威胁。

1.2.1 信息安全面临的威胁

信息安全面临的威胁是指利用信息安全脆弱性的潜在危险对系统安全实施攻击，如图 1.2.1 所示，攻击可分为被动攻击和主动攻击。

1. 被动攻击

被动攻击试图了解或利用系统的信息但不影响系统资源，其目标是获得传输的信息。窃听和流量分析就是两种被动攻击。

窃听很容易理解，电话、电子邮件信息和传输的文件都可能含有敏感或秘密的信息，我们希望能阻止攻击者了解所传输的内容；另一类是业务流分析，假如我们已经有一种方法来隐蔽消息内容或其他信息的交互，例如，加密使得攻击者即使捕获了消息也不能从消息里获得信息，但即使这样，攻击者仍可能获得这些消息模式。攻击者可以确定通信主机的身份和位置，可以观察传输消息的频率和长度，可以用于判断通信的性质。

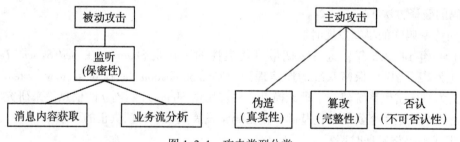

图 1.2.1 攻击类型分类

被动攻击由于不涉及对数据的篡改，所以很难察觉。典型情况是，信息流表面以一种常规方式在信源、信宿之间进行收发，收、发双发难以察觉到有第三方已经读取了信息或者观察了流量模式。但是，通过加密的手段组织这种攻击却是可行的，因此，处理被动攻击的重点是预防，而不是监测。

2. 主动攻击

主动攻击包括对数据流进行篡改或伪造数据流，具体可以分为四类：伪装、重放、篡改和否认。

(1)伪装。

伪装是指某实体假装别的实体。伪装攻击通常还包含其他形式的主动攻击。例如,截获认证信息,并在真实的认证信息之后进行重放,从而使得没有权限的实体通过冒充有权限的实体,获得额外的权限。

(2)重放。

重放是指将获得的信息再次发送以产生非授权的效果。

(3)篡改。

篡改是指修改合法消息的一部分或延迟消息的传输或改变消息的顺序以获得非授权的效果。

(4)否认。

用户否认曾经对信息进行的生成、签发、接收等行为。

对系统的真实性进行攻击。如在网络中插入伪造或在文件中插入伪造的记录。

绝对防止主动攻击是十分困难的,因为需要随时随地通信设备和通信线路进行物理保护,因此抗击主动攻击的主要途径是检测,即以极大的概率检测出主动攻击的存在。

围绕上述威胁,信息安全需实现四个基本目标:机密性、完整性、真实性和不可否认性,这些目标的实现最终都需要借助密码技术。

信息的机密性是指信息的内容不被非授权者获取。信息加密可利用加密算法改变信息数据的原型,从而使合法用户能解密,非法用户则不能解密,通常通过分组密码及序列密码技术来实现信息的机密性。

完整性是指信息从信源发出到信宿接收整个传递过程中一旦发生篡改,信宿能以极大的概率检测出对消息的篡改攻击,通常通过 Hash 函数或 MAC(Message Authentication Code)来实现信息的完整性保护。

信息的真实性包括信源、信宿、时间的真实性及消息的完整性,可通过认证协议来实现。信息真实性认证的目的不是为了避免不真实信息的出现,而是要保证不真实的信息能以极大的概率检测出来。

当发送一个消息时,接收方能证实该消息确实是由既定的发送方发来的,称为源不可否认性;同样,当接收方收到一个消息时,发送方能够证实该消息确实已经送到了指定的接收方,称为宿不可否认性。一般通过数字签名来提供不可否认性服务。

除了以上一些主要目标外,还有匿名性和可用性等,其中,可用性指保障信息资源随时可以提供服务的能力,即授权用户根据需要可以随时访问所需信息,保证合法用户对信息资源的使用不被非法拒绝。典型的对可用性的攻击是拒绝服务攻击。

1.2.2 密码学研究内容

密码学的研究内容包括密码编码学、密码分析学及密钥管理学,其中,密钥管理学是随着密码学研究和应用领域的不断拓展而独立出来的一个分支。

1.2.2.1 密码编码学

密码编码学的主要任务是寻求产生安全性高的有效算法和协议,以满足对信息进行加密或认证的要求。

信息加密算法是密码编码学长期以来的基本研究内容。其基本思想是在一个可变参数的控制下，对信息进行变换，使得非授权者不能由变换后的结果还原出信息。可变参数称为密钥，变换前的原始信息称为明文，变换后的数据称为密文。

具体来说，一个密码体制由明文空间 M，密文空间 C，密钥空间 K，加密算法 $E_{k_c}(m)$ 和解密算法 $D_{k_d}(c)$ 五个部分组成。如果从函数的定义出发理解密码体制的概念，则密钥空间是所有可能密钥取值的集合，明文空间和密文空间分别是加密算法的定义域和值域，也是解密算法的值域和定义域。其中，对于 $\forall m \in M$ 和 $\forall k \in k$，都有

$$\begin{cases} c = E_{k_c}(m) \\ m = D_{k_d}(c) \end{cases}$$

密码通信系统的结构如图 1.2.2 所示。

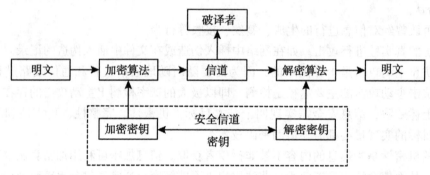

图 1.2.2　密码通信系统结构图

为达到保护信息机密性的目的，密码算法应当满足以下要求：

(1)密码算法即使达不到理论上的不可破译性，也应当是实际上不可破译的。

(2)一切秘密寓于密钥之中，只要攻击者不知道密钥，就不能由已知信息推出未知明文信息。

(3)加密算法和解密算法必须对密钥空间中所有可能值都有定义，且安全强度不够的弱密钥应尽可能少。

(4)密码体制应具有很好的实现性能，能够满足实际工作需要。

如果一个密码体制的加密密钥与解密密钥完全本质上是一个，即由其中一个可以很容易推出另外一个，则称该密码体制是单密钥密码体制。单密钥密码体制又称为对称密钥密码体制。

如果一个密码体制的加密密钥可以公开，且由加密密钥在实际上不能推出秘密的解密密钥，则称该密码体制为公开密钥密码体制，公钥密码体制、双密钥密码体制或非对称密码体制。

认证与加密是信息安全的两个不同方面，认证是防止主动攻击的重要技术。在认证系统中，信息的收、发双方共享秘密密钥，发送信息之前，发送方对信息进行适当的编码，使得接收方可以验证信息是否来自合法的信源，以及信息是否被篡改过。认证系统中的攻击者主要是指主动攻击者，他可以对信息进行两种攻击，即模仿和假冒。模仿攻击是指攻击者伪造一条消息发送给接收者，并使其相信信息的合法性；假冒攻击是指攻击者用伪造的信息假冒信源发出信息。

认证系统主要有两种模型：一种是无仲裁者的认证模型，收、发双方相互信任且利益一致，他们共享秘密密钥并共同应对攻击者；另一种是有仲裁者的认证模型，系统中有一个公平的仲裁者，收、发双方之间互不信任，但他们都信任仲裁者，有仲裁者的认证系统还需要使用数字签名、时间戳、公证等技术。无仲裁者的认证系统由信源、信宿、密钥源和攻击者组成，如图 1.2.3 所示。

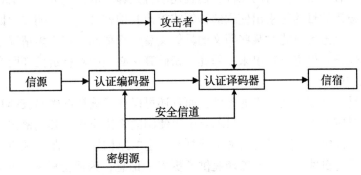

图 1.2.3 认证系统模型

认证码是认证系统中最关键的部分，其构造方法是在要发送的消息中引入冗余，使得在信道中传送的消息集合大于信源发出的消息集合。

认证码由信息认证算法产生。信息认证算法就是对信息数据执行一个数学变换，变换的结果称为认证码。信息认证算法通过信息数据与认证码之间的制约关系，达到对信息数据的真实性进行认证的目的。当利用信息认证算法产生的认证码与信息数据自身携带的认证码不一致时，就可以判断该信息数据和认证码至少有一个是不真实的。

因此，信息认证算法就是高效地为信息数据产生人为的冗余，并利用这种冗余检测信息的真实性。

从安全角度看，信息认证算法应当既不能伪造一个匹配的信息数据——认证码，又不能通过对信息数据及其认证码的修改，产生一对匹配的信息数据——认证码。

信息认证算法可分为无密钥认证算法、单密钥认证算法和双密钥认证算法。无密钥认证算法和单密钥认证算法中可以没有仲裁算法。在无密钥认证算法中，由于产生认证码时不需要秘密密钥，因而任何人都可以产生每个可能的信息数据的认证码，故无密钥认证算法只能检测出对信息数据无意的修改而不能检测出有意的篡改；在单密钥认证算法中，双方利用同一个秘密密钥生成和检测认证码；双密钥认证算法的密钥由公钥和私钥两部分组成，公钥与私钥一一对应，私钥用于产生认证码，公钥用于认证码的检测和仲裁。

1.2.2.2 密码分析学

密码分析学的主要任务是破译密码或伪造认证信息，实现窃取机密信息或伪造信息以通过验证。

假设攻击者已掌握所使用的密码体制、明文及密钥的概率分布规律、所有的破译方法，如果攻击者通过某些渠道窃听或侦收到正在传递的密文信息，并视图用各种手段或方法获取密钥或明文信息，则这种攻击方法称为被动攻击。

根据攻击者所掌握信息的类别不同，可将对加密算法的攻击分为以下几类：

(1) 唯密文攻击。

攻击者掌握足够多的使用同一密钥加密的密文，破译的目的是求出使用的密钥或对应的明文。由于信道未必是安全信道，因而密文在信道上被截获是很正常的。特别是当密文在无线信道中传输时，更容易从无线信号中截获密文数据。因此，唯密文攻击的条件是很容易满足的。密码算法至少应能抵抗唯密文攻击。

（2）已知明文攻击。

攻击者不仅具有唯密文攻击的条件，而且还掌握足够多的使用同一个密钥加密的密文及其对应的明文。破译的目的是求出使用的密钥或求出其他密文对应的明文。因为明文总有一定的文意和格式，攻击者总能对某些明文的具体文意进行猜测。在很多情况下，加密的明文也可能会通过其他公开渠道公布出来，因此，密码算法必须能够抵抗已知明文攻击。

（3）选择明文攻击。

攻击者不仅具有已知明文攻击的条件，而且还可以任意选择对密码破译有利的足够多的明文，并能得到对应的密文。破译的目的是求出使用的密钥或求出其他密文对应的明文。

在选择明文攻击中，所选择的明文可能具有一定的结构规律和制约规律。明文之间的这种相互制约性和不随机性，为密码破译提供了更多的信息，因而能够取得更好的破译效果。分组密码分析中，多采用已知明文攻击及选择明文攻击。

（4）选择密文攻击。

攻击者不仅具有已知明文攻击的条件，而且还可以任意选择对密码破译有利的足够多的密文，并能得到对应的明文。与选择明文攻击类似，在选择密文攻击中选择的密文也可能具有一定的结构规律和制约规律。选择密文攻击主要应用于攻击公钥密码，特别是应用于攻击数字签名算法。

（5）相关密钥攻击。

一个密钥的相关密钥是指对密码破译有利的，且与该密钥具有一定内在联系的密钥。利用这一攻击方法，攻击者不仅具有选择明文攻击和选择密文攻击的条件，而且还能得到由所求密钥的相关密钥对其他任意选择的明文加密所得的密文，以及对其他任意选择的密文解密所得的明文。

例如，设 k 是待求的密钥，$P_1, P_2, \cdots, P_n$ 是 n 个公开的数据，则
$$k \oplus P_1, \ k \oplus P_2, \ \cdots, \ k \oplus P_n$$
就是相关密钥，同时利用由它们加密的明文和密文发起的对密钥 k 的攻击就是一种相关密钥攻击。

从攻击手段上分，密码分析者攻击密码的主要方法有以下几种：

（1）穷举攻击。

穷举攻击是攻击密码算法最基本的方法，是对截获的密文依次用各种可能的密钥或明文去试译密文，直至得到有意义的明文，或在同一密钥下，对所有可能的明文加密，直至得到与截获的密文一致为止。前者称为密钥穷举，后者称为明文穷举。穷举攻击所需的时间代价是制约其性能的重要指标。如果密钥的总数是 2^n，则平均需要测试 2^{n-1} 个密钥就可以找到正确的密钥，显然，只要增加密钥空间中的密钥数量，就可以对抗穷举攻击。按照目前的计算能力，密钥空间为 2^{128} 的密码算法仍是安全的。

为了使穷举攻击可行，攻击者会为了减少穷举量，大体有两种方法：一种是根据已经掌握的信息或密码体制上的不足，先确定密钥的一部分结构，或从密钥总体中排除那些不可能使用的密钥，再利用穷举法去破译实际使用的密钥；另一种是将密钥空间划分为若干个可能

的子集，对密钥可能落入哪个子集自己进行判断，在确定了密钥所在子集后，再对该子集进行类似的划分，并检验实际密钥所在的子集。依次类推判断出正确密钥。

（2）统计攻击。

统计攻击就是利用明文、密文之间内在的统计规律破译密码的方法。具体可分为两类：一类是利用明文的统计规律进行破译，攻击者对截获的密文进行统计分析，总结其间的规律，并与明文的统计规律进行对照分析，从中提取明文和密文的对应或变换信息；另一类是利用密码体制上的某些不足，采用统计的方法进行优势判决，以区别实际密钥和非实际密钥。

（3）解析攻击。

解析攻击又称为数学分析攻击，它是针对密码算法设计所依赖的数学问题，利用数学求解的方法破译密码。解析攻击是对基于数学难题求解的困难性设计的公钥密码的主要威胁。

（4）代数攻击。

代数攻击就是将密码的破译问题归结为有限域上的某个低次多元代数方程组的求解问题，并通过对代数方程组的求解，达到破译密码的目的。

在一般情况下，破译一个密码，往往不是仅采用一种破译方法就可以达到破译目的，而是要综合利用各种已知条件，使用多种分析手段和方法，甚至要创立新的破译方法，达到较满意的效果。

1.2.2.3 密钥管理

密钥管理主要就是研究如何在拥有某些不安全因素的环境中，管理用户的密钥信息，使得密钥能够安全正确并有效地发挥作用，其主要研究内容包括随机数生成理论与技术、密钥分配理论与方法、密钥分散管理技术、密钥分层管理技术、秘密共享技术、密钥托管技术、密钥销毁技术、密钥协议设计与分析技术等。

密钥管理技术总是与密码的具体应用环境和实际的密码系统相联系，总是与密码应用系统的设计相联系，因此，密钥管理方案的设计与密码算法的设计同样重要。在很多情况下，一个密码应用系统被攻破往往不是密码算法的破译造成的，而是密码系统的密钥管理方案不当造成的，因此，密钥管理方案的设计与密码算法的设计同样重要。

1.3 密码体制的安全性

评价密码体制的安全性有不同的方法，包括计算安全、可证明安全及无条件安全。

1. 计算安全性

密码学更关心在计算上不可破译的密码系统。如果使用最好的算法破译一个密码体制需要至少 N 次操作，其中 N 为一个特定的非常大的数，则称该密码体制是计算上安全的。但是，目前还没有任何一个实际的密码体制被证明是计算上安全的，因为我们知道的知识破译一个密码体制当前最好的算法，也许还存在一个还没有发现的更好的攻击算法。实际上，密码体制对某一种类型的攻击（如穷举攻击）是计算上安全的，但对其他类型的攻击可能是计算上不安全的。由于计算上安全这一标准的可操作性，它又成为最适用的标准之一。

2. 可证明安全性

另一种安全性度量是把密码体制的安全性规约为某个经过深入研究的数学难题。例如如果给定的密码体制是可以破译的，那么就存在一种有效的方法解决大数的因子分解问题，而因子分解问题目前不存在有效的解决方法，于是称该密码体制是可证明安全的。但必须注意：这种途径只是说明了安全性和另一个问题是相关的，并没有完整证明是安全的。

3. 无条件安全性

如果密码分析者具有无限的计算能力，密码体制也不能被破译，那么这个密码体制就是无条件安全的。例如，一次一密密码本对于唯密文攻击是无条件安全的，因为攻击者即使获得很多密文信息、具有无限的计算资源，仍然不能获得明文的任何信息。如果一个密码体制对于唯密文攻击是无条件安全的，我们称该密码体制具有完善保密性。

以上三种安全标准的判定中，只有无条件安全性和信息论有关，即通过信息论来证明传递过程中无信息泄露。

对加密体制，攻击的最终目标是得到明文，但是如果能得到密钥，则必然可以得到明文，加密体制的安全性从低到高主要有以下 3 类：

（1）完全破译。

攻击者能得到使用的密钥(对公钥系统而言是指私钥)。

（2）部分破译。

攻击者可能不需要知道密钥，而对某些密文能直接得到明文。

（3）密文区分。

攻击者能以超过 1/2 的概率解决以下两种不同形式描述的问题：一是给攻击者任意两个明文和其中任意明文的密文，攻击者能够判断是哪个明文对应的密文；而是给攻击者任意一个明文和该明文的密文，以及一个和密文等长的随机字符串，让攻击者判断哪个是对应的密文。

1.4　密码编码的基本方法

密码编码的基本方法主要有置换和代替。在密码发展初级阶段，它们都曾独立地作为加密算法使用，这些算法可通过手工操作或机械操作实现加、解密。虽然，现在已经极少使用，但是研究这些密码的构成原理和攻击方法对于序列密码和分组密码的设计与分析都是有益的。

1.4.1　置换密码

置换密码指对明文字符在不改变其原形的基础上，按照密钥的指示规则，对明文字符进行位置移动的密码。换言之，置换密码就是对明文字符的位置进行重新排列的一种密码。最简单的置换密码是把明文中的字母顺序倒过来，然后截成固定长度的字母组作为密文。

例 1.1　明文：明晨 5 点发动反攻。

　　　　　　MING　CHEN　WU　DIAN　FA　DONG　FAN　GONG

　　密文：GNOGN　AFGNO　DAFNA　IDUWN　EHCGN　IM

倒序的置换密码显然是很弱的。另一种置换密码是把明文按某一顺序排成一个矩阵，然后按另一顺序选出矩阵中的字母以形成密文，最后截成固定长度的字母组作为密文。

例 1.2　明文：MING　CHEN　WU　DIAN　FA　DONG　FAN　GONG

　　　　　矩阵：MINGCH　　　　　　选出顺序；按列

　　　　　　　　ENWUDI

ANFADO

NGFANG

ONG

　　　　密文：MEANO　INNGN　NWFFG　GUAA　CDDN　HIDG

由此可以看出，改变矩阵的大小和选出顺序可以得到不同形式的密码，其中有一种巧妙的方法：首先选用一个词语作为密钥，去掉重复字母，然后按字母的字典顺序给密钥字母一个编号。于是得到一组与密钥词语对应的数字序列，最后据此数字序列中的数字顺序按列选出密文。

　　例1.3　　明文：MING　CHEN　WU　DIAN　FA　DONG　FAN　GONG

　　　　　密钥：玉兰花

　　　　　数字序列：6　5　3　1　4　2

　　　　　选出顺序：M　I　N　G　C　H

　　　　　　　　　　E　N　W　U　D　I

　　　　　　　　　　A　N　F　A　D　O

　　　　　　　　　　N　G　F　A　N　G

　　　　　　　　　　O　N　G

　　　　　密文：GUAA　HIOG　NWFFG　CDDN　INNGN

置换密码打乱了明文字符之间的跟随关系，使得明文自身具有的结构规律得到破坏，其缺点是：

(1)明文字符的形态不变。

(2)一个密文字符出现的次数也是该字符在明文中的出现次数。

利用以上规律，可对置换密码进行已知明文攻击和唯密文攻击。尽管置换密码已经不再单独作为加密算法使用，但因其独特的优、缺点，使其仍然是许多密码算法中的基本密码变换，把它与其他密码技术相结合，可以得到十分有效的密码。

1.4.2　代替密码

代替密码是利用预先设计的代替规则，对明文逐字符或逐字符组进行代替的密码，代替密码的代替规则就是其密钥。其中一个字符组称为一个代替单位(或称为一个分组)，代替规则又称为代替函数、代替表或S盒。

在拼音文字国家，其初、中级密码大多采用代替密码，而现代机器密码也大量采用代替密码。广义地讲，由于所有的加密算法都是密文对明文的代替，因而都是代替密码。

代替密码可分为单表代替密码、多表代替密码。

1.4.2.1　单表代替密码

单表代替密码又称单代替密码。它只使用一个密文字母表，并且用密文字母表中的一个字母来代替一个明文字母表中的一个字母。

设 A 和 B 分别为含 n 字母的明文字母表和密文字母表：

$$A = \{ a_0, a_1, \cdots, a_{n-1} \}$$

$$B = \{ b_0, b_1, \cdots, b_{n-1} \}$$

定义由 A 到 B 的一一映射：$f: A \rightarrow B$

$$f(a_i) = b_i$$

设明文 $M=(m_0, m_1, m_2, \cdots, m_{n-1})$，则 $C=(f(m_0), f(m_1), \cdots, f(m_{n-1}))$。可见，简单代替密码的密钥就是映射函数 f 或密文字母表 B。

下面介绍几种典型的简单代替密码。

1. 加法密码

加法密码的映射函数为

$$f(a_i)=b_i=a_j$$
$$j=i+k \bmod n \tag{1-4-1}$$

其中，$a_i \in A$，k 是满足 $0<k<n$ 的正整数。

著名的加法密码是古罗马的恺撒大帝（Caesar）使用过的一种密码。Caesar 密码取 $k=3$，因此其密文字母表就是把明文字母表循环左移 3 位后得到的字母表。例如：

$$A=\{A, B, C, \cdots, X, Y, Z\}$$
$$B=\{D, E, F, \cdots, A, B, C\}$$

明文：MING CHEN WU DIAN FA DONG FAN GONG

密文：PLQJ FKHQ ZX GLDQ ID GRQJ IDQ JRQJ

2. 乘法密码

乘法密码的映射函数为

$$f(a_i)=b_i=a_j$$
$$j=ik \bmod n \tag{1-4-2}$$

其中，要求 k 与 n 互素。这是因为仅当 $(k, n)=1$ 时，才存在两个数 x，y 使得 $xk+yn=1$，才有 $xk=1 \bmod n$，进而有 $i=xj \bmod n$，密码才能正确解密。

例如，当用英文字母表作为明文字母表而取 $k=13$ 时，便会出现：

$$f(A)=f(C)=f(E)=\cdots=f(Y)=A$$
$$f(B)=f(D)=f(F)=\cdots=f(Z)=N$$

此时的密文表变为整个密文表只包含 A 和 N 两个字母，密文将不能正确解密。

而若选 $k=5$，便得到如下的合理的密文字母表：

$$A=\{A,B,C,D,E,F,G,H,I,J,K,L,M,N,O,P,Q,R,S,T,U,V,W,X,Y,Z\}$$
$$B=\{A,F,K,P,U,Z,E,J,O,T,Y,D,I,N,S,X,C,H,M,R,W,B,G,L,Q,V\}$$

3. 仿射密码

乘法密码和加法密码相结合便构成仿射密码。仿射密码的映射函数为

$$f(a_i)=b_i=a_j$$
$$j=ik_1+k_0 \bmod n \tag{1-4-3}$$

其中，要求 $(k_1, n)=1$ 且 $0<k_0<n$。

仿此可构造更复杂的多项的多项密码：

$$f(a_i)=a_j$$
$$j=i^t k_1 + i^{t-1} k_{t-1} + \cdots + ik_1 + k_0 \qquad \bmod n \tag{1-4-4}$$

其中，要求 $(k_i, n)=1$，$i=1, 2, \cdots, t$，$0<k_0<n_0$。

单表代替密码具有明显的优点，即明文字符的原形得到了隐蔽，同时，其缺点也很明显：

(1)如果明文字符相同，则密文字符也相同。

(2)一个密文字符在密文中出现的频次，就是它对应的明文字符在明文中出现的频次。

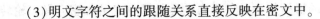

（3）明文字符之间的跟随关系直接反映在密文中。

单表代替密码的上述信息泄露，直接导致了对单表代替密码的唯密文攻击。具体可参考1.5节。为克服单表代替密码相同明文被代替为相同密文的缺点，可以增大明文字符组的字符个数，因为作为一个代替整体的明文字符组中的字符个数越多，其统计规律越不明显，从而能够增强单表代替密码抗统计攻击的能力。

单表代替密码的信息泄露本质上都是由于一个明文字符组总是被一个固定的密文字符组代替所造成的。如果一个明文组能够被多个密文字符组代替，那么密文字符组的统计规律就可能变得更加均匀，从而更加安全，这就是多表代替密码的思想。

1.4.2.2 多表代替密码

单表代替密码有一个明显缺点，就是密钥与加密算法不加区分。知道了代替表，也就破译了单表代替密码。在多表代替密码中，代替表的使用由密钥来指示，根据密钥的指示，来选择加密时所使用的代替表的方法即多表代替。

构造 d 个密文字母表：

$$B_j = \{ b_{j0}, b_{j1}, \cdots, b_{jn-1} \} \quad j = 0, 1, \cdots, d-1$$

定义 d 个映射

$$f_j: A \rightarrow B_j$$
$$f_j(a_i) = b_{ji} \tag{1-4-5}$$

设密文 $M = (m_0, m_1, \cdots, m_{d-1}, m_d, \cdots)$，$C = (f_0(m_0), f_1(m_1), \cdots, f_{d-1}(m_{d-1}), f_d(m_d) \cdots)$。多表代替密码的密钥就是这组映射函数或密文字母表。由于明文中的相同字符不再总是被代替为相同的密文字符，因而明文的统计规律不再直接反映在密文中。

可以证明，如果密钥序列是随机的，即它们相互独立且服从等概率分布，则在未知密钥序列的条件下，即使知道加密变换，该密码也是不可破的。显然，如果密钥序列是周期序列，那么该密钥序列之间一定不是独立的。这是因为，一旦密钥序列的前 T（T 为周期）确定了，整个密钥序列就全部确定了。

为了减少密钥量，在实际应用中多采用周期多表代替密码，即代替表个数有限且重复使用。当周期 T 较小时，就可以通过对周期 T 的穷举，将对多表代替密码的破译问题转化为单表代替密码的破译问题，实现对多表代替密码的破译。

1. Vigenere 密码

最著名的多表代替密码要算 16 世纪法国密码学者 Vigenre 使用过的 Vigenre 密码。

Vigenre 密码使用 26 个密文字母表，像加法密码一样，它们是依此把明文字母表循环左移 0, 1, 2, $\cdots$, 25 位的结果。选用一个词组或短语作密钥，以密钥字母控制使用哪一个密文字母代替表。把以 26 个字母为密钥的所有代替表并置，可形成 Vigenere 密表。

Vigenre 密码的代替规则是用明文字母在 Vigenre 方阵中的列和密钥字母在 Vigenre 方阵中的行的交点处的字母来代替该明文字母。例如，设明文字母为 P，密钥字母为 Y，则用字母 N 来代替明文字母 P。又例如：

明文：MING CHEN WU DIAN FA DONG FAN GONG

密钥：XING CHUI PING YE KUO YUE YONG DA JIANG LIU

密文：JQAME OYVLC QOYRP URMHK DOAMR NP

Vigenre 密码的解密就是利用 Vigenre 密表进行反代替。

2. 转轮密码机

20 世纪初，人们发明了各种各样的机械加密设备来自动地处理信息的加密问题，轮转密码机(rotor machine)是这一时期的杰出代表，它是由一个键盘、一组用线路连接起来的机械轮组成的加密机，能实现长周期的多表代替密码，曾被广泛地用于第一次及第二次世界大战的密码通信中。

转轮密码机的典型代表有恩尼格玛(Enigma)密码机，它是由德国密码专家阿图尔·舍尔比乌斯于 1923 年发明的，意为"谜"，在第二次世界大战中希特勒曾将它作为德军陆、海、空三军最高级密码使用。其他的轮转机还有瑞典人于 1934 年发明的哈格林 M-209 密码机，二战中 HagelinC-36 型密码机曾在法国军队中广泛使用。HagelinC-48 型密码机即 M-209，具有重量轻、体积小、结构紧凑等优点，曾被装备到美军师到营级部队，并在朝鲜战争中使用过。日本设计的红密(RED)机和紫密(PURPLE)机，它们都属于转轮密码机。

以 Enigma 为例，Enigma 由一个输入键盘和一组转轮组成，每个转轮上有 26 个字母的输入引脚和 26 个字母的输出引脚，输入输出关系由内部连线决定。以 3 转轮为例，从左到右分别为慢轮子、中轮子、快轮子(通过齿轮控制)。在按下某一键时，键盘输入的明文电信号从慢轮子进入转轮密码机，轮子之间传递信号，最后从快轮子输出密文。每次击键后，快轮子就转动一格，这样就改变了中轮子和快轮子之间的对应关系。两次连续按"A"键得到的密文结果不一样，于是形成多表代替关系。

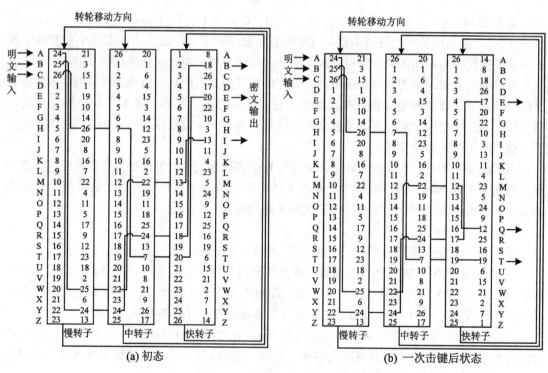

图 1.4.1　Enigma 密码机实例

3 个转轮转速不同的目的是使得转轮之间的对应关系在每次按键后均改变，形成多表代替，为了增大 Enigma 的密钥空间，3 个转轮可改变位置。除 3 个转轮外，Enigma 密码机还包含如下部件：

（1）键盘：为明文字母输入用；

（2）反射器：固定式的置换作用，使得 Enigma 密码机加密与解密程序一致，故 Enigma 密码为对称密钥密码；

（3）灯板：为密文字母输出用；

（4）接线板：为字母置换，早期有 6 条连接线，可作 6 对字母间的对换。

由连接板形成的可能排列为：

$$\binom{26}{2}\binom{24}{2}\binom{22}{2}\binom{20}{2}\binom{18}{2}\binom{16}{2}/6! + \binom{26}{2}\binom{24}{2}\binom{22}{2}\binom{20}{2}\binom{18}{2}/5!$$

$$+ \binom{26}{2}\binom{24}{2}\binom{22}{2}\binom{20}{2}/4! + \binom{26}{2}\binom{24}{2}\binom{22}{2}/3!$$

$$+ \binom{26}{2}\binom{24}{2}/2! + \binom{26}{2} + 1$$

$$= 105578918576$$

由此形成的密钥空间为：

$$3! \times 26^3 \times 105578918576 \approx 10^{16}$$

在当时的计算条件下，如此大的密钥量被认为是不可破译的。

3. Vernam 密码

美国电话电报公司的 Gillbert Vernam 于 1917 年为电报通信设计了一种非常方便的密码，后来被称为 Vernam 密码。Vernam 密码奠定了序列密码的基础，在近代计算机和通信系统中得到广泛应用。

Vernam 密码的明文、密钥和密文均用二元数字序列表示。设明文 $M = (m_0, m_1, \cdots, m_{n-1})$，密钥 $K = (k_0, k_1, \cdots, k_{n-1})$，密文 $C = (c_0, c_1, \cdots, c_{n-1})$，则

$$c_i = m_i \oplus k_i \qquad i = 0, 1, 2, \cdots, n-1 \qquad (1\text{-}4\text{-}6)$$

这说明要编制 Vernam 密码，只需要把明文和密钥的二元序列，对位模 2 相加便可。根据式 (1-4-6)，有

$$m_i = c_i \oplus k_i \qquad (1\text{-}4\text{-}7)$$

式 (1-4-7) 说明要解密 Vernam 密码，只需要把密文和密钥的二元序列对位模 2 相加便可。可见，Vernam 密码的加密和解密非常简单，而且特别适合计算机和通信系统的应用。

例如：

明文：DATA

　　　1000100 1000001 1010100 1000001

密钥：LAMB

　　　1001100 1000001 1001101 1000010

密文：0001000 0000000 0011001 0000011

在实际使用中，通常将代替密码与置换密码二者结合起来，从而设计出安全的密码体制。这就是分组密码的代替—置换模型，也是现代密码的设计思想：利用简单的密码变换的复合，设计出抗攻击能力强的密码算法。

1.5 代替密码的统计分析

研究唯密文攻击条件下代替密码的分析技术，对于理解和掌握现代电子密码的编码技术

和分析技术是非常有益的。唯密文攻击利用明文自身的内在规律在密文中的泄露实施攻击，因此，要成功实施唯密文攻击，首先必须掌握明文信息的内在规律。任何自然语言都有许多固有的统计特性。如果自然语言的这种统计特性在密文中有所反映，则密码分析者便可通过分析明文和密文的统计规律而将密码破译。

1.5.1 语言的统计特性

随便阅读一篇英文文献，立刻就会发现，其中字母 E 出现的次数比其他字母都多。如果进行认真统计，并且所统计的文献的篇幅足够长，便可以发现各种字母出现的相对频率十分稳定。而且，只要文献不特别专门化，对不同的文献进行统计所得的频率大体相同。表1.5.1 给出了英文字母的频率，同时显示出英文字母频率的分布模式。

表 1.5.1　英文字母频率的分布

字母	A	B	C	D	E	F	G	H	I	J
频率	8.167	1.492	2.782	4.253	12.702	2.228	2.015	6.094	6.966	0.153
字母	K	L	M	N	O	P	Q	R	S	T
频率	0.722	4.025	2.406	6.749	7.507	1.929	0.095	5.987	6.327	9.056
字母	U	V	W	X	Y	Z				
频率	2.758	0.978	2.360	0.150	1.974	0.074				

进一步，根据各字母频率的大小可将英文字母分为几组。表 1.5.2 示出这一分组情况。

表 1.5.2　英文字母频率分布

极高频率字母组	E
次高频率字母组	T A O I N S H R
中等频率字母组	D L
低频率字母组	C U M W F G Y P B
甚低频率字母组	V K J X Q Z

不仅单字母以相当稳定的频率出现，而且双字母组(相邻的两个字母)和三字母组(相邻的三个字母)同样如此。出现频率最高的 30 个双字母组依次是：

TH HE IN ER AN RE ED ON
ES ST EN AT TO NT HA ND
OU EA NG AS OR TI IS ET
IT AR TE SE HI OF

出现频率最高的 20 个三字母组依次是：

THE ING AND HER ERE ENT THA NTH WAS
ETH FOR DTH HAT SHE ION HIS STH ERS
VER

特别值得注意的是，THE 的频率几乎是排在第二位的 ING 的 3 倍，这对于破译密码是很有帮助的。此外，统计资料还表明：

(1)英文单词以 E，S，D，T 为结尾的约占一半；

(2)英文单词以 T，A，S，W 为起始字母的约占一半。

以上所有这些统计数据，对于密码分析者来说都是十分有用的信息。除此之外，密码分析者的文学、历史、地理等方面的知识对于破译密码也是十分重要的因素。

最后指出，上述统计数据是对非专业性文献中的字母进行统计得到的。如果考虑实际文献中的标点、间隔、数字等符号，则统计数据将有所不同。例如，计算机程序文件的字符的频率分布与报纸政治评论的字符频率分布有显著不同。

1.5.2 单表代替密码的统计分析

对于加法密码，根据式(1-4-1)可知，密钥整数 k 只有 $n-1$ 个不同的取值。对于明文字母表为英文字母表的情况，k 只有 25 种可能的取值。即使是对于明文字母表为 8 位扩展 ASCII 码而言，k 也只有 255 种可能的取值。因此，只要对 k 的可能取值逐一穷举就可破译加法密码。乘法密码比加法密码更容易破译。根据式(1-4-2)可知，密钥整数 k 要满足条件 $(n, k)=1$，因此，k 只有 $\varphi(n)$ 个不同的取值。去掉 $k=1$ 这一恒等情况，k 的取值只有 $\varphi(n)-1$ 种。这里 $\varphi(n)$ 为 n 的欧拉函数。对于明文字母表为英文字母表的情况，k 只能取 3，5，7，9，11，15，17，19，21，23，25 共 11 种不同的取值，比加法密码弱得多。仿射密码的保密性能好一些。但根据式(1-4-3)，可能的密钥也只有 $n(\varphi(n)-1)$ 种。对于明文字母表为英文字母表的情况，可能的密钥只有 $26\times(12-1)=311$ 种。这一数目对于古代密码分析者企图用穷举全部密钥的方法破译密码，可能会造成一定的困难，然而对于应用计算机进行破译来说，这就是微不足道的了。

本质上，密文字母表实际上是明文字母表的一种排列。设明文字母表含 n 个字母，则共有 $n!$ 种排列，对于明文字母表为英文字母表的情况，可能的密文字母表有 $26!\approx4\times10^{26}$。由于密钥词组代替密码的密钥词组可以随意地选择，故这 26! 种不同的排列中的大部分被用做密文字母表是完全可能的。即使使用计算机，企图用穷举一切密钥的方法来破译密钥词组代替密码也是不可能的。那么，密钥词组代替密码是不是牢不可破呢？其实不然，因为穷举并不是攻击密码的唯一方法。这种密码仅在传送短消息时是保密的，一旦消息足够长，密码分析者便可利用其他的统计分析的方法迅速将其攻破。

字母和字母组的统计数据对于密码分析者来说是十分重要的。因为它们可以提供有关密钥的许多信息。例如，由于字母 E 比其他字母的频率都高得多，如果是简单代替密码，那么可以预计大多数密文都将包含一个频率比其他字母都高的字母。当出现这种情况时，完全有理由猜测这个字母所对应的明文字母就是 E。进一步比较密文和明文的各种统计数据及其分布模式，便可确定出密钥，从而攻破简单代替密码。例如，加法密码的密文字母频率分布是其明文字母频率分布的一种循环平移。而乘法密码的密文字母频率分布是其明文字母频率分布的某种等间隔抽样。由于多表代替密码和多名代替密码的每一个明文字母都有多个不同的密文字母来代替，因此它们的密文字母频率分布是比较平坦的，所以它们的保密性比简单代替密码高。但是仍然有其他统计特性在密文留下痕迹，因此仍然是可以攻破的。

下面举例说明一般单表代替密码统计分析过程。

密文：

YKHLBA JCZ SVIJ JZB LZVHI JCZ VHJ DR IZXKHLBA VSS RDHEI DR YVJV LBXSKYL-
BA YLALJVS IFZZXCCVI LEFHDNZY EVBTRDSY JCZ FHLEVHT HZVIDB RDH JCLI CVI
WZZB JCZ VYNZBJ DR ELXHDZSZXJHDBLXIJCZ XDEFSZQLJT DR JCZ RKBXJLDBI JCVJ XVB
BDP WZ FZHRDHEZY WT JCZ EVXCLBZ CVI HLIZB YHVEVJLXVSST VI V HZIKSJ DR JCLI
HZXZBJ YZNZSDFEZBJ LB JZXCBDSDAT EVBT DR JCZ XLFCZH ITIJZEI JCVJ PZHZ DBXZ
XDBIL YZHZY IZXKHZ VHZ BDP WHZVMVWSZ

首先统计密文的单字母频率数，并将字母分组。

单字母频率数：

A	B	C	D	E	F	G	H	I	J	K	L	M
5	24	19	23	12	7	0	24	21	29	6	20	1
N	O	P	Q	R	S	T	U	V	W	X	Y	Z
3	0	3	1	11	14	9	0	27	5	17	12	45

字母分组：

极高频率字母组   Z

次高频率字母组   J V B H D I L C

中等频率字母组   X S E Y R

低频率字母组   T F K A W N P

甚低频率字母组   M Q G O U

由于密文太少，故统计与明文统计数据不尽相同。尽管如此，已足以破译该密文。

密文字母 Z 的频率最高，它一定是明文字母 E。在英语中只有一个单字母单词 A，因此可以断定密文字母 V 对应于明文字母 A。三字母 JCZ 的频率最高，因此它一定就是 THE。密文字母 J 对应于明文字母 T，密文字母 C 对应于明文字母 H。考察双字母单词 VI。因为已知 V 对应于 A，根据英语知识，只可能是 AN，AS，AM，AT。首先它不是 AN，否则因其后有冠词 A 而语法不通。又因 J 对应于 T，故又不是 AT，只能是 AS 或 AM。明文字母 M 属于低频字母，而密文字母 I 属于高频字母，因此密文字母 I 对应于明文字母 S，密文 VI 的明文为 AS。考察三字母单词 VSS。因为已知 V 的明文为 A，在英语中 A 后面接两个相同字母的单词只有 ALL。因此密文字母 S 对应于明文字母 L。在三字母单词 VHZ 中，因为已知 V 的明文为 A，Z 的明文为 E，根据英语知识它只能是 ARE 或 AGE。因为 H 在密文中属于高频字母，G 在明文字母中属于低频字母，故 H 的明文为 R。仿此分析三个字母单词 JZB，可知密文字母 B 对应于明文字母 N，JZB 的明文为 TEN。分析四字母单词 JCLI，可知密文字母 L 对应于明文字母 I。分析四字母单词 WZZB，可知密文字母 W 对应于明文字母 B。由双字母单词 WT 可知密文字母 T 对应于明文字母 Y。由密文 HZVIDB 可推出密文字母 D 对应于明文字母 O。双字母单词 DR 的频率很高，已知 D 的明文是 O，则 R 的明文一定是 F。由三字母组 BDP 可推出密文字母 P 对应于明文字母 W。在密文 DBXZ 中，因为已知 D，B，Z 的明文，故可推出密文字母 X 对应于明文字母 C。从密文 EVBT 可推出密文字母 E 对应于明文字母 M。从密文 IFZZXC 可推出密文字母 F 对应于明文字母 P。从密文 FZHRDHEZY 可推出密文字母 Y 对应于明文字母 D。从密文 JZXCBDSDAT 可推出密文字母 A 对应于明文字母 G。同时注意到三字母尾 LBA 的频率较高，进一步证明这一推断是正确的。从密文 YKHLBA 可推出密文字母 K 对应于明文字母 U。从密文 LEFHDNZY 可推出密文字母 N 对应于字母 V。最后从 WHZVMVPZHZ 可知 M 对应于 K。至此，整个密文全部译出：

DURING THE LAST TEN YEARS THE ART OF SECURING ALL FORMS OF DATA IN-CLUDING DIGITAL SPEECH HAS IMPROVED MANYFOLD THE PRIMARY REASON FOR THIS HAS BEEN THE ADVENT OF MICROELECTRONICS THE COMPLEXITY OF THE FUNCTION THAT CAN NOW BE PERFORMED BY THE MACHINE HAS RISEN DRAMATICALLY AS A RE-SULT OF THIS RECENT DEVELOPMENT IN TECHNOLOGY MANY OF THE CIPHER SYSTEM THAT WERE ONCE CONSIDERED SECURE ARE NOW BREAKABLE

从以上例子可以看出，破译单代替密码的大致过程是：首先统计密文的各种统计特征，如果密文量比较多，则完成这步后便可确定出大部分密文字母；其次分析双字母、三字母密文组，以区分元音和辅音字母；最后分析字母较多的密文，在这一过程中大胆使用猜测的方法，如果猜对一个或几个词，就会大大加快破译过程。密码破译是十分复杂和需要极高智力的劳动。世界上第一台计算机一诞生便投入密码破译的应用，目前计算机已经成为密码破译的主要工具。可以预计，随着计算机技术的发展，计算机在密码破译中将会发挥更大的作用。

1.5.3 多表代替密码的统计分析

使用多表代替的目的是使每个密文字符的出现概率接近，与明文字母的频率分布相比，多表代替密码的密文字母的频率分布更趋于平均，假设多表代替密码的周期为 d，明文字母表中的每个字母将根据它在明文字母序列中的位置有 d 种不同的代替字母。

为了定量地分析周期多表代替密码的频率分布与单表代替密码的概率分布的区别，引进两个参数——粗糙度和重合指数。

1. 粗糙度(measure of roughness)

粗糙度也可简记为 M.R，定义它为每个密文字母出现的频率与均匀分布时每个字母出现的概率的差的平方和。

若研究的对象是英文报文，则 $q=26$。在均匀分布下，每个英文字母出现的概率为1/26。若各密文字母出现的频率记为 $p_i(i=0, 1, 2, \cdots, 25)$，则

$$\sum_{i=0}^{25} p_i = 1$$

于是

$$M.R = \sum_{i=0}^{25} \left(p_i - \frac{1}{26}\right)^2$$

可进一步得到

$$M.R = \sum_{i=0}^{25} p_i^2 - \frac{1}{26} = \sum_{i=0}^{25} p_i^2 - 0.0385$$

由表 1.5.1 可以计算出

$$\sum_{i=0}^{25} p_i^2 = 0.0655$$

由此可知，单表代替或明文的粗糙度为 0.027，若字符均匀分布是指对所有的 i，$p_i=1/26$，

故其粗糙度为 0。因此，一般密文的粗糙度将在 0~0.027 变化。通过统计出密文字母的频率分布，就可以计算出它的粗糙度，并由此可以初步确定所研究的密文是单表代替密码还是多表代替密码。

例如，通过计算得某密文段的粗糙度为 0.006366，由此可以初步确定，该密文段是多表代替密码加密得到的密文。

2. 重合指数(index of coincidence)

重合指数法由 Friedman 在 1918 年提出，其论文《重合指数及其在密码学中的应用》是 1949 年以前最有影响的密码学文献。下面给出重合指数的定义。

定义 1.1 设某种语言由 n 个字母组成，每个字母 i 出现的概率为 p_i，$1 \leq i \leq n$，重合指数是指两个随机字母相同的概率，记为

$$\mathrm{IC} = \sum_{i=1}^{n} p_i^2$$

IC 的主要作用是：在单表代替情况下，明文和密文的 IC 是相同的(对英文而言，均为 0.065)，而在多表代替情况下，密文的 IC 值较小，于是可用来判断是多表代替加密还是单表代替加密；其次，通过计算 IC 值，看其是否接近 0.065 来分析多表代替加密的密钥长度。

在密文长度有限的情况下，如何计算 IC 值呢？

设 $x = x_1 x_2 \cdots x_n$ 是长度为 n 的密文，其中 a，b，$\cdots$，z 在 x 中出现的次数分别为 f_0，f_1，$\cdots$，f_{25}，显然，从 x 中任意取两个元素共有 $C(n, 2)$ 种方法，选取的两个元素同时为第 i 个字母的情况共有 $C(f_i, 2)$ 种，$0 \leq i \leq 25$，故 x 的 IC 为

$$\mathrm{IC} = \frac{\sum_{i=0}^{25} f_i(f_i - 1)}{n(n - 1)}$$

这样，很自然地得到估计多表代替密钥长度的方法。假设密钥长度为 $m = 2, 3, \cdots$，将密文分成长度为 m 的多个分组，从每个分组中的第 1 个字母起(或第 i 个字母，$1 \leq i \leq m$)组成一个密文段 x，计算其 IC 值，若接近 0.065，说明 m 是正确的，若接近 0.038，则 m 不正确。

如表 1.5.3 所示，给出密钥长度 $m = 1 \sim 5$ 时对应的 IC 值。

表 1.5.3　　　　　　　　　密钥长度 m=1~5 时的 IC 值

密钥长度 m	IC(串 1)	IC(串 2)	IC(串 3)	IC(串 4)	IC(串 5)	平均 IC
1	0.043					0.043
2	0.046	0.041				0.044
3	0.044	0.051	0.048			0.048
4	0.043	0.041	0.046	0.041		0.043
5	0.062	0.067	0.067	0.061	0.071	0.066

当 $m = 1$ 时，整个密文视为一个串，IC = 0.045 表明是多表代替密码。$m = 2$ 时，有 2 个串，分别为每个分组的首字母和尾字母。$m = 3$ 时，有 3 个串。依次类推，$m = 5$ 时，有 5 个串，其平均重合指数最接近 0.065。

密钥长度确定后，接下来通过密表匹配的方法确定密钥的值，这也是密码分析的最终目的。下面介绍如何将多表代替密码加密的密文变成一个已知移位数的单表代替密码加密的密文，这种方法称为密表匹配法。该方法与求移位密码密钥的唯密文攻击方法相同。不妨设密钥为 $(k_1, k_2, \cdots, k_m)$，则密文中的 $(c_1, c_{m+1}, \cdots, c_{(t-1)m+1})$，$(c_2, c_{m+2}, \cdots, c_{(t-1)m+2})$，等等，即 $(c_i, c_{m+i}, \cdots, c_{(t-1)m+i})$ $(1 \leqslant i \leqslant m)$ 组成的每一组均为单表代替密码，$(c_1, c_{m+1}, \cdots, c_{(t-1)m+1})$ 为密钥为 k_1 的移位密码加密而来，$(c_2, c_{m+2}, \cdots, c_{(t-1)m+2})$ 是密钥为 k_2 的移位密码加密而来，依此类推，可以通过密文串 $(c_i, c_{m+i}, \cdots, c_{(t-1)m+i})$ 来确定 k_i。

具体还是依靠重合指数来确定移位密码的密钥。首先求出密文串 $(c_1, c_{m+1}, \cdots, c_{(t-1)m+1})$ 中字母 $a, b, \cdots, z$ 出现的次数分别为 $f_0, f_1, \cdots, f_{25}$。令 $t = n/m$ 表示该串的长度，则 26 个字母在密文中出现的概率依次为 $f_0/t, f_1/t, \cdots, f_{25}/t$。每个密文字母是明文字母移动 k_1 后得到的，故明文的 IC 值的期望应该为

$$IC = \sum_{i=1}^{25} \frac{p_i f_{((i+k_1) \bmod 26)}}{t}$$

这个值应该接近 0.065，通过 k_i 遍历 0~25 依次计算，找到使得 IC 最接近 0.065 的哪个 k_i，从而确定 k_i。其他密文串的确定方法一样，只是分析的密文串不同。一般地，k_i 从密文串 $(c_i, c_{m+i}, \cdots, c_{(t-1)m+i})$ $(1 \leqslant i \leqslant m)$ 中分析并确定。

表 1.5.4 给出了重合指数测试得到的数据示意表，密钥 $k = 0~26$ 时计算的 IC 值。

表 1.5.4

密钥 k	IC(串 1)	IC(串 2)	IC(串 3)	IC(串 4)	IC(串 5)
0	0.036234	0.046983	0.051021	0.04121	0.032192
1	0.038442	0.041256	0.049102	0.066251	0.039402
2	0.062028	0.051258	0.048312	0.042316	0.035518
3	0.041232	0.041381	0.046465	0.044012	0.037823
4	0.046232	0.037120	0.066091	0.038202	0.042086
5	0.042624	0.042375	0.048212	0.031532	0.041025
6	0.044517	0.049512	0.047122	0.032952	0.033251
7	0.039711	0.067028	0.049102	0.041569	0.042102
…	…	…	…	…	…
23	0.041354	0.042822	0.042624	0.045652	0.044024
24	0.042467	0.044417	0.044417	0.043665	0.069123
25	0.045517	0.040411	0.039311	0.039514	0.042102

通过表 1.5.4 可估算出密钥为 $(2, 7, 4, 1, 24)$。

虽然古典密码体制已经不再安全实用，但通过对它们的分析可以看出，我们总是在寻找"区分"。例如，在分析单表代替密码时，发现其密文分布具有一定的统计规律，而不是随机分布，这就是进行密码分析的基本方向，这种发现信息泄露的思想对于分析现代密码很有启示。由于当今使用的密码体制大多不是无条件安全的密码体制，因次，其密文分布不是随

机的，密码分析的目标就是利用所有已知的信息和技术手段来寻找区分出真假密钥的统计量，并利用所构造的统计量的统计规律实现破译。

习 题 1

1.1　置换密码与代替密码的区别是什么？

1.2　用 Vigenere 算法加密明文"we are discovered save yourself"。密钥是 deceptive。

1.3　已知某密码算法的加密方式为：$C = f_2(f_1(M))$，其中 M 为明文，C 为密文，变换 f_1 为：$C = (7M + 5)\,\mathrm{mod}\,26$，变换 f_2 为置换 $T = (31254)$，今收到一份用这种密码加密的密文 $C = \text{ficxsebfiz}$，求对应的明文 M。

1.4　设英文字母 A，B，C，…，Z 分别编码为 0，1，…，25。已知单表加密变换为：$C = (11M + 2)\,\mathrm{mod}\,26$，其中 M 表示明文，C 表示密文。试对密文 VMWZ 解密。

1.5　频率分析法的基本方法是什么？

1.6　为什么单表代替密码的保密性较差？如何对其进行改进？

1.7　选择明文攻击和已知明文攻击的主要区别？

1.8　在英文单表代替中，若 $\{A, B, C, D\}$ 中的字母只能由 $\{A, B, C, D\}$ 中的元素代替，其余 22 个字母两两互代，即 $\forall i, j \in \{E, F, \cdots, Y, Z\}$，当 $f(i) = j$ 时，有 $f(j) = i$。试求按这种方法编制出的英文单表代替的个数。

1.9　置换密码和单表代替密码各有哪些优缺点？如何改进单表代替密码保密性差的缺点？

第 2 章　保 密 理 论

1949 年，Shannon 在《保密系统的通信理论》这篇论文首次用概率统计的观点对信息保密问题进行了全面阐述，为密码系统的设计与分析提供了科学的思路和手段，宣告了科学密码学时代的到来。

本章首先介绍了信息论的基本概念，进一步给出了密码学中的信息论模型及密码系统的完善保密性。与信息论方法不同，计算复杂性理论是研究密码保密性的另一种重要方法，在密码分析中有十分重要的应用，本章最后简单介绍计算复杂性理论。

2.1　信息论基本概念

2.1.1　信息量和熵

从生活经验中我们知道，当知道一场比赛的结果时，就从该比赛结果中获得了一定信息，因为在比赛结果公布之前，我们并不能确定比赛结果。事实上，我们是从结果不能预先确定的事件的发生中获得信息的，即信息蕴涵于事件发生结果的不确定性中。对于不确定性，其数学模型可以用概率论中的概率分布描述。

定义 2.1　设 $X = \{x_1, x_2, \cdots, x_n\}$ 是一个 n 元事件集合，p 是集合 X 上的一个概率分布，即 x_i 出现的概率为 $p(x_i) \geq 0$，且 $\sum_{i=1}^{n} p(x_i) = 1$，则称 (X, p) 是一个实验，并称 x_i 是该实验的一个随机事件，其中 $p(x_i)$ 是随机事件 x_i 出现的概率。

对于物质的质量、长度等属性，我们已有相应的定量刻画方法，那么如何定量刻画信息呢？生活经验告诉我们，如果你事先知道某随机事件 x_i 出现的概率 $p(x_i)$ 很大，那么事件 x_i 的发生就没有提供多大的信息，特别地，当知道一事件必定发生时，则该事件发生后则没有提供任何信息；反之，如果你知道该随机事件出现的概率 $p(x_i)$ 很小，那么 x_i 一旦发生就提供了很大的信息。因此，如果将一个随机事件 x_i 提供的信息量 $I(x_i)$ 作为该事件发生概率 $p(x_i)$ 的函数，即 $I(x_i) = f(p(x_i))$，则函数 f 应该具有以下性质：

1. 信息量 $I(x_i)$ 是概率 $p(x_i)$ 的单调递减函数。

2. $I(x_i) \geq 0$，且当 $p(x_i) = 1$ 时，$f(p(x_i)) = 0$。

3. 如果事件 x_i 和 y_j 是独立的，则事件 $x_i y_j$ 提供的信息量应是事件 x_i 和 y_j 分别提供的信息量之和，即 $f(p(x_i)p(y_j)) = f(p(x_i)) + f(p(y_j))$。

Shannon 将事件 x_i 的自信息量 $I(x_i)$ 定义为该事件概率的负对数，该定义符合上述三条基本性质。

高等学校信息安全专业规划教材

定义 2.2 设 $X = \{x_1, x_2, \cdots, x_n\}$，$p$ 是集合 X 上的一个概率分布，即 x_i 出现的概率为 $p(x_i) \geq 0$，且 $\sum_{i=1}^{n} p(x_i) = 1$，则 $I(x_i) = -\log_b p(x_i)$ 是事件 x_i 的自信息量。

对数的底决定了信息量的单位，当以 2 为底时，信息量的单位是比特（bit）；当以 e 为底时，信息量的单位是奈特（nat）；当以 10 为底时，信息量的单位是迪特（det），底的选取由所分析的问题决定。没有特殊说明情况下，本书约定 $b=2$，即信息量单位取为比特。

例 2.1 设某密码算法的密钥由 64 个二进制数组成，所有可能密钥构成的集合为 $X = \{0, 1\}^{64}$，且每个密钥的选取概率都相等，则利用穷举攻击法一旦破译成功，就可获得 64 比特的密钥信息。

信息量是针对事件集合中一个特定事件定义的，那么整个事件集合 X 的信息量的平均值该如何定义呢？

定义 2.3 设 $X = \{x_1, x_2, \cdots, x_n\}$，$p$ 是集合 X 上的一个概率分布，即事件 x_i 出现的概率为 $p(x_i) \geq 0$，且 $\sum_{i=1}^{n} p(x_i) = 1$，则集合 X 中事件 x_i 出现时提供的信息量的数学期望

$$H(X) = \sum_{i=1}^{n} p(x_i) I(x_i) = -\sum_{i=1}^{n} p(x_i) \log_2 p(x_i)$$

为概率分布 p 的熵。

熵即实验前，实验结果平均包含的未知信息量，也即实验结果的平均不确定程度，或实验后，从实验结果中平均获得的信息量。

例 2.2 设 $X = \{x_0, x_1, x_2\}$，$p(x_0) = 0.5$，$p(x_1) = p(x_2) = 0.25$，则 $I(x_0) = -\log_2 p(x_0) = \log_2 2 = 1\text{bit}$，$I(x_1) = I(x_2) = \log_2 4 = 2\text{bit}$，因此

$$H(X) = 0.5 \times 1 + 0.25 \times 2 + 0.25 \times 2 = 1.5 \text{ bit}$$

熵具有下列性质：

1. 确定性：当事件集 X 中某随机事件出现的概率为 1 时，$H(X) = 0$；

2. 非负性：$H(X) = -\sum_{i=1}^{n} p(x_i) \log_2 p(x_i) \geq 0$；

3. 极值性：当事件集 X 中的事件等概出现时，$\text{H}(X)$ 达到最大值 $\log_2 n$，即

$$H(X) \leq \log_2 n。$$

4. 可加性：若两个事件集 X 与 Y 相互独立，则事件集 XY 的熵等于各事件集的熵之和，即

$$H(XY) = H(X) + H(Y)。$$

熵的基本性质与我们对信息量的直觉是一致的，且易证熵满足性质（1）、（2）、（4），对于性质（3）的证明则需用到引理 2.1。

引理 2.1（Jensen 不等式） 设 f 是区间 I 上的一个连续严格凸函数，若 $a_i > 0$，$a_1 + a_2 + \cdots a_n = 1$，则对任意 $x_1, x_2, \cdots, x_n \in I$，有

$$\sum_{i=1}^{n} a_i f(x_i) \leq f \sum_{i=1}^{n} a_i x_i$$

等号成立当且仅当 $x_1 = x_2 = \cdots = y_n$。

高等学校信息安全专业规划教材

下面证明性质(3)。

证明：根据 $H(X)$ 的定义，有 $H(X) \geqslant 0$。根据 Jensen 不等式，有

$$H(X) = -\sum_{i=1}^{n} p(x_i) \log_2 p(x_i)$$

$$= \sum_{i=1}^{n} p(x_i) \log_2 \frac{1}{p(x_i)} \leqslant \log_2 \sum_{i=1}^{n} p(x_i) \times \frac{1}{p(x_i)} = \log_2 n$$

等号成立当且仅当 $p(x_i) = 1/n$，$1 \leqslant i \leqslant n$。

2.1.2 联合熵、条件熵和平均互信息

现实生活中的事件都不是独立的，很多随机事件之间都相互有联系和影响，例如，密文空间的概率分布是由明文空间及密钥空间的概率分布共同决定的。如何定量刻画多个随机事件相互提供的信息量呢？本节讨论联合熵、条件熵和互信息的概念。

定义 2.4 设集合 $X = \{x_1, x_2, \cdots, x_n\}$，$Y = \{y_1, y_2, \cdots, y_n\}$，$p(x_i, y_j)$ 是 $X \times Y$ 上的一个概率分布，令

$$H(X, Y) = \sum_{i, j} p(x_i, y_j) I(x_i, y_j) = -\sum_{i, j} p(x_i, y_j) \log_2 p(x_i, y_j)$$

则称 $H(X, Y)$ 为 X 与 Y 的联合熵。

其中，$I(x_i, y_j)$ 是随机事件 x_i 与 y_j 自信息量，$H(X, Y)$ 则反映了事件集 X 和 Y 所包含的平均未知信息量。

定义 2.5 设集合 $X = \{x_1, x_2, \cdots, x_n\}$，$Y = \{y_1, y_2, \cdots, y_n\}$，$p(x_i | y_j)$ 是在事件 y_j 发生条件下事件 x_i 发生的概率，令

$$H(X | Y) = \sum_{i, j} p(x_i, y_j) I(x_i | y_j) = -\sum_{i, j} p(x_i, y_j) \log p(x_i | y_j)$$

则称 $H(X | Y)$ 为 X 关于 Y 的条件熵。

其中，$I(x_i | y_j)$ 为在事件 y_j 发生条件下 x_i 的条件自信息量。

下面介绍熵的链法则，将联合熵、条件熵和信息熵之间联系起来。

定理 2.1(熵的链法则)

$$H(X, Y) = H(Y) + H(X | Y) = H(X) + H(Y | X)$$

熵的链法则可推广到 n 个事件集的情况：

$$H(X_1, X_2, \cdots, X_n) = H(X_1) + H(X_2 | X_1) + \cdots H(X_n | X_1 \cdots X_{n-1})$$

$H(X | Y)$ 反映在事件集 Y 已知条件下，事件集 X 仍具有的平均未知信息量。显然 $H(X | Y) \leqslant H(X)$，当且仅当 X 与 Y 相互独立时等号成立，这说明在限定条件情况下熵会减少，将减少的这部分熵定义为平均互信息量，即

$$I(X; Y) = H(X) - H(X | Y) \text{ 或 } I(X; Y) = H(Y) - H(Y | X)$$

$I(X; Y)$ 可理解为从 Y 中提取的 X 的信息量；或者从 X 中提取的 Y 的信息量。熵、条件熵、联合熵、平均互信息量之间的关系可用图 2.1.1 表示。

易证定理 2.2 及 2.3 成立。

定理 2.2 $I(X; Y) = H(X) + H(Y) - H(X, Y)$

高等学校信息安全专业规划教材

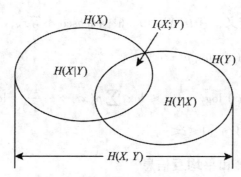

图 2.1.1　各类熵之间的关系图

定理 2.3　$I(X; Y) \geq 0$ 且 $I(X; Y) = 0$ 的充要条件是 X 与 Y 相互独立。

2.2　Shannon 保密理论

评价一个密码体制的安全性主要有三种不同标准 。一种是计算安全性，又称为实际保密性。在现实生活中，人们通常通过几种特定的攻击类型来研究计算上的安全性，如穷尽密钥搜索攻击。一个密码系统是"计算上安全的"，即利用已有的最好方法破译该密码系统所需要的时间、空间或资金代价超过了攻击者所能承担的范围。问题在于目前还没有一个已知的密码体制可以在这个定义下被证明是安全的，但由于这一标准的可操作性，它又成为最适用的标准之一。

第二种标准是可证明安全性，它将对密码体制的任何有效攻击都规约到解一类已知难题，即使用多项式规约技术形式化证明一种密码体制的安全性，例如，椭圆曲线公钥密码算法可以归约为椭圆曲线离散对数难题。但该方法只是说明密码体制的安全性和另一个问题是相关的，并没有完全证明安全性。

第三种是无条件安全或完善保密，即使攻击者拥有无限的计算资源仍然不能破译该密码系统，则称其为无条件安全。

在上述三条安全标准的判定中，只有无条件安全性和信息论有关，为利用信息论研究密码体制的完善保密性，首先给出密码体制的概率模型。

2.2.1　密码体制的概率模型

信息的传输是由通信系统完成的，而信息的保密则是由密码系统完成的。在通信过程中，发送方发出的信息 m 在信道中进行传输时往往受到各种干扰，使 m 出错变成 m'，合法接收者要从 m' 中恢复 m，必须识别出 m' 中哪些信息是错的。因此，发送方需要对 m 进行适当编码，使合法接收者通过译码器对 m' 中的错误进行纠正。对消息 m 进行加密的过程类似于对 m 进行干扰，密文 c 相当于被干扰的信息 m'，破译者相当于在有干扰信道下的接收者，他要设法去除"干扰"还原出明文，密码系统如图 2.2.1 所示。

1. 信源

离散信源可以产生字符或字符串，设源字母表为：$X = \{a_i \mid i = 0, 1, \cdots, q-1\}$，其中 q 为正整数，即信源中字母的个数。字母 a_i 出现的频率为 $p(a_i)$，$0 \leq p(a_i) \leq 1$，$0 \leq i \leq q-1$，

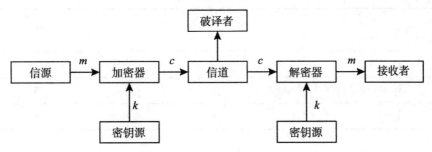

图 2.2.1 密码系统模型图

且 $\sum\limits_{i=0}^{q-1} p(a_i) = 1$。若只考虑长为 r 的信源，则明文空间为

$$M = \{ \mathrm{m} \mid m = (m_1, m_2, \cdots, m_r) \mid m_i \in X, 1 \le i \le r \}$$

若信源是无记忆的，则

$$p(m) = p(m_1, m_2, \cdots, m_r) = \prod_{i=1}^{r} p(m_i)$$

若信源是有记忆的，则需要考虑明文空间 M 中各元素的概率分布。信源的统计特性对密码体制的设计和分析有重要影响。

2. 密钥源

密钥源用于产生密钥，密钥通常是离散的。设密钥源字母表为 $Y = \{ b_j \mid j = 0, 1, \cdots, p-1 \}$，其中 p 是一个正整数，表示密钥源字母表中字母的个数。字母 b_j 的出现概率记为 $p(b_j)$，$0 \le p(b_j) \le 1$，$0 \le j \le p-1$，且 $\sum\limits_{i=0}^{p-1} p(b_j) = 1$。

密钥源通常是无记忆的，并且满足均匀分布。因此 $p(b_j) = 1/p$，$0 \le i \le p-1$。若只考虑长为 s 的密钥，则密钥空间为

$$K = \{ k \mid k = (k_1, k_2, \cdots, k_s) \mid k_j \in Y, 1 \le j \le s \}$$

一般情况下，合法的密文接收者知道密钥空间 K 和所使用的密钥 k，且明文空间和密钥空间是相互独立的。

3. 加密器

加密器在密钥 $k = (k_1, k_2, \cdots, k_s)$ 的控制下将明文 $m = (m_1, m_2, \cdots, m_r)$ 变换为密文 $c = (c_1, c_2, \cdots, c_t)$，即

$$(c_1, c_2, \cdots, c_t) = E_k(m_1, m_2, \cdots, m_r)$$

其中 t 是密文长度，一般情况下，密文的长度与明文长度相同，即 $t = r$，且密文字母表与明文字母表也相同。所有可能的密文构成密文空间 C，密文空间的统计特性由明文空间的统计特性和密钥空间的统计特性所决定，知道明文空间和密钥空间的概率分布，就可以确定密文空间的概率分布。

例 2.3 设有一个密码系统，明文空间 $M = \{a, b\}$，明文空间的概率分布为 $p(a) = 1/4$，$p(b) = 3/4$。密钥空间 $K = \{k_1, k_2, k_3\}$，密钥空间的概率分布为 $p(k_1) = 1/2$，$p(k_2) = 1/4$，$p(k_3) = 1/4$。密文空间 $C = \{1, 2, 3, 4\}$。加密变换如表 2.2.1 所示，计算 $H(M)$，$H(K)$，$H(C)$，$H(M \mid C)$，$H(K \mid C)$。

表 2.2.1   例 2.3 的加密表

明文 密钥	a	b
k_1	1	2
k_2	2	3
k_3	3	4

$$H(M) = -p(a)\log_2 p(a) - p(b)\log_2 p(b) = -\frac{1}{4}\log_2\frac{1}{4} - \frac{3}{4}\log_2\frac{3}{4} \approx 0.81$$

$$H(K) = -p(k_1)\log_2 p(k_1) - p(k_2)\log_2 p(k_2) - p(k_3)\log_2 p(k_3)$$

$$= -\frac{1}{2}\log_2\frac{1}{2} - \frac{1}{4}\log_2\frac{1}{4} - \frac{1}{4}\log_2\frac{1}{4} = 1.5$$

为计算 $H(C)$，需首先计算密文的概率分布。

$$p(c = 1) = p(m = a)p(k = k_1) = \frac{1}{4}\times\frac{1}{2} = \frac{1}{8}$$

$$p(c = 2) = p(m = a)p(k = k_2) + p(m = b)p(k = k_1) = \frac{1}{4}\times\frac{1}{2} + \frac{3}{4}\times\frac{1}{2} = \frac{7}{16}$$

$$p(c = 3) = p(m = a)p(k = k_3) + p(m = b)p(k = k_2) = \frac{1}{4}\times\frac{1}{4} + \frac{3}{4}\times\frac{1}{4} = \frac{1}{4}$$

$$p(c = 4) = p(m = b)p(k = k_3) = \frac{3}{4}\times\frac{1}{4} = \frac{3}{16}$$

因此

$$H(C) = -\frac{1}{8}\log_2\frac{1}{8} - \frac{7}{16}\log_2\frac{7}{16} - \frac{1}{4}\log_2\frac{1}{4} - \frac{3}{16}\log_2\frac{3}{16} \approx 1.85$$

为计算 $H(M \mid C)$，需首先计算已知密文情况下明文的概率分布。

$$p(1 \mid a) = p(k_1) = \frac{1}{2} \qquad\qquad p(1 \mid b) = 0$$

$$p(2 \mid a) = p(k_2) = \frac{1}{4} \qquad\qquad p(2 \mid b) = p(k_1) = \frac{1}{2}$$

$$p(3 \mid a) = p(k_3) = \frac{1}{4} \qquad\qquad p(3 \mid b) = p(k_2) = \frac{1}{4}$$

$$p(4 \mid a) = 0 \qquad\qquad p(4 \mid b) = p(k_3) = \frac{1}{4}$$

由 Bayes 公式可得 $p(a \mid 1) = \dfrac{p(a)p(1 \mid a)}{p(1)} = \dfrac{\frac{1}{4}\times\frac{1}{2}}{\frac{1}{8}} = 1$

同理可计算出

$$p(b \mid 1) = 0, \quad p(a \mid 2) = 1/7, \quad p(b \mid 2) = 6/7, \quad p(a \mid 3) = 1/4,$$
$$p(b \mid 3) = 3/4, \quad p(a \mid 4) = 0, \quad p(b \mid 4) = 1$$

于是

$$H(M \mid C) = p(1)H(M \mid 1) + p(2)H(M \mid 2) + p(3)H(M \mid 3) + p(4)H(M \mid 4)$$

$$= -\frac{1}{8}(1 \times \log_2 1 + 0 \times \log_2 0) - \frac{7}{16}\left(\frac{1}{7}\log_2\frac{1}{7} + \frac{6}{7}\log_2\frac{6}{7}\right)$$

$$-\frac{1}{4}\left(\frac{1}{4} \times \log_2\frac{1}{4} + \frac{3}{4}\log_2\frac{3}{4}\right) - \frac{3}{16}(0 \times \log_2 0 + 1 \times \log_2 1) \approx 0.46$$

同理可计算出 $H(K \mid C)$。

2.2.2 唯一解码量

在设计密码体制时，应使破译者从密文 c 中尽可能少地获得原明文信息，而合法接收者则要从密文 c 中尽可能多地获取原明文信息。本节讨论敌手截取的密文长度与密码体制安全性之间的关系，首先应用证明过的有关密码体制的熵结构，给出密码体制的各类熵之间的基本关系，其中条件熵 $H(K \mid C)$ 称为密钥含糊度，度量了给定密文条件下密钥仍然具有的不确定性，定理 2.4 给出了 $H(K \mid C)$ 的计算方法。

定理 2.4 设 M, C, K 分别是明文空间、密文空间和密钥空间，则有：

$$H(K \mid C) = H(K) + H(M) - H(C)$$

证明：根据熵的链法则，有

$$H(K, M, C) = H(C \mid K, M) + H(K, M)$$

在已知明文及密钥情况下，条件熵 $H(C \mid K, M) = 0$，由于明文空间与密钥空间统计独立，因此

$$H(K, M, C) = H(K, M) = H(K) + H(M)$$

同理有

$$H(K, M, C) = H(M \mid K, C) + H(K, C) = H(K, C)$$

所以

$$H(K \mid C) = H(K, C) - H(C) = H(K, M, C) - H(C) = H(K) + H(M) - H(C)$$

由条件熵的性质，有 $H(K \mid C^{r+1}) \leqslant H(K \mid C^r)$，即随着 r 的增加，密钥含糊度 $H(K \mid C^r)$ 是非增的。若 $H(K \mid C^r) \to 0$，就可唯一确定密钥，从而实现破译。

定义 2.6 称 $v = \min\{r \in N : H(K \mid C^r) = 0\}$ 是密码体制在唯密文攻击下的唯一解码量。

当截获的密文数量小于 r 时，存在多种可能的密钥，这些可能的密钥称为伪密钥。例如，单表加密中密文为"WANAJW"，通过穷举攻击，可以得到两个"有意义的"明文："river"和"arena"分别对应密钥 $k = 5$ 和 $k = 22$，这两个密钥中，只有一个是正确的，另一个就是伪密钥，因此，该密码体制的唯一解码量应大于 5。

之所以能从密文中获取密钥信息，实质上利用了明文字符序列的非均匀分布特性，即冗余度。由熵的极值性知等概信源具有最大熵，长度为 L 的明文字符序列所能达到的最大熵为 $L\log_2|X|$，其中 $|X|$ 是所有明文字符集合 X 中的元素个数，而自然语言通常都不是等概的，设明文的实际熵只有 $H(X^L)$，将等概明文空间与明文实际熵之间的差值称为该语言的冗余度，即该明文序列具有的已被确定的信息量 D_L。冗余是指一串字母或单词中有一部分字母或单词是多余的，它们的存在完全是由于语法规律、格式规律及统计规律的需要，例如，英语中的冠词"The"对句子的含义并没有什么影响。

定义 2.7 对于明文字符集 X，称：

$$D_L = L \log_2 | X | - H(X^L)$$

为长度为 r 的明文序列的冗余度，并称

$$\delta_L = \frac{D_L}{L} = \log_2 | X | - \frac{H(X^L)}{L}$$

为长度为 L 的明文序列单字符的平均冗余度。

例 2.4 对于由 128 个二进制数构成的某类密钥的熵是 56 比特，其每个字母的最大熵可以达到

$$\delta_L = \log_2 | X | - \frac{H(x^L)}{L} = 1 - \frac{56}{128} = 0.56 \text{ 比特}$$

不同类别的明文具有不同冗余度，只要针对长度为 L 的该类明文进行大量统计就会发现，当 L 很大时，δ_L 的值就会趋于稳定，因此，一类明文的冗余度实际上是对该类明文进行大量统计后得到的。

$$\delta = \lim_{L \to \infty} \delta_L = \lim_{L \to \infty} \frac{D_L}{L}$$

例如，普通英语每个字母平均冗余信息量为 3.2 比特。

那么，在唯密文攻击条件下，密钥含糊度何时为零呢？

定理 2.5 设密文字符是近似随机的，且明文字符集 X 与密文字符集 Z 中的元素个数相同，则唯一解码量

$$v = H(K)/\delta$$

定理 2.5 直观解释为：每个密文字符平均泄露 δ 比特的密钥信息，当密文序列中各字符相互独立时，v 个密文字符平均泄露 δv 比特的密钥信息，密钥共有 $H(K)$ 比特信息，因此要从 v 个密文字符中获得全部密钥信息，只需 δv 与 $H(K)$ 相等即可。

2.2.3 完善保密密码体制

依据密码体制的概率模型，条件熵 $H(M | C)$ 表示密文已知时，明文仍然具有的不确定度，平均互信息 $I(M; C)$ 是密文泄露有关明文信息量的一种测度。同时，条件熵 $H(K | C)$ 表示密文已知时，密钥仍然具有的不确定度，而平均互信息 $I(K; C)$ 是密文泄露有关密钥信息量的一种测度，上述熵之间的关系可由下图表示：

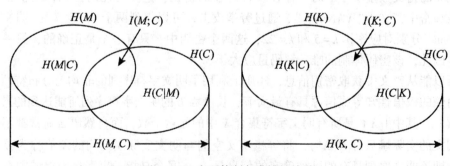

图 2.2.2 密码体制各类熵的关系

可以证明：

$$I(M；C) = H(M) - H(M \mid C)$$
$$I(K；C) = H(K) - H(K \mid C)$$

且对于任意密码系统，已知密钥和密文，可以唯一确定明文，即 $H(M \mid CK) = 0$，所以有

$$I(M；CK) = H(M) - H(M \mid CK) = H(M)$$

定理 2.6 对于任意密码系统，有 $I(M；C) \geqslant H(M) - H(K)$。

证明： 对于任意密码系统，已知密文及密钥可以求出明文，即 $H(M \mid KC) = 0$，因此有

$$
\begin{aligned}
H(K \mid C) &= H(K \mid C) + H(M \mid KC) \\
&= H(KC) - H(C) + H(M \mid KC) \\
&= H(MKC) - H(C) \\
&= H(MK \mid C) \\
&= H(K \mid MC) + H(MC) - H(C) \\
&= H(M \mid C) + H(K \mid MC) \\
&\geqslant H(M \mid C)
\end{aligned}
$$

又因为 $H(K) \geqslant H(K \mid C)$，所以有

$$I(M；C) = H(M) - H(M \mid C) \geqslant H(M) - H(K \mid C) \geqslant H(M) - H(K)$$

定义 2.8 设 M 和 C 分别是一个密码体制的明文空间和密文空间，若 $I(M；C) = 0$，则称该密码体制是完善保密的。

一个完善保密码体制需要满足哪些条件呢？定理 2.7 可得完善保密密码系统需满足的必要条件，定理 2.8 给出了完善保密密码系统的充要条件。

定理 2.7 一个密码系统完善保密的必要条件是 $H(K) \geqslant H(M)$。

定理 2.8 设 (M, C, K, E, D) 是一密码体制，满足 $|M| = |C| = |K|$，该密码体制是完全保密的，当且仅当每一密钥被等概率的使用，且对任意明文 x 和密文 y，存在唯一密钥 k，将 x 加密成 y。

证明： 假设这个密码体制是完善保密的。由上面可知，对于任意的 $x \in M$ 和 $y \in C$，一定至少存在一个密钥 k 满足 $E_k(x) = y$，因此有不等式：

$$|C| = |\{E_k(x), k \in K\}| \leqslant |K|$$

但是我们假设 $|C| = |K|$，因此一定有

$$|\{E_k(x), k \in K\}| = |K|$$

即不存在两个不同的密钥 k_1 和 k_2 使得

$$E_{k_1}(x) = E_{k_2}(x) = y$$

因此对于 $x \in M$ 和 $y \in C$，刚好存在一个密钥 k 使得 $E_k(x) = y$。

记 $n = |K|$，设 $M = \{x_i, 1 \leqslant i \leqslant n\}$ 并且固定一个密文 $y \in C$，设密钥为 $k_1, k_2, \cdots, k_n$，并且

$$E_{k_i}(x_i) = y, \; 1 \leqslant i \leqslant n$$

使用贝叶斯定理，有

$$p(x_i \mid y) = \frac{p(y \mid x_i)p(x_i)}{p(y)} = \frac{p(K = k_i)p(x_i)}{p(y)}$$

考虑完善保密的条件 $p(x_i \mid y) = p(x_i)$。在这里，我们有 $p(k_i) = p(y)$，$1 \leqslant i \leqslant n$，也就是说，所有密钥都是等概率使用的。密钥的数目为 K，我们得到对任意的 $k \in K$，$p(k) = 1 / |K|$。若两个假设的条件都是成立的，可得到密码体制是完善保密。定理 2.8 也可描述为定理

2.9。

定理 2.9 设 $E: M \times K \rightarrow C$ 是一个密码体制的加密算法，且 $|M| = |C| = |K|$，若该密码体制利用密钥序列 $\{k_i\}_{i=1}^{n}$ 按照

$$c_i = E(k_i, m_i)$$

的方式对 M 上的明文序列 $\{m_i\}_{i=1}^{n}$ 加密，则该密码体制是完善保密的当且仅当以下两个条件成立：

(1) 密钥序列 $k_1, k_2, \cdots, k_n$ 相互独立，且 $k_i (1 \leq i \leq n)$ 在 K 上服从均匀分布。

(2) 对任意 $m \in M$，$c \in C$ 都存在唯一的密钥 $k \in K$，使得 $E_k(m) = c$。

一次一密密码系统是信息论中用于说明完善保密性的经典实例，设明文为 $m = m_1 m_2 \cdots m_r$，密钥为 $k = k_1 k_2 \cdots k_r$，密文为 $c = c_1 c_2 \cdots c_r$，并假设所有数据均表示为二进制序列，加密算法为按位模 2 加，即 $c_i = m_i \oplus k_i$。

定理 2.10 一次一密密码系统是完善保密的。

证明： 一次一密密码系统的真值表如表 2.2.2 所示。

表 2.2.2　　　　　　　　　　　　一次一密加密运算真值表

m_i	k_i	c_i
0	0	0
0	1	1
1	0	1
1	1	0

条件概率 $p(m_i \mid c_i)$ 计算如下：

$$p(0 \mid 0) = p(1 \mid 0) = p(0 \mid 1) = p(1 \mid 1) = \frac{1}{2}$$

明文空间的概率分布为：

$$p(1) = p(0) = \frac{1}{2}$$

所以对 $\forall m_i, c_j \in \{0, 1\}$，有 $p(m_i \mid c_j) = p(m_i)$，因此互信息为

$$I(m_i; c_j) = \log \frac{p(m_i \mid c_j)}{p(m_i)} = 0$$

故 $I(M; C) = 0$，即明文与密文统计独立。

一般情况下的完善保密系统应该如何设计呢？

"一次一密"密码系统具有完善保密性，即从密文中得不到关于明文或密钥的任何信息，但该体制中真随机密钥序列较难产生，而且该体制所需密钥数量同明文数量一样，即随着明文的增长，密钥也同步增长，从而对大量真随机密钥的存储、传输和管理带来很大难度，较难实现。但在军事和外交领域，一次一密密码体制仍然有着重要应用。

2.3　计算复杂性理论

理论上的保密性是基于攻击者拥有无限资源的假设下进行研究的，实际上攻击者所拥有

的设备和时间总是有限的，因此，无论是密码设计者还是破译者，都十分重视密码的实际保密性能，即该密码系统在现有计算资源下，被破译所需时间是否同消息的最小保密时间相符，所需空间是否大于现有计算机容量。

由于理论上保密的密码体制在密钥的传输、存储和销毁过程难以确保密钥序列的秘密性，密钥使用过程中的复用也会破坏密钥的随机性，因此，现代密码设计一般不再追求完善保密性，转而关注密码体制的实际保密性。研究密码的实际保密性，计算复杂性理论是一个重要工具。本节给出计算复杂性理论的主要概念、算法的复杂性、问题的复杂性、易解问题和难解问题等概念。

2.3.1 问题与算法

现代密码分析需要借助计算机完成，然而计算机的处理速度在不断提高，应当如何度量一个问题的复杂性呢？首先给出"问题"的定义。

定义 2.9 问题是一个需要回答的一般性提问，由 3 部分组成。

(1) 输入参数 a。

(2) 输出参数 x，即问题的答案。

(3) 答案 x 应满足的约束条件或性质。

如果给问题的所有未知参数均制定了具体值，就得到该问题的一个实例。

例如背包问题：给定 n 个整数 $a_1, a_2, \cdots, a_n$ 和整数 s，问是否存在 n 维二元向量 $(x_1, x_2, \cdots, x_n)$，使得：

$$a_1 x_1 + a_2 x_2 + \cdots + a_n x_n = s$$

这里：

(1) $a_1, a_2, \cdots, a_n$ 和整数 s 是输入参数。

(2) n 维二元向量 $(x_1, x_2, \cdots, x_n)$ 是输出参数。

(3) 答案应满足的约束条件就是 $a_1 x_1 + a_2 x_2 + \cdots + a_n x_n = s$。

算法是求解一个问题的、已定义好的、一系列按次序执行的具体步骤，是求解某个问题的一系列计算过程，也可以认为是求解某个问题的通用计算机程序。例如，求两个整数最大公因数的欧几里得算法。

2.3.2 算法的计算复杂性

一个算法的复杂性是运算它所需的计算能力，由该算法所需的最长时间与最大存储空间所决定。因此，时间复杂性和空间复杂性是刻画一个算法的计算复杂性的两个基本指标。一个算法用于同一问题的不同规模的实例所需时间 T 与空间 S 往往不同，因此将 T 和 S 表示为问题规模 n 的函数 $T(n)$ 和 $S(n)$。一个算法的运行时间是指算法在执行所需的基本运算的次数或步骤。一般地，很难给出 $T(n)$ 的确切表达式，当 n 很大时，$T(n)$ 随 n 变化的速度对算法的计算复杂性起主要作用，数学上，可以用 O 表征 $T(n)$ 随 n 的变化速度。$T(n)$ 的类型是决定算法运行时间的关键因素，当 $T(n)$ 是 n 的指数函数时，随着输入规模 n 的增大，$T(n)$ 的增长非常迅速，这时即使计算机的运行速度有数百万倍的提高，运行时间也不可能有本质的降低。当 $T(n)$ 是 n 的多项式函数时，随着输入规模 n 的增大，$T(n)$ 的增长速度较指数函数的情况要缓慢。

设 $g(n)$ 是规模为 n 的某个多项式，称时间复杂性为 $T(g(n))$ 的算法是多项式时间算

高等学校信息安全专业规划教材

法，如果一个算法的时间复杂性不依赖于问题实例的规模 n，即为 $O(1)$，则它是常数的；若时间复杂性是 $O(an+b)$，则它是线性的，记为 $O(n)$。将非多项式时间算法统称为指数时间算法，时间复杂性为 $O(n^{c\log 2n})$，在指数时间算法中，还有一类复杂性增长速度介于多项式函数和 $O(2^n)$ 之间的算法，即亚指数级时间算法，$O(n^{\sqrt{n\ln n}})$ 之类的算法称为亚指数时间算法。

下面通过快速模幂算法计算 $x^e \bmod n$ 给出分析计算复杂性的例子。

快速模幂算法：

输入：x，模数 n 和正整数 e；

输出：$x^e \bmod n$

预处理：求出 e 的二进制表示 $e = \sum_{i=0}^{m-1} e_i 2^i$，即计算出 $(e_{m-1}, \cdots, e_1, e_0)$，其中 $e_{m-1} = 1$。

主算法：

Step1 预置 $y=1$；

Step2 从 $i=m-1$ 到 $i=0$，依次执行：

（1）$y \leftarrow y^2 \bmod n$；

（2）当 $e_i = 1$ 时，执行 $y \leftarrow y \cdot x \bmod n$。

Step3 输出 y。

记 $w_e = \sum_{i=0}^{m-1} e_i$ 是 e 的二进制表示中 1 的个数，则快速模幂运算共需 $m = 1 + \log_2 e$ 次模平方运算和 w_e 次模乘运算。若将上述两个运算的事件复杂性的量级看做相同的，则其事件复杂性为 $O(\log_2 e)$ 次乘法运算，因此，快速模幂运算具有多项式时间的计算复杂性。

粗略地说，多项式时间算法等同于有效的或好的算法，而指数时间算法则被认为是无效的算法，但当输入的规模不太大时，多项式时间算法的运行时间未必小于指数时间算法的运行时间。

2.3.3　问题的复杂性

问题复杂性理论主要研究一个问题的固有难度，掌握一个问题的固有复杂性，对于密码系统设计和密码分析具有重要意义。在有些情况下一个密码的破译可归约为求解某个典型问题，如果这个典型问题有一个实际可行的解决方案，那么密码破译就可实现。反之，依据某些难解的典型问题可实际不易破译的密码。

求解一个典型问题往往有许多算法，我们关注的是计算复杂性和存储复杂性最好的算法，因为该算法的复杂性反映了问题的固有难度。问题复杂性理论可以帮助我们探讨在求解该问题的许多算法中哪种算法所需的时间和空间最小。问题复杂性理论以算法复杂性理论为工具，将大量典型问题按求解代价进行分类，对于多项式时间内可判定的问题可具体分为：P 问题、NP 问题和 NPC 问题等。

定义 2.10　对于一个问题，若存在一个算法，使得对该问题的解的每个猜测，都能够输出该猜测正确与否的判定，则称该问题是可判定问题，否则称为不可判定问题。

只有可判定问题研究其求解算法才有意义，因此，计算复杂性理论只关注可判定问题。

定义 2.11 对于可判定问题，如果存在一个能够解答该问题的每个实例的算法，则称该问题是可解的，否则称该问题是不可解的。

我们关注的是一个问题的实际可解性，因此一个算法的时间复杂性是多项式事件还是指数时间是十分重要的。

定义 2.12 对于一个问题，若存在一个多项式时间的求解算法，则称该问题是 P 问题；若存在一个多项式时间算法，使得对该问题求解的每个猜测，该算法都能够输出其正确与否的判断，则称该问题是 NP 问题。

一般情况下，NP 问题就是对其解的每个猜测，都能实际可行地验证该猜测是否正确的问题，P 问题就是能够实际可行地求出其解的问题。密码学中的求解问题，大多为 NP 问题，例如，对于加密算法 $c = E(k, m)$，其安全性依赖于密钥求解问题的难解决性，即在已知 c 和 m 的条件下，求解 k 的问题是难解问题，但对每个可能的密钥 k，一般都能在多项式时间内判断出该猜测正确与否。

在 NP 问题中，有一类最难的问题，称为 NP 完全问题，即 NPC 问题。

定义 2.13 称一个 NP 问题是 NPC 问题，如果能够证明该问题是 P 问题，就能够证明所有的 NP 问题都是 P 问题。

计算复杂性理论为密码系统的设计与分析提供了理论依据和可能的途径。在设计密码算法时，通常将在已知密钥时的加解密问题设计成 P 问题，将破译问题最好设计成 NPC 问题，而不能设计成 P 问题，这即是公钥密码的设计思想，具体来讲，是利用单向陷门函数实现数据加密。

计算复杂性理论的密码学价值还体现在，一些 NP 完全理论中的研究方法逐渐被人们所借鉴，例如，利用多项式归约技术形式化证明密码体制或密码协议的安全性目前已得到广泛认可。

习 题 2

2.1 给定一个密码体制，其中 $M = \{a, b, c\}$，$K = \{k_1, k_2, k_3\}$，$C = \{1, 2, 3, 4\}$，设加密矩阵如下：

明文 密钥	a	b	c
k_1	1	2	3
k_2	2	3	4
k_3	3	4	1

若密钥是从密钥空间中等概选取，则明文空间的概率分布为 $p(a) = 1/2$，$p(b) = 1/3$，

$p(c) = 1/6$,计算 $H(M)$,$H(C)$,$H(K)$,$H(K \mid C)$,$H(M \mid C)$。

2.2 设某密码算法的密钥 k 为 128 比特,且密钥在 $\{0,1\}^{128}$ 上服从均匀分布,试求密钥熵。若明文是普通英文,试计算该密码体制的唯一解码量。

2.3 证明:当且仅当 $H(M \mid C) = H(M)$ 时,密码体制是完善保密的。

2.4 设某密码算法共有 2^{256} 个可能密钥,密钥取 k_1,k_2,k_3,k_4 的概率分别为 0.2,0.15,0.15,0.1,取其他密钥的概率都相同,试计算该密码体制的密钥熵。

2.5 证明:对于任何密码体制有 $H(K \mid C) \geqslant H(M \mid C)$。

2.6 对于仿射密码计算 $H(K \mid C)$ 和 $H(K \mid M, C)$。

2.7 若明文的不同字节相互独立,且每个明文字节中的 8 比特的模 2 和为 0,明文字节的低 7 比特的熵为 3.2 比特/字节。试在密钥是 256 比特的假设下,计算该密码体制的唯一解码量。

第3章 布 尔 函 数

布尔函数是构成密码算法的重要组件，所有密码体制在本质上都可以用非线性布尔函数来表示，例如：反馈移位寄存器序列中的反馈函数、前馈序列中的前馈函数、非线性组合序列中的组合函数、分组密码中的 S 盒等都是由非线性布尔函数作为其基础组件来构造的。因此，研究并设计具有较好密码学性质的布尔函数，对于序列密码、分组密码及 Hash 函数的设计与分析具有重要的指导意义。

本章介绍布尔函数的基本概念、表示方法、Walsh 谱理论以及非线性度、相关免疫性和代数免疫度等密码学性质。

3.1 布尔函数及其表示

n 个变元的布尔函数 $f(x)$ 是从 $GF(2^n)$ 到 $GF(2)$ 的一个函数或映射，记为 $f(x)$：$GF(2^n) \to GF(2)$。由于此函数的输出只有两种取值，因此又称为开关函数。

大多数情况下的密码函数有多个取值，因此又称为多输出函数或向量值函数 $f(x)$：$GF(2^n) \to GF(2^m)$。它可以用一组布尔函数来表示，即

$$f(x) = (f_1(x), f_2(x), \cdots, f_m(x))$$

其中，每个 $f_i(x)(i=1, 2, \cdots, m)$ 是一个 n 元布尔函数。

布尔函数的表示形式有多种，下面介绍几种主要的形式：真值表表示、小项表示、多项式表示、Walsh 谱表示、序列表示和矩阵表示。这些表示在研究布尔函数及其性质中要用到。

3.1.1 布尔函数的真值表表示

将布尔函数在各点的函数值按顺序排列起来，记为 $f(0), f(1), \cdots, f(2^n - 1)$，称之为 $f(x)$ 的真值表，用真值表表示的函数称为布尔函数真值表表示。$f(x)$ 的真值表中 1 的个数称为 $f(x)$ 的汉明重量，记为 $w(f)$。

例 3.1 设 $f(0, 0) = 1, f(0, 1) = 1, f(1, 0) = 1, f(1, 1) = 0$，那么，$f(x)$ 的真值表表示为

$x_1\ x_2\ x_3$	$f(x_1, x_2, x_3)$
0 0	1
0 1	1

高等学校信息安全专业规划教材

$x_1\ x_2\ x_3$	$f(x_1,\ x_2,\ x_3)$
1　0	1
1　1	0

3.1.2　布尔函数的小项表示

设 $x \in F_2$，约定 $x' = x$，$x^0 = \bar{x} = 1 + x$，对于 x_i，$c_i \in F_2$，就有 $x_i^{c_i} = \begin{cases} 1 & x_i = c_i \\ 0 & x_i = c_i \end{cases}$。设整

数 $c(0 \leqslant c \leqslant 2^n - 1)$ 的二进制表示是 $(c_1, c_2, \cdots c_n)$，约定 $x^c = x_1^{c_1} x_2^{c_2} \cdots x_n^{c_n}$，它具有下述"正交性"：

$$x_1^{c_1} x_2^{c_2} \cdots x_n^{c_n} = \begin{cases} 1, & (x_1, x_2, \cdots, x_n) = (c_1, c_2, \cdots, c_n) \\ 0, & (x_1, x_2, \cdots, x_n) \neq (c_1, c_2, \cdots, c_n) \end{cases}$$

由此可得

$$f(x) = \sum_{c=0}^{2^n-1} f(c_1, c_2, \cdots, c_n) x_1^{c_1} x_2^{c_2} \cdots x_n^{c_n} \tag{3-1-1}$$

式(3-1-1)称为 $f(x)$ 的小项表示 $f(c_1, c_2, \cdots, c_n) x_1^{c_1} x_2^{c_2} \cdots x_n^{c_n}$ 称为一个小项。$\sum$ 表示在 F_2 上求和。

例 3.2　例 2.1 中的 $f(x)$ 的小项表示为：
$$f(x_1, x_2) = 1 \cdot x_1^0 x_2^0 + 0 \cdot x_1^0 x_2^1 + 1 \cdot x_1^1 x_2^0 + 0 \cdot x_1^1 x_2^1 = x_1^0 x_2^0 + x_1^1 x_2^0$$

3.1.3　布尔函数的多项式表示

$f(x)$ 的多项式表示为：

$$f(x) = a_0 + \sum_{r=1}^{n} \sum_{1 \leqslant i_1 < i_2 < \cdots < i_r \leqslant n} a_{i_1 i_2 \cdots i_r} x_{i_1} x_{i_2} \cdots x_{i_r} \tag{3-1-2}$$

要将 $f(x)$ 的小项表示转化为多项式表示，只须将 $\overline{x_i} = 1 + x_i$ 代入(3-1-1)式。并注意 $x_i x_i = x_i$，$x_i x_j = x_j x_i$，利用分配律并进行合并同类项即可。如例 3.3 中
$$f(x_1, x_2) = (x_1 + 1)(x_2 + 1) + x_1(x_2 + 1) = 1 + x_2$$
也常将(3-1-2)式按变元的升幂及下标数字写出如下：
$$f(x) = a_0 + a_1 x_1 + a_2 x_2 + \cdots + a_n x_n + a_{12} x_1 x_2 + \cdots + a_{n-1,\ n} x_{n-1} x_n + \cdots a_{12 \cdots n} x_1 x_2 \cdots x_n$$

$$\tag{3-1-3}$$

式(3-1-3)称为 $f(x)$ 的代数标准型或代数正规型，一个乘积项(也称单项式) $x_{i_1} x_{i_2} \cdots x_{i_r}$ 的次数定义为 r，布尔函数 $f(x)$ 的次数定义为 $f(x)$ 的代数标准型中具有非零系数的乘积项中的最大次数，记为 $\deg(f)$。一次布尔函数称为仿射函数，常数项为零的仿射函数称为线性函数，次数大于 1 的布尔函数称为非线性函数。

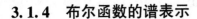

3.1.4 布尔函数的谱表示

定义 3.1 设 $x = (x_1, \cdots, x_n)$，$w = (w_1, \cdots, w_n) \in F_2^n$，$w \cdot x = x_1 w_1 + \cdots + x_n w_n$，称

$$S_f(w) = 2^{-n} \sum_{x \in F_2^n} f(x)(-1)^{w \cdot x}$$

$$S_{(f)}(w) = 2^{-n} \sum_{x \in F_2^n} (-1)^{f(x) \oplus w \cdot x}$$

分别为 $f(x)$ 的线性 Walsh 谱和循环 Walsh 谱。

例 3.3 设 $f(x) = f(x_1, x_2, x_3) = x_1 x_2 \oplus x_3$，计算 $f(x)$ 在 $\alpha = (1, 1, 0)$ 点的 Walsh 循环谱。

解 令 $\phi(x) = \alpha \cdot x = (1, 1, 0) \cdot (x_1, x_2, x_3) = x_1 \oplus x_2$，则以下四个函数取值情况如下所示：

$x = (x_1, x_2, x_3)$	$(0, 0, 0)$	$(0, 0, 1)$	$(0, 1, 0)$	$(0, 1, 1)$	$(1, 0, 0)$	$(1, 0, 1)$	$(1, 1, 0)$	$(1, 1, 1)$
$f(x)$	0	1	0	1	0	1	1	0
$\phi(x) = x_1 \oplus x_2$	0	0	1	1	1	1	0	0
$f(x) \oplus \phi(x)$	0	1	1	0	1	0	1	0
$(-1)^{f(x) \oplus \phi(x)}$	1	-1	-1	1	-1	1	-1	1

因此有

$$S_{(f)}(1, 1, 0) = \frac{1}{2^3} \sum_{x \in Z_2^n} (-1)^{f(x) \oplus \phi(x)} = \frac{1}{8}(1 - 1 - 1 + 1 - 1 + 1 - 1 + 1) = 0$$

引理 3.1 设 $n \geqslant 1$，则 $\forall w \in Z_2^n$，有

$$\frac{1}{2^n} \sum_{x \in Z_2^n} (-1)^{w \cdot x} = \begin{cases} 1, & \text{若 } w = 0; \\ 0, & \text{若 } w \neq 0. \end{cases}$$

证明 当 $w = 0$ 时，对于 $\forall x \in Z_2^n$，均有 $w \cdot x = 0 \cdot x = 0$，因此有

$$\frac{1}{2^n} \sum_{x \in Z_2^n} (-1)^{w \cdot x} = \frac{1}{2^n} \sum_{x \in Z_2^n} (-1)^0 = 1$$

当 $w \neq 0$ 时，记 $w = (w_1, \cdots, w_n)$，对 $\forall x \in Z_2^n$，记 $x = (x_1, \cdots, x_n)$，则有

$$\frac{1}{2^n} \sum_{x \in Z_2^n} (-1)^{w \cdot x} = \frac{1}{2^n} \sum_{x \in Z_2^n} (-1)^{w_1 x_1 \oplus w_2 x_2 \oplus \cdots \oplus w_n x_n}$$

$$= \frac{1}{2^n} \sum_{x_1 \in \{0, 1\}} \sum_{x_2 \in \{0, 1\}} \cdots \sum_{x_n \in \{0, 1\}} \prod_{i=1}^{n} (-1)^{w_i x_i}$$

$$= \frac{1}{2^n} \sum_{x_1 \in \{0, 1\}} (-1)^{w_1 x_1} \sum_{x_2 \in \{0, 1\}} (-1)^{w_2 x_2} \cdots \sum_{x_n \in \{0, 1\}} (-1)^{w_n x_n}$$

$$= \frac{1}{2^n} \prod_{i=1}^{n} \sum_{x_i \in \{0, 1\}} (-1)^{w_i x_i}$$

由定义 3.1 及引理 3.1，易知两种谱之间的关系是

$$S_{(f)}(w) = \begin{cases} -2S_f(w) & w \neq 0 \\ 1 - 2S_f(w) & w = 0 \end{cases}$$

依定义 3.1 可得到 $f(x)$ 用两种 Walsh 谱的表示如下

$$f(x) = \sum_{w \in F_2^n} S_f(w)(-1)^{w \cdot x}$$

$$f(x) = \frac{1}{2} - \frac{1}{2} \sum_{w \in F_2^n} S_{(f)}(w)(-1)^{w \cdot x}$$

关于 Walsh 谱，下面不加证明地给出以下结论：

定理 3.1（Plancheral 公式） 设 $f(x)$ 是 n 元布尔函数，则

$$\sum_{w \in F_2^n} S_f^2(w) = S_f(0) = w(f)/2^n$$

定理 3.2（Parseval 公式） 设 $f(x)$ 是一个 n 元布尔函数，则

$$\sum_{w \in F_2^n} S_{(f)}^2(w) = 1$$

定理 3.3 设 $f_1(x)$，$f_2(x)$ 是 n 元布尔函数，则

$$S_{f_1+f_2}(w) = S_{f_1}(w) + S_{f_2}(w) - 2S_{f_1 f_2}(w)$$

定理 3.4 设 $f_1(x)$，$f_2(x)$ 是 n 元布尔函数，则

$$S_{f_1 f_2}(w) = -2^{-n} \sum_{r=0}^{2^n-1} S_{f_1}(\tau) S_{f_2}(w + \tau)$$

3.1.5 布尔函数的矩阵表示

定义 3.2 设 $f(x)$ 是一个 n 元布尔函数，矩阵

$$\begin{bmatrix} f(0) \\ f(1) \\ \vdots \\ f(N) \end{bmatrix} = \begin{bmatrix} \varphi(0, 0) & \cdots & \varphi(N, 0) \\ \varphi(0, 1) & \cdots & \varphi(N, 1) \\ \cdots & \cdots & \cdots \\ \varphi(0, N) & \cdots & \varphi(N, N) \end{bmatrix} \begin{bmatrix} S_f(0) \\ S_f(1) \\ \vdots \\ S_f(N) \end{bmatrix}$$

称为 $f(x)$ 的矩阵（即 $f(x)$ 的矩阵表示）。其中 $\varphi(\omega, x) = \varphi_\omega(x) = (-1)^{\omega \cdot x}$。

定义 3.3 设 H_n 是 2^n 阶的矩阵。如果 H_n 由下面的递推关系由

$$H_0 = [1], \quad H_n = \begin{bmatrix} 1 & 1 \\ 1 & -1 \end{bmatrix} \otimes H_{n-1} = \begin{bmatrix} H_{n-1} & H_{n-1} \\ H_{n-1} & -H_{n-1} \end{bmatrix}$$

给出，称 H_n 为 Hadamard 矩阵。其中 $\otimes$ 表示矩阵的克罗内克（Kerpncker）积。

利用 Hadamard 矩阵可得到与 Walsh 谱平衡的一套理论，另外利用 Hadamard 矩阵的有关性质可得到计算 Walsh 谱的快速算法。由此可见，Hadamard 矩阵在密码学中是很重要的。

定义 3.4 设 $f(x)$ 是一个 n 元布尔函数，$w = w(f)$ 是其汉明重量，$D = \{d = (d_1, \cdots, d_n) | f(d) = 1\}$ 将 D 中的元素按字典式顺序从小到大排列为 $c_i = (c_{i1}, \cdots, c_{in})$，则称 0-1 矩阵

$$C_f = \begin{bmatrix} c_{11} & \cdots & \cdots & c_{1n} \\ \vdots & & & \vdots \\ \vdots & & & \vdots \\ c_{w1} & \cdots & \cdots & c_{wn} \end{bmatrix}$$

为 $f(x)$ 的特征矩阵。布尔函数与其特征之间是相互唯一确定的。

定义 3.5 设 A 是 F_2 上的 $M \times n$ 矩阵，如果对任意给定的 m 列，每一个行向量恰好重复 $\frac{M}{2^m}$ 次，则称 A 为正交矩阵，记为 $(M, n, 2, m)$。

3.1.6 布尔函数的序列表示

称序列 $((-1)^{f(\alpha_0)}, (-1)^{f(\alpha_1)}, \cdots, (-1)^{f(\alpha_{2^n-1})})$ 为 $f(x)$ 的序列表示，其中 $\alpha_0 = (0, \cdots, 0)$，$\alpha_1 = (0, \cdots, 0, 1)$，$\alpha_{2^n-1} = (1, \cdots, 1) \in F_2^n$.

下面给出这两种运算的两个重要结论。

定理 3.5 当 $m = 2^n$，设 a，b 分别是 n 元布函数 $f(x)$ 和 $g(x)$ 的序列表示，则 $a * b$ 就是 $f(x) + g(x)$ 的序列表示。

定理 3.6 设 I_i 是 H_n 的第 i 行，$0 \leq i \leq 2^n$，a_i 是 i 的二进制表示，则 I_i 就是线性函数 $\varphi_i = \langle \alpha_i, x \rangle$ 的序列。

3.2 布尔函数的平衡相关免疫性

下面介绍平衡和相关免疫的概念，谱特征、重量特征和其代数标准型的结构特征。

定义 3.6 如果 n 元布尔函数的重量 $w(f) = 2^{n-1}$，则称 $f(x)$ 是平衡布尔函数。

前面讲到，平衡性是抗击相关攻击所必须的，实际上，平衡是用于密码体制的布尔函数简称密码函数都必须具备的。由定义 1 及布尔函数的几种不同表示的转换关系可知，$f(x)$ 的重量即为 $f(x)$ 小项表示中小项的数目，注意由小项表示转换为多项式表示时，每个小项展开后含有一个最高次项 $x_1 x_2 \cdots x_n$，特别地，关于平衡函数有如下结构特点。

定理 3.7 平衡布尔函数的多项式表示中不含最高次项。

定理 3.8 若 $f(x)$ 是平衡布尔函数，则 $S_{(f)}(0) = 0$。

由平衡性定义及 $f(x)$ 的循环 Walsh 谱的定义可推得平衡函数 $f(x)$ 在 0 点的 Walsh 谱值为 0。

最早给出的相关免疫定义，是 T. Siegenthalar 给出的下列定义。

定义 3.7 设 x_1，x_2，$\cdots$，x_n 是 n 个独立的，均匀分布的二元随机变量，$f(x_1, \cdots, x_n)$ 是 $F_2^n \to F_2$ 的布尔函数，令随机变量 $z = f(x_1, \cdots, x_n)$，如果对任意下标的子集 $\{i_1, \cdots, i_m | 1 \leq i_1 < i_2 < \cdots < i_m \leq n$，随机变量 $z = f(x_1, \cdots, x_n)$ 与随机变量 $(x_{i_1}, x_{i_2}, \cdots, x_{i_m})$ 统计独立，则称 $f(x_1, \cdots, x_n)$ 是 m 阶相关免疫的。这个条件用互信息表示为 $I(z; x_{i_1}, \cdots, x_{i_m}) = 0$。

与 T. Siegenthalar 给出的 m 阶相关免疫定义等价，m 阶相关免疫有许多其他形式的定义。

定义 3.8 设 n 元布尔函数 $f(x_1, \cdots, x_n)$ 中每个变元 x_i 都是 F_2 上独立同分布随机变量，若对任意的 $1 \leq i_1 < i_2 < \cdots i_m \leq n$ 和 a_1，a_2，$\cdots$，a_m，存在

$$P\{f(x_1, \cdots, x_n) = 1 | x_{i_1} = a_1, \cdots, x_{i_m} = a_m\} = P\{f(x_1, \cdots, x_n) = 1\}$$

即 $f(x)$ 与 x_{i_1}，$\cdots$，x_{i_m} 统计无关，称 $f(x)$ 是 m 阶相关免疫的，其中 $1 \leq m \leq n-1$。

显然，如果 $f(x)$ 是 m 阶相关免疫的，则对任意的 $k < m$，$f(x)$ 也是 k 阶相关免疫的。

定义 3.8 是从概率的角度给出了相关免疫的定义，还可以从重量分析、谱分析、矩阵分

析等角度给出相关免疫概念。将这些不同形式的定义加以概括，用定理表述如下：

定理 3.9 设 $f(x)$ 是 n 元布尔函数，则下列条件是等价的。

(1) $f(x)$ 是 m 阶相关免疫的。

(2) $f(x)$ 与任意 m 个变元 x_{i_1}, $\cdots$, x_{i_m} 统计无关。

(3) 对任意的 $1 \leq i_1 < i_2 < \cdots i_m \leq n$ 和 a_1, a_2, $\cdots$, a_m，存在

$$2^m W(f(x_1, \cdots, x_n) \mid x_{i_1} = a_1, \cdots, x_{i_m} = a_m) = w(f(x_1, \cdots, x_n))$$

(4) $f(x)$ 的特征矩阵是 $(w, n, 2, m)$ 正交矩阵。

(5) 对任意的 $w = (0, \cdots, w_{i_1}, \cdots, w_{i_m}, \cdots, 0) \in F_2^n$, $0 \leq W(w) < m$, $f(x)$ 与 $w \cdot x$ 统计无关。

(6) 对任意的 $w = (0, \cdots, w_{i_1}, \cdots, w_{i_m}, \cdots, 0) \in F_2^n$, $0 \leq W(w) < m$, $f(x) + w \cdot x$ 是平衡的。

T. Siegenthalar 还给出了布尔函数 m 阶相关免疫的一个必要条件如下。

定理 3.10 设 $f(x_1, \cdots, x_n)$ 的重量为 $w(f)$，则 $f(x)$ 为 m 阶相关免疫的必要条件是 $w(f) = 2^m \cdot k$, $(k \geq 0)$。

证明： 设 $f(x)$ 的小项表示为 $f = \sum_{i=1}^{w(f)} x^{c_i}$, $x = x_1 x_2 \cdots x_n$, $c_i = c_{i_1} c_{i_2} \cdots c_{i_n}$, $1 \leq i \leq w(f)$. 令

$$y = y_1 y_2 \cdots y_m, \quad z = x_{m+1} \cdots x_n.$$

$f(x_1, \cdots, x_n)$ 的小项表示按 y 合并同类项得

$$f(x_1, \cdots, x_n) = \sum_{d \in F_2^m} y^d (z^{e_1(d)} + \cdots + z^{e_{h(d)}(d)})$$

这里 $e_i(d) \in F_2^{n-m}$.

因为 $p\{f = 1\} = w(f)/2^n$，所以

$$p\{f = 1 \mid y = d\} = p\{z^{e_1(d)} + \cdots + z^{e_{h(d)}(d)} = 1\} = h(d)/2^{n-m}.$$

如果 $f(x)$ 为 m 阶相关免疫的，由定义 3.8 知 $p\{f = 1\} = p\{f = 1 \mid y = d\}$，即

$$w(f)/2^n = h(d)/2^{n-m}$$

故 $w(f) = 2^m \cdot h(d)$，其中 $h(d) = k$ 是常数。

由定理 3.9 立即或推出 $f(x)$ 与变元 x_{i_1}, $\cdots$, x_{i_m} 统计无关的谱特征满足的充要条件。

定理 3.11 $f(x)$ 与变元 x_{i_1}, $\cdots$, x_{i_m} 统计无关，当且仅当对于任意的 $w = (0, \cdots, w_{i_1}, \cdots w_{i_m}, \cdots, 0) \in F_n^2$, $1 \leq W(w) \leq m$, $S_{(f)}(w) = 0$

证明： 由定理 3.9 可知，$f(x)$ 与变元 x_{i_1}, $\cdots$, x_{i_m} 统计无关，当且仅当对任意的 $w = (0, \cdots, w_{i_1}, \cdots w_{i_m}, \cdots, 0) \in F_n^2$, $1 \leq W(w) \leq m$, $f(x) + w \cdot x$ 是平衡的，而 $f(x) + w \cdot x$ 平衡，当且仅当 $S_{(f+w \cdot x)}(0) = 0$. 从而定理得证。

定理 3.11 是 $f(x)$ 与变元统计无关的谱特征，结合定理 3.9，则可以得到 m 阶相关免疫函数的谱特征。

定理 3.12 $f(x)$ 是 m 阶相关免疫的，当且仅当对任意的 $w = (0, \cdots, w_{i_1}, \cdots w_{i_m}, \cdots, 0) \in F_n^2$, $1 \leq W(w) \leq m$, $S_{(f)}(w) = 0$.

由两种 Walsh 谱的关系式和定理 3.11 可推出著名的 Xiao-Massey 定理.

定理 3.13 $f(x)$ 是 m 阶相关免疫的，当且仅当对任意的 $w \in F_n^2$, $1 \leq W(w) \leq m$, $S_{(f)}(w) = 0$.

定理 3.10 反映了 m 阶相关免疫的函数的重量特征，定理 3.12 和定理 3.13 分别给出了 m 阶相关免疫的循环谱特征和线性谱特征。我们知道 $Walsh$ 谱是密码研究的重要工具，因此，以上这些定理在相关免疫函数的研究中将起着非常重要的作用，下面的定理则给出了 m 阶相关免疫函数正规型的结构特征。

定理 3.14 设 $f(x_1, \cdots, x_n)$ 是 m 阶相关免疫的，$1 \leqslant m \leqslant n-1$，$w(f) = 2^m \cdot k$，则在 f 的代数正规型中任意大于或等于 $n-m+1$ 个变元的乘积项不出现，若 k 为偶数，则所有 $n-m$ 个变元的乘积项全部不出现，若 k 奇数，则所有 $n-m$ 个变元的乘积项均出现。

定理 3.14 指出了 $n-m$ 次项在 f 的代数正规型中出现的充要条件。下面的定理更一般地给出任意 h 次在 m 阶相关免疫函数 f 的代数正规型中出现的充要条件。

定理 3.15 设 $f(x_1, \cdots, x_n)$ 是 m 阶相关免疫的，则在 f 的代数正规型中，乘积项 $x_{i_1} \cdots x_{i_k} (h < n-m)$ 出现的充要条件是，在 f 的特征矩阵中划去第 $i_1, i_2, \cdots, i_h$ 列中剩余矩阵的行向量中零向量的个数为奇数。

推论 3.1 设 $f(x_1, \cdots, x_n)$ 是 m 阶相关免疫的，且 f 的特征矩阵的每个行向量的 Hamming 重量都大于 t，则在 f 的代数正规型中任意次数小于 t 的乘积均不出现。

定理 3.16 $f(x_1, \cdots, x_n)$ 是 $n-1$ 个阶相关免疫函数当且仅当 $f(x) = a_0 + \sum_{i=1}^{n} x_i$.

定理 3.17 仅由两个单项组成的布尔函数相关免疫的充要条件是这两个单项式是一次单项式，即 $f(x_1, \cdots, x_n) = x_i + x_j$。

以上是关于平衡函数和相关免疫函数的一些特征。下面以此为基础，讨论平衡相关免疫函数的特征，所谓平衡相关免疫函数是指满足平衡性又满足相关免疫性的布尔函数，由平衡性和相关免疫性的已有结论，我们可得到平衡相关免疫函数的谱特征和重量特征。

定理 3.18 $f(x)$ 是平衡 m 阶相关免疫函数，当且仅当对任意的 $w \in GF^n(2)$，$0 \leqslant W(w) \leqslant m$，恒有 $S_{(f)}(w) = 0$。

证明：由平衡函数和相关免疫函数的谱特征知，当 $f(x)$ 是 m 阶相关免疫函数时，由定理 3.10 有 $w(f) = 2^m \cdot k$，$(k \geqslant 0)$，又 $f(x)$ 是平衡的，则必有 $k = 2^{n-m-1}$，依照 m 阶相关免疫函数等价定义 3.8，有

$$w(f(x_1, \cdots, x_n) \mid x_{i_1} = a_1, \cdots, x_{i_m} = a_m) = k = 2^{n-m-1} \tag{3-2-1}$$

式 (3-2-1) 表明：当 n 元布尔函数 $f(x_1, \cdots, x_n)$ 中任意 m 个变元固定为常数时，得到的 $n-m$ 元布尔函数都是平衡的。

定理 3.19 设 n 元布尔函数 $f(x_1, \cdots, x_n)$ 是平衡 m 阶相关免疫的，那么任意固定 $f(x_1, \cdots, x_n)$ 中 m 个变元为常数，得到 $n-m$ 元布尔函数都是平衡的，亦即对任意的 $1 \leqslant i_1 \leqslant \cdots \leqslant i_m \leqslant n$ 和 $a_1, a_2, \cdots, a_m$，当 $x_{i_1} = a_1, \cdots, x_{i_m} = a_m$ 时，有

$$W(f(x_1, \cdots, a_1, \cdots, a_m, \cdots, x_n)) = 2^{n-m-1}$$

3.3 布尔函数的非线性度及其上界

1979 年，Diffie 和 Hellman 指出任何一个密码系统都可以用一个非线性函数来描述，而非线性函数的非线性度是衡量布尔函数密码安全性的重要指标，布尔函数的非线性度标志着布尔函数抗击最佳仿射逼近攻击的能力。因此，研究布尔函数的非线性度对密码体制设计和安全度量具有重要意义。

下面给出布尔函数的非线性度的概念。

定义 3.9 设 $f(x)$ 是 n 元布尔函数，

$$L_n = \{u \cdot x + v \mid u = (u_1,\ u_2,\ \cdots,\ u_n) \in GF(2^n),\ v \in GF(2)\}$$

表示 $GF(2)$ 上所有 n 元仿射函数组成的集合，称非负整数

$$N_f = \min_{l(x)\ \in L_n} d(f(x),\ l(x))$$

为布尔函数 $f(x)$ 的非线性度。其中，$d(f(x),\ l(x))$ 是 $f(x)$ 与 $l(x)$ 之间的汉明距离，即

$$d(f(x),\ l(x)) = |\{x \in F_2^n \mid f(x) \neq l(x)\}|\ .$$

在二元域中，有 $d(f(x),\ l(x)) = w(f + l)$。

定理 3.20 设 n 元布尔函数 $f(x)$ 的非线性度是 N_f，则

$$N_f = \frac{1}{2}(2^n - \max|S_{(f)}(w)|) \tag{3-3-1}$$

证明：由于

$$(-1)^v S_{(f)}(w) = \frac{1}{2^n}\sum_{x \in F_2^N}(-1)^{f(x)+w \cdot x + v}$$

$$= \frac{1}{2^n}(|\{x \in F_2^n \mid f(x) = w \cdot x + v\}|) - (|\{x \in F_2^n \mid f(x) \neq w \cdot x + v\}|)$$

$$= \frac{1}{2^n}(2^n - 2|\{x \in F_2^n \mid f(x) \neq w \cdot x + v\}|)$$

所以

$$d(f(x),\ w \cdot x + v) = |\{x \in F_2^n \mid f(x) \neq w \cdot x + v\}|)$$
$$= 2^{n-1}(1 - (-1)^v S_{(f)}(w))$$

由定义 3.9 可知

$$N_f = \min_{l(x)\ \in L_n} d(f(x),\ l(x)) = 2^{n-1}(1 - \max|S_{(f)}(w)|). \tag{3-3-2}$$

定理 3.20 给出了布尔函数非线性度与 Walsh 谱之间的关系，也是非线性度的一种 Walsh 谱表示，它表明布尔函数 $f(x)$ 的非线性度由 $f(x)$ 的最大绝对谱值确定。这从另一方面反映了 $f(x)$ 的谱表示了该函数与线性函数之间的符合程度。从密码学的角度来讲，希望所选用的布尔函数的非线性度越高越好。由(3-6)可知，要使得 N_f 尽可能大，$\max|S_{(f)}(w)|$ 就必须尽可能小。但由 Parseval 公式：$\sum_{w \in F_2^n} S_{(f)}^2(w) = 1$，知：$\max|S_{(f)}(w)| \geqslant 2^{-\frac{n}{2}}$，因此

$$N_f \leqslant 2^{n-1}(1 - 2^{-\frac{n}{2}}) \tag{3-3-3}$$

式(3-3-3)给出了布尔函数非线性度的上界，进一步我们还可以给出这个上界的两种改进。

设 $\xi(\alpha)$ 是 $f(x \oplus \alpha)$ 的序列，则 $\xi(0)$（简记 ξ）是 $f(x)$ 本身的序列，$\xi(0) * \xi(\alpha)$ 是 $f(x) \oplus f(x \oplus \alpha)$ 的序列，l_i 是 H_n 的第 i 行。

引入指标：$\Delta(\alpha) = \langle \xi(0),\ \xi(\alpha) \rangle$，$\Im = \{i,\ |0 \leqslant i \leqslant 2^n - 1,\ \langle \xi,\ l_i \rangle \neq 0\}$

$\Re = \{\alpha \mid \Delta(\alpha) \neq 0,\ \alpha \in F_2^n\}$，$\Delta_M = \max\{|\Delta(\alpha)| \mid \alpha \in F_2^n,\ \alpha \neq 0\}$

定理 3.21 ξ 是 $f(x)$ 的序列，l_i 是 H_n 的第 i 行，则 $f(x)$ 的非线性度

$$N_f = 2^{n-1} - \frac{1}{2}\max\{|<\xi,\ l_i>|,\ 0 \leqslant i \leqslant 2^n - 1\} \tag{3-3-4}$$

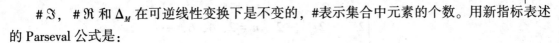

$\#\Im$，$\#\Re$ 和 Δ_M 在可逆线性变换下是不变的，$\#$ 表示集合中元素的个数。用新指标表述的 Parseval 公式是：

$$\sum_{i=0}^{2^n-1} < \xi,\ l_i >^2 = 2^{2n} \tag{3-3-5}$$

定理 3.22 ξ 是 $f(x)$ 的序列，l_i 是 H_n 的第 i 行，则有

$$N_f \leqslant 2^{n-1}\left(1 - \frac{1}{\sqrt{\#\Im}}\right) \tag{3-3-6}$$

证明： 设 $P_M = \max\{|< \xi,\ l_i >|\ |\ i = 0,\ 1,\ \cdots,\ 2^n - 1\}$，由 Parseval 公式 (3-3-5) 得

$$P_M^2 \cdot \#\Im \geqslant 2^{2n} \tag{3-3-7}$$

又据 (3-3-4) 式得

$$N_f \leqslant 2^{n-1} - \frac{2^{n-1}}{\sqrt{\#\Im}}。$$

引理 3.2 设 f 是任意 n 元布尔函数，ξ 是它的序列，则

$$(\Delta(\alpha_0),\ \Delta(\alpha_1),\ \cdots,\ \Delta(\alpha_{2^n-1}))\,H_n = (< \xi,\ l_0 >^2,\ \ < \xi,\ l_1 >^2,\ \cdots,\ \ < \xi,\ l_{2^n-1} >^2)$$

其中 l_i 是 H_n 的第 i 行。

定理 3.23 设 f 是任意 n 元布尔函数，ξ 是它的序列，则

$$N_f \leqslant 2^{n-1} - 2^{-\frac{1}{2}n-1}\sqrt{\sum_{i=0}^{2^n-1}\Delta^2(\alpha_i)} \tag{3-3-8}$$

证明：由引理 3.2，得

$$2^n\sum_{i=0}^{2^n-1}\Delta^2(\alpha_i) = \sum_{i=0}^{2^n-1}\langle \xi,\ l_i\rangle^4 \leqslant P_M^2 \cdot \sum_{i=0}^{2^n-1}\langle \xi,\ l_i\rangle^2,$$

对此式用 Parseval 公式 (3-3-5) 得

$$\sum_{i=0}^{2^n-1}\Delta^2(\alpha_i) \leqslant 2^n \cdot P_M^2,$$

因此

$$P_M \geqslant 2^{-\frac{n}{2}}\sqrt{\sum_{i=0}^{2^n-1}\Delta^2(\alpha_i)},$$

由 (3-3-4) 式即得

$$N_f \leqslant 2^{n-1} - 2^{-\frac{n}{2}-1}\sqrt{\sum_{i=0}^{2^n-1}\Delta^2(\alpha_i)}。$$

由于 $\Delta(\alpha_0) = 2^n$，$\#\Im \leqslant 2^n$，有

$$2^{n-1} - 2^{-\frac{n}{2}-1}\sqrt{\sum_{i=0}^{2^n-1}\Delta^2(\alpha_i)} \leqslant 2^{n-1} - 2^{\frac{n}{2}-1}$$

$$2^{n-1} - \frac{2^{n-1}}{\sqrt{\#\Im}} \leqslant 2^{n-1} - 2^{\frac{n}{2}-1}$$

可见式 (3-3-6) 和式 (3-3-7) 是较常用形式 $N_f \leqslant 2^{n-1} - 2^{\frac{n}{2}-1}$ 的改进。

下面定理给出一些特殊情况下非线性度的上界。

定理 3.24 当 $n \geqslant 3$ 时，平衡 n 元布尔函数的非线性度满足

$$N_f \leq \begin{cases} 2^{n-1} - 2^{\frac{n}{2}-1} - 2 & n = 2, 4, 6, \cdots \\ \lfloor 2^{n-1} - 2^{\frac{n}{2}-1} \rfloor & n = 1, 3, 5, \cdots \end{cases}$$

其中 $\lfloor x \rfloor$ 表示小于等于 x 的最大偶数。

定理 3.25 n 元平衡 $n-3$ 阶相关免疫函数的非线性度满足：$N_f \leq 2^{n-2}$。

3.4 布尔函数的严格雪崩特性和扩散性

1985 年 Webster 和 S. Tavares 在研究 S-盒的设计时，将"完全性"和"雪崩特性"这两个概念进行组合定义了一个新的概念——严格雪崩准则（Strict Avalanche Criterion，SAC）。B. preneel 等人又将"50%–依赖性"概念和"完全非线性"概念进行组合，提出了扩散（Propagation Criterion，PC）。后来，又对这两种准则进行了推广，提出了高次扩散、高阶高次扩散及高阶严格雪崩的概念。如今，这些概念已成为度量布尔函数密码完全性的重要指标。

定义 3.10 如果对任意的 $\alpha \in F_2^n$，$W(\alpha) = 1$，恒有 $f(x) \oplus f(x \oplus \alpha)$ 是平衡的，称 $f(x)$ 满足严格雪崩准则，简称 $f(x)$ 满足 SAC。

定义 3.11 如果固定 $f(x)$ 的任意 k 个变元得到的所有 $n-k$ 元函数都满足 SAC，称 $f(x)$ 是 k 阶严格雪崩的，简称 $f(x)$ 满足 SAC(k)。

定义 3.12 如果对任意的 $\alpha \in F_2^n$，$1 \leq W(\alpha) \leq l$，恒有 $f(x) \oplus f(x \oplus \alpha)$ 是平衡的，称 $f(x)$ 是 l 次扩散的，简称 $f(x)$ 满足 PC(l)。

定义 3.13 如果固定 $f(x)$ 的任意 k 个变元得到的所有 $n-k$ 元函数都满足 PC(l)，称 $f(x)$ 是 k 阶 l 次扩散的，简称 $f(x)$ 满足 PC$(l)/k$。

显然，SAC 等价于 PC(l)，SAC(k) 等价于 PC$(l)/k$；k 阶 l 次扩散比 k 阶扩散的要求条件强的多。

如果引入布尔函数的分支函数的概念，那么我们还可得到 $f(x_1, \cdots x_n)$ 满足 SAC 的又一充要条件。

设 $f(x_1, \cdots x_n)$ 是 n 元布尔函数，则

$$f(x_1, x_2, \cdots, x_n) = x_i f_i(x_1, \cdots, x_{i-1}, x_{i+1}, \cdots, x_n) + h_i(x_1, \cdots, x_{i-1}, x_{i+1}, \cdots, x_n)$$

$(1 \leq i \leq n)$，其中 $f_i(x_1, \cdots, x_{i-1}, x_{i+1}, \cdots, x_n)$ 称为 $f(x_1, \cdots, x_n)$ 关于 x_i 的分支。

定理 3.26 n 元布尔函数 $f(x_1, \cdots, x_n)$ 满足 SAC 当且仅当 $f(x_1, \cdots, x_n)$ 关于 x_i 的分支函数

$$f_i(x_1, \cdots, x_{i-1}, x_{i+1}, \cdots, x_n), \quad (1 \leq i \leq n)$$

是 n 元平衡布尔函数。

证明：$f(x) + f(x + e_i) = x_i f_i + h_i + (1 + x_i) f_i + h_i = f_i$，$1 \leq i \leq n$，因此，$f(x) + f(x + e_i)$ 是平衡函数当且仅当 f_i 是平衡布尔函数。

由定理 3.26 可推出满足 SAC 的布尔函数具有以下性质。

定理 3.27 如果 n 元的布尔函数 $f(x)$ 满足 SAC(k)，$0 \leq k \leq n-2$，那么 $f \oplus g$ 也是 SAC(k)，其中 g 是任意 n 元仿射函数。

由定理 3.27 可知，研究 $f(x)$ 的扩散性，只要考虑 $f(x)$ 的非线性部分的扩散性即可。

定理 3.28 所有二次函数 $f(x_1, \cdots, x_n) = \sum_{1 \leq i < j \leq n} \alpha_{ij} x_i x_j$ 都满足 SAC；所有仿射函数都不

满足 SAC。

定理 3.29 如果 $f(x_1, \cdots, x_n)$ 满足 SAC，则 $g(x_1, \cdots, x_n) = x_1 \sum_{i=2}^{n} c_i x_i + f(x_2 \cdots, x_n)$ 满足 SAC。

定理 3.30 设 $f(x)$ 关于 $\alpha \in F_2^n \setminus \{0\}$ 满足扩散准则，则 $\sum_{w \in F_2^n} S_{(f)}^2 (-1)^{\alpha \cdot w} = 0.$

定理 3.31 设 $f(x)$ 关于 $\alpha \in F_2^n \setminus \{0\}$ 满足 l 次扩散准则，则对所有 $\alpha \in F_2^n$，$1 \leqslant w(\alpha) \leqslant l$，有 $\sum_{w \in F_2^n} S_{(f)}^2 (-1)^{\alpha \cdot w} = 0.$

与谱一样，自相关函数也是研究布尔函数的重要工具，下面给出 $f(x)$ 的自相关函数的定义和满足扩散性的函数的相关函数特征。

定义 3.14 $r(\alpha) = \sum_{x \in F_2^n} (-1)^{f(x) + f(x+\alpha)}$ 称为 $f(x)$ 的自相关函数。

定理 3.32 $f(x)$ 关于满足扩散准则，当且仅当 $r(\alpha) = 0$；$f(x)$ 关于 α 满足 l 次扩散准则，当且仅当对任意的 $\alpha \in F_2^n$，$1 \leqslant w(\alpha) \leqslant l$，有 $r(\alpha) = 0$。

3.5 Bent 函数

众所周知，线性是密码设计者禁忌的，在目前应用最广泛的序列密码体制中的非线性前馈模型和非线性组合模型中，都是使用非线性布尔函数来提高系统的非线性程度。而谱概念的实质就是反映布尔函数和线性函数之间的相关程度。

定义 3.15 如果 n 元布尔函数 $f(x)$ 的所有谱值都等于 $\pm 2^{\frac{n}{2}}$，称 $f(x)$ 为 Bent 函数。

由 Bent 函数的定义可以看出，Bent 函数与所有线性函数之间的相关程度是相同的，因此，Bent 函数能最大限度的抗击线性逼近攻击。

下面应用布尔函数的密码学性质，研究 Bent 函数的密码性质。

(1) 若 $f(x)$ 是 n 元 Bent 函数，则它的非线性度 $N_f = 2^{n-1} - 2^{\frac{n}{2}-1}.$

(2) 若 $f(x)$ 是 n 元 Bent 函数，则对于任意的 $\alpha \in F_2^n$，$f(x) = f(x+a)$ 是平衡的。

(3) 若 $f(x)$ 是 n 元 Bent 函数，则 $f(x)$ 是 n 次扩散的。

(4) 若 $f(x)$ 是 n 元 Bent 函数，则 $f(x)$ 满足严格雪崩准则。

(5) 若 $f(x)$ 是 n 元 Bent 函数，则 $f(x)$ 不含非零线性结构，即 $U_f = \{0\}$。

(6) 若 $f(x)$ 是 n 元 Bent 函数，则 $f(x)$ 的自相关度 $C_f(w) = \begin{cases} 1 & w = 0 \\ 0 & w \neq 0 \end{cases}°$

(7) 若 $f(x)$ 是 n 元 Bent 函数，则 $f(x)$ 与每个仿射函数之间的符合率为 $\frac{1}{2} + \frac{1}{2} \times 2^{\frac{-n}{2}}$。

(8) 若 $f(x)$ 是 n 元 Bent 函数，则 $f(x)$ 与其任意 m 个变元的相关度为 $C_f(x_{i_1}, x_{i_2}, \cdots, x_{i_m}) \leqslant 2^{\frac{-n}{2}} + 2^{\frac{m-n}{2}}$。

(9) 若 $f(x)$ 是 n 元 Bent 函数，则 $f(x)$ 所能达到的最高代数次数为 $\frac{n}{2}$。

(10) 若 $f(x)$ 是 n 元 Bent 函数，则 n 一定是偶数。

(11) 若 $f(x)$ 是 n 元 Bent 函数，则 $f(x)$ 不是平衡的，也不具有相关免疫性。

高等学校信息安全专业规划教材

这 11 条性质较完整地反映了 Bent 函数的基本密码特性。我们知道,任意 n 元布尔函数的非线性度 $N_f \leq 2^{n-1} - 2^{\frac{n}{2}-1}$,由性质(1)可知,Bent 函数是非线性度达到最高的函数。而非线性度反映的是布尔函数和所有仿射函数之间的最小距离。因此,性质(1)表明 Bent 函数与所有仿射函数之间的最小距离达到最大,这从又一角度说明了 Bent 函数是抗击仿射逼近攻击的最佳布尔函数。性质(2)和性质(3)说明 Bent 函数具有最高的扩散次数,当然,它也是任意次扩散的,这同样是 Bent 函数所独有的良好性质。性质(4)说明 Bent 函数也是满足严格雪崩特性的。线性结构是密码学避免的,而性质(5)表明 Bent 函数不含非零线性结构。性质(6)表明 $f(x)$ 和 $f(x+w)$ 相一致的概率为 $1/2$,这是 Bent 函数又一个具有良好密码意义的性质。性质(7)说明 Bent 函数与所有仿射函数之间的距离是相等的,也就是说 Bent 函数在所有的仿射函数之间保持了平衡,因此,从这个意义上 Bent 函数是稳定的。

性质(11)所反映的无疑是 Bent 函数的缺陷,它说明 Bent 函数不具有相关免疫性,但性质(8)告诉我们,当 m 较小时,Bent 函数与其任意 m 个变元的相关性较小,因此 Bent 函数是有一定抗击相关攻击能力的。性质(9)一方面,表明 Bent 函数所能达到的最高代数次数是受限的;另一方面,它的代数次数还是可以达到较高的。在代数次数方面是能够满足一定实际安全需要的。性质(10)反映的是 Bent 函数的不足,说明只有偶数个变元的 Bent 函数,而不存在奇数个变元的 Bent 函数。

以上的分析说明 Bent 函数具有良好的密码特性,但 Bent 函数是不能直接作为非线性组合函数的,其中一个重要原因就是用作非线性组合函数的布尔函数都要求是平衡的,而 Bent 函数不满足这一条。尽管如此,Bent 函数的构造密码安全非线性组合函数中仍然有着广泛的应用。

事实上,这也反映了布尔函数的许多密码学性质之间存在相互制约关系,例如,相关免疫性与 Boole 函数的次数之间存在相互制约关系,Walsh 谱分布的均匀性与平衡性之间也存在相互制约关系。事实上,密码函数的许多密码学指标之间都存在折中问题。在密码算法的设计中,过分强调一个密码学指标是没有意义的,关键是布尔函数的这些密码学指标最终能否保证密码算法能较好地对抗密码破译。

习 题 3

3.1 设 $f(x_1, x_2, x_3, x_4) = x_1 + x_2 + x_3 + x_4$,分别用一阶线性谱和一阶循环谱表示之。

3.2 确定下列函数相关免疫的阶 m:

(1) $f(x) = x_3 + x_1 x_2 + x_1 x_3 + x_2 x_3$;

(2) $f(x) = x_1 x_2 + x_2 x_3 + x_2$;

(3) $f(x) = x_1 + x_2 + x_3 + x_2 x_3 + x_2 x_4 + x_3 x_4$.

3.3 设 $n = 2m$,$g(x_1, x_2, \cdots, x_m)$ 是任意一个 m 元布尔函数,令

$$f(x_1, x_2, \cdots, x_n) = g(x_1, x_2, \cdots, x_m) + x_1 x_{m+1} + \cdots + x_m x_n$$

证明:$f(x_1, x_2, \cdots, x_n)$ 是一个 n 元 Bent 函数。

3.4 已知 $f_1(x_1, \cdots, x_{m+2}) = x_1 + \cdots + x_{m+1}$ 和 $f_2(x_1, \cdots, x_{m+2}) = x_2 + \cdots + x_{m+2}$ 是 m 阶相关免疫布尔函数,试构造一个 $(m+3)$ 个变元的 m 阶相关免疫函数。

3.5 设 $g(x_1, x_2, \cdots, x_n)$ 是元布尔函数且 $w(g)$ 为奇数,则对任意的 $w \in F_2^n$,

$S_{(g)}(w) \neq 0$。

3.6 证明三元布尔函数 $f(x_1, x_2, x_3) = x_1 x_2 + x_3$ 是 0 阶相关免疫的。

3.7 证明四元布尔函数 $f(x_1, x_2, x_3, x_4) = x_1 x_2 + x_3 + x_4$ 是 1 阶相关免疫的,但不是二阶相关免疫的。

3.8 证明布尔函数 $f(x_1, x_2, x_3) = x_1 x_2 + x_3$ 不满足严格雪崩准则。

3.9 证明布尔函数 $f(x_1, x_2, x_3) = x_1 x_2 + x_2 x_3 + x_1 x_3$ 满足严格雪崩准则。

3.10 证明 $f(x) = x_1 x_4 + x_2 x_3$ 是一个四元 Bent 函数。

3.11 证明 5 元布尔函数

$$f(x) = x_1 x_2 x_3 x_4 + x_1 x_2 x_3 x_5 + x_1 x_2 x_4 x_5 + x_1 x_3 x_4 x_5 x_4$$
$$+ x_2 x_3 x_4 x_5 + x_1 x_4 + x_1 x_5 + x_2 x_3 + x_2 x_5 + x_3$$

是 1 阶相关免疫的。

第4章 序列密码

序列密码又称流密码(Stream Cipher),是一类重要的对称密码算法,其产生源于1917年 Gilbert Vernam 提出的"一次一密"密码体制。随着电子计算机技术和数学理论的发展,序列密码理论已日趋成熟,而且具有工程实现容易、效率高等特点,是应用于各国军事和外交领域的主要密码体制之一。

LFSR 序列是一类非常重要的序列,特别是 m-序列具有较好的伪随机性质,在早期序列密码研究中,多采用 m 序列为序列源,并对其进行非线性改造,但随着相关攻击、代数攻击的发展,基于 LFSR 的序列密码算法安全性受到了极大挑战,非线性序列源的研究日益引起人们的重视。本章主要介绍序列密码的基本概念、伪随机密钥流序列的密码学特性、非线性序列源构造及典型的序列密码算法。

4.1 序列密码基本概念

4.1.1 序列密码设计思想

序列密码的设计思想是将一串较短的种子密钥 K 通过密钥流发生器扩展为足够长的伪随机密钥流 $k = k_0 k_1 k_2 \cdots$,并使用如下规则对明文序列 $m = m_0 m_1 m_2 \cdots$ 加密:

$$c = c_0 c_1 c_2 \cdots = E_{k_0}(m_0) E_{k_1}(m_1) E_{k_2}(m_2) \cdots$$

若加密变换为:$c_i = m_i \oplus k_i$,解密变换为:$m_i = c_i \oplus k_i$,其中 $\oplus$ 表示模2加运算,序列密码的加、解密方式如图4.1.1所示。

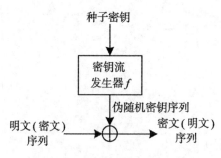

图 4.1.1　序列密码加、解密方式

一个破译密码的算法,若计算量大于或等于穷举搜索,则不会被视为一个破译方法。若一个加密算法没有比穷举搜索更好的破译方法,则被认为是不可破的。如果一个密钥流序列是完全随机的,则没有比穷举搜索更好的方法破译它。

在实际使用中使用的密钥流序列都是按一定密钥流生成算法生成的,因而不可能是完全

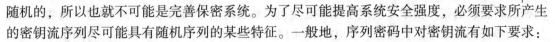

随机的，所以也就不可能是完善保密系统。为了尽可能提高系统安全强度，必须要求所产生的密钥流序列尽可能具有随机序列的某些特征。一般地，序列密码中对密钥流有如下要求：

(1)极大的周期。

因为随机序列是非周期的，而按任何算法产生的序列都是周期的，因此应要求密钥流具有尽可能大的周期。

(2)良好的统计特性。

随机序列有均匀的游程分布特性。

(3)不能用级数较小的线性移位寄存器近似代替，即要求有很高的线性复杂度。

事实上，线性复杂度是刻画序列伪随机性质好坏的一个重要指标。下面给出线性复杂度的定义。

定义 4.1 F_2 上一个有限长序列 $\underline{a}$ 的线性复杂度 $L(\underline{a}) = \min\{n \mid$ 存在 F_2 上 n 级 LFSR 产生 $\underline{a}\}$。

(4)用统计方法由密钥序列 $k_0 k_1 k_2 \cdots k_i \cdots$ 提取密钥生成器结构或种子密钥的足够信息在计算上是不可行的。

这些要求对于保证序列密码的安全性是必需的。首先若准周期序列的密钥周期很短，即可从语言冗余度中获得一些关于明文的信息，而良好的统计特性是为了更好地掩盖明文的统计规律。高线性复杂度可用于防止从部分密钥序列通过线性关系简单推出整个密钥流序列。

以上要求对于保证系统安全性是必要的，但不是充分的。随着对安全问题研究的深入，某种新的攻击方法的出现以及设计密钥流生成器方法的不同，为确保系统安全性还会提出一些更强的要求。

4.1.2 序列密码工作方式

序列密码设计的关键在于密钥流发生器 f 的构造，f 按如下方式产生伪随机密钥流：$k_i = f(k, \sigma_i)$，这里 σ_i 是密钥流发生器中的记忆元件在时刻 i 的状态，即 f 是依赖于密钥 k 和状态 σ_i 的函数。根据状态 σ_i 是否依赖于明文序列，将序列密码的工作方式分为同步和自同步两种方式。自同步序列密码要求密钥流发生器依赖于明文序列，因而较难从理论上分析其安全性。目前实际使用的序列密码主要是同步序列密码，即密钥流发生器与明文序列无关。对于同步序列密码，只要通信双方的密钥流序列发生器具有相同的种子密钥和相同的初始状态，就能产生相同的密钥流序列。在保密通信过程中，通信双方必须保持精确的同步，收方才能正确解密，否则收方将不能正确解密。例如，如果通信中丢失或增加一个密文字符，则收方将一直错误，直到重新同步为止，这是同步序列密码的一个主要缺点。但是同步序列密码对失步的敏感性，使我们能够容易检测插入、删除、重播等主动攻击。同步序列密码的另一个优点是没有错误传播，当通信中某些密文字符产生错误，只影响相应字符的解密，不影响其他字符。

自同步序列密码的密钥流发生器具有 n 位存储，则其密文位 c_i 不仅与当前的明文位 m_i 相关，而且与后面的 n 个明文位 m_{i+1}, m_{i+2}, m_{i+3}, $\cdots$, m_{i+n} 相关。假设在通信过程中密文位 c_i 发生了错误，则导致明文位 m_i 错误，而且还导致后 n 个明文位 m_{i+1}, m_{i+2}, m_{i+3}, $\cdots$, m_{i+n} 也不能正确解密，造成错误传播。但自同步序列密码只与种子密钥、当前时刻的密文 c_i 以及前 n 个时刻的密文位 c_{i-n}, c_{i-n+1}, $\cdots$, m_{i-1} 相关，故只要他们正确就可以正确解密出 m_i。这就是说，无论前面丢失或出错多少个密文块，只要有连续 n 个密文块全部正确，就可对此后的密文块正确解密。由于 n 决定了能够继续正确解密时所必须的连续正确的密文块数，因而是自同步密码的一个重要参数，上述自同步序列密码称为 n 步自同步密码。自同步序列密码由于具有自同步性，所以对主动进攻的反应没有同步序列密码敏感。

图 4.1.1 所示是一种简单的自同步密钥流发生器，移位寄存器为 2 级，初态为 $s_0 s_1$。由图可知 $s_0 s_1 \rightarrow k_1$，$s_1 c_1 \rightarrow k_2$，$c_1 c_2 \rightarrow k_3$，$c_2 c_3 \rightarrow k_4$，…。这样，若接收端收到错误的 c_1 时，便会导致 k_2、k_3 出错，但 k_4 及其以后的密钥序列不会受到影响。图 4.1.2 具体说明了收发双方密钥流发生器中密钥与移位寄存器状态之间的关系。

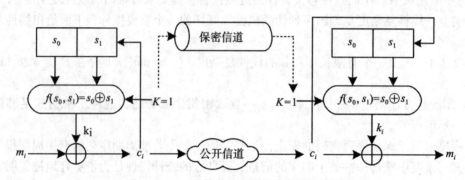

图 4.1.1　一种简单的自同步密钥流生成器

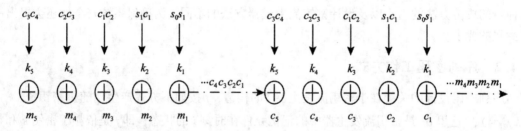

图 4.1.2　自同步加密方式加密过程示意图

4.2　线性反馈移位寄存器序列

序列密码技术及理论研究的重点就是寻找生成一个具有良好随机特性密钥流序列的方法。线性反馈移位寄存器最早由挪威政府的首席密码学家 Ernst Selmer 于 1965 年提出，它是序列密码中研究随机密钥流的主要数学工具。

4.2.1　线性反馈移位寄存器

1. 移位寄存器

移位寄存器(Shift Register, SR)是一种逻辑设备，该设备首先是一个寄存器，它可以保存 1 位二进制数，其次它具有可移位的特征。所有寄存器中的数可以以两种方法加载到寄存器中：一种是并行加载；另一种是使用移位来加载，使要加载的比特逐渐移入寄存器中，图 4.2.1 为 n 级移位寄存器示意图。

在移位时，所有寄存器中的数统一向右移动 1 位，称为进动 1 拍，最右边寄存器中的值

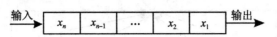

图 4.2.1 n 级移位寄存器示意图

被输出，最左边的寄存器被输入位替代。只要输入端移入一位，移位寄存器就会在输出端输出一位，随着输入端不断输入，在输出端形成一串比特流。

2. 线性反馈移位寄存器

移位寄存器本身并不能生成一个长的作为密钥的"随机"位流。如何生成一个随机的移入位序列呢？这就需要用到密钥生成器的反馈部分。一种常用的方法是选取移位寄存器的一些寄存单元，将它们进行异或运算后，再将结果作为输入，即使将当前寄存器中的内容进行逻辑运算后，再反馈给输入端，这就是反馈移位寄存器(Feedback Shift Register，FSR)的工作原理。如图 4.2.2 所示，FSR 由 n 级寄存器及一个反馈函数组成。

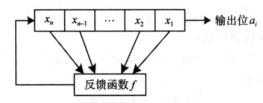

图 4.2.2   反馈移位寄存器示意图

当反馈函数 f 为线性函数时，对应的移位寄存器为线性反馈移位寄存器(Linear Feedback Shift Register，LFSR)，相对于非线性反馈移位寄存器，线性反馈移位寄存器在结构上比较简单。对于 LFSR，其许多理论问题都可借助于有限域这一代数工具予以解决。一般地，反馈函数 $f(x_1, x_2, \cdots, x_{n-1}, x_n)$ 是一个 $GF(q)^n$ 到 $GF(q)$ 的函数，这里 $GF(q)^n$ 表示 q 元域 $GF(q)$ 上的 n 维向量空间，反馈函数 $f(x_1, x_2, \cdots, x_{n-1}, x_n)$ 的自变量取值为相应寄存器中的内容，通常 $GF(q)$ 为二元域 $GF(2)$。

首先介绍 n 级 LFSR 的表示问题，n 级 LFSR 有各种不同的表示方法，可以灵活地利用这些表示方法分析它所产生的序列的性质。

(1) 线性递推式表示。

$GF(q)$ 上的一个 n 级 LFSR 的线性递推式表示为：

$$a_m = c_1 a_{m-1} + c_2 a_{m-2} + \cdots c_n a_{m-n}, \quad n \geqslant m$$

它表示了线性递归序列 $\{a_i\}_{i=0}^{\infty}$ 的递推关系。

(2) 反馈逻辑函数表示。

$GF(q)$ 上的一个 n 级 LFSR 的反馈逻辑函数是：

$$f(x_1, x_2, \cdots, x_n) = c_1 x_1 + c_2 x_2 + \cdots + c_n x_n$$

(3) 逻辑框图表示。

$GF(2)$ 上的一个 n 级 LFSR 的逻辑框图如图 4.2.3 所示。

其中当 $c_i = 1$ 时，c_i 对应的开关是闭合的，否则是断开的。$c_0 = 1$ 表示总有反馈。当 n 级 LFSR 是非退化时，一定有 $c_n = 1$。

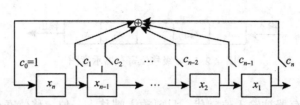

图 4.2.3　二元域上 LFSR 的逻辑框图

（4）反馈多项式表示。

令 $c_0 = 1$，并将有限域 $\mathrm{GF}(q)$ 上的 n 级 LFSR 的线性递推式变形为：

$$c_0 a_m - c_1 a_{m-1} - c_2 a_{m-2} - \cdots - c_n a_{m-n} = 0$$

定义延迟算子 D 为：$D^0 a_m = a_m$ 及 $D^i a_m = a_{m-i}$，则有：

$$
\begin{aligned}
& c_0 a_m - c_1 a_{m-1} - c_2 a_{m-2} - \cdots - c_n a_{m-n} \\
&= c_0 a_m - c_1 D a_m - c_2 D^2 a_m - \cdots - c_n D^n a_m \\
&\overset{def}{=} (c_0 - c_1 D - c_2 D^2 - \cdots - c_n D^n) a_m
\end{aligned}
$$

再定义 $\mathrm{GF}(q)$ 上的 n 次多项式：

$$g(x) = c_0 - c_1 x - c_2 x^2 - \cdots - c_n x^n$$

则线性递推式可等价表示为：

$$g(D) a_m = 0, \ m \geqslant n$$

因此，$\mathrm{GF}(q)$ 上的 n 次多项式 $g(x)$ 可以对 n 级 LFSR 进行等价刻画，因而称其为 n 级 LFSR 的反馈多项式。若 $\mathrm{GF}(q)$ 是二元域 $\mathrm{GF}(2)$，则所有减号都可改写成 $\oplus$，此时反馈多项式为：

$$g(x) = c_0 \oplus c_1 x \oplus c_2 x^2 \oplus \cdots \oplus c_n x^n$$

序列 a 的反馈多项式也称为序列的特征多项式，显然，序列的特征多项式完全刻画了能够产生该序列的 LFSR。

LFSR 序列的特征多项式并不唯一，但次数最小的特征多项式是唯一的，称为序列的极小多项式。极小多项式是研究 LFSR 序列性质的重要代数工具。

定义 4.2　设 a 是 LFSR，称 a 的次数最小的特征多项式为 a 的极小多项式。

定理 4.1　设 a 是 LFSR 序列，则 a 的极小多项式是唯一的。进一步，设 $m_a(x)$ 是 a 的极小多项式，则 $f(x)$ 是 a 的一个特征多项式当且仅当 $m_a(x) \mid f(x)$。

显然，LFSR 序列的极小多项式刻画了生成该序列的最短 LFSR，定理 4.1 进一步说明，这样的最短 LFSR 是唯一的。

定理 4.2　设 a 是周期序列，$f(x)$ 是它的极小多项式，则 $\mathrm{per}(a) = \mathrm{per}(f(x))$。

若 a 是非严格周期序列，则定理 4.2 也成立，由于非周期序列总可以转化成周期序列，并且实际中使用的序列也都是周期序列。

4.2.2　伪随机序列特性

LFSR 是一种有限状态机，由其产生的序列不能预先确定但可重复产生，且由 LFSR 生成的序列必然是周期的，我们将满足以上性质的序列称为伪随机序列。伪随机序列具有真随机序列的统计特性，且易于产生、复制和控制，因此，在通信、导航、编码、密码等领域获得了广泛应用。本节我们讨论伪随机序列的统计特性，首先给出序列周期的严格定义。

定义4.3 对于 F_2 上序列 a，若存在非负整数 k 和正整数 T，使得对任意 $i \geq k$ 都有 $a_{i+T} = a_i$，则称 a 为准周期序列，最小的 T 称为 a 的周期，记为 $per(a)$，若 $k = 0$，则称 a 为严格周期序列。

周期是衡量序列伪随机性的一个重要标准，要产生性能较好的密钥序列，要求作为密钥流发生器的 LFSR 能产生较长的周期序列。除此之外，序列的随机性还需用平衡性、游程分布和周期自相关函数来度量。

平衡性考查的是在长度为 N 的二元序列中，0 信号的个数与 1 信号的个数是否相等或者只相差 1 个。

定义4.4 一条二元序列中形如 $100\cdots01$ 的连续信号 0 称为该序列的一个 0 游程，形如 $011\cdots10$ 的连续信号 1 称为该序列的一个 1 游程，并称一个 0 游程中 0 的个数为该 0 游程的长度，称一个 1 游程中 1 的个数为该 1 游程的长度。

对于游程的分布有：

性质4.1 长为 i 的游程，在各类长度游程全体中，出现的概率是 $\dfrac{1}{2^i}$。并且，在等长游程中，1 游程与 0 游程(包括各种长度的游程)出现的概率为 $\dfrac{1}{2}$。

这就是说，在直到第 n 次试验以前的试验结果所形成的 0、1 序列段中，长度为 1 的游程约占游程总数的 $\dfrac{1}{2}$，长度为 2 的游程约占总数的 $\dfrac{1}{2^2}$，$\cdots$，并且在同样长度的所有游程中，1 游程与 0 游程大约各占一半。游程特性满足性质 4.1 的序列具有如下特点，即观察到之前 n 个连续信号的情况下，对于确定当前信号没有任何帮助，即 0 与 1 在序列中每个位置上出现的概率相等。

性质4.2 假设在各次试验中记录下来的结果是：

$$a_1, \ a_2, \ \cdots, a_n, \ \cdots, \tag{4-2-1}$$

当 n 很大时，有

$$\frac{1}{n} \sum_{i=1}^{n} \eta(a_i) \ \eta(a_{i+\tau}) \approx \begin{cases} 0, & \tau \neq 0 \\ 1, & \tau = 0 \end{cases},$$

其中 τ 为非负整数，而 η 是 F_2 的加法群到 1 和 -1 这两个整数所组成的乘法群的同构。即

$$\eta(0) = 1, \quad \eta(1) = -1。$$

事实上，当 $\tau = 0$ 时，

$$\frac{1}{n} \sum_{i=1}^{n} \eta(a_i) \ \eta(a_{i+\tau}) = \frac{1}{n} \sum_{i=1}^{n} (\eta(a_i))^2 = 1,$$

当 $\tau \neq 0$ 时，随机变量对 (ξ_i, ξ_{i+1}) 取数对 $(1,1)$，$(1,0)$，$(0,1)$，$(0,0)$ 中每一个的概率都是相等的。因此，当 n 很大时，便有：

$$\frac{1}{n} \sum_{i=1}^{n} \eta(a_i) \ \eta(a_{i+\tau}) \approx 0。$$

令

$$C(\tau) = \frac{1}{n} \sum_{i=1}^{n} \eta(a_i) \ \eta(a_{i+\tau}),$$

高等学校信息安全专业规划教材

称 $C(\tau)$ 为随机序列的自相关函数。随机序列的自相关函数在原点的值最高，一离开原点其值立即下降。自相关函数能够较好衡量序列与其移位序列之间的相似程度。

平衡性、游程特性及自相关特性是刻画一条二元序列统计特性的三个基本指标。Glomb 通过观察大量真随机序列给出了随机序列应满足的 3 个公理性假设，满足这些假设的序列被视为具有较强的随机性，或称其为伪随机序列(Pseudo-Random Sequence)。显然，在上述三条特性中，最重要的是自相关特性，因为只有当序列的自相关函数在原点处的(绝对)值远远大于它在其他各点的(绝对)值时，才便于把这一序列分辨出来。

由于随机序列在实际应用中会遇到很大困难。例如，这种随机序列用于相关检测时，由于 1 与 0 的出现是随机的，因而不可能使收端产生一个随机信号与发端的随机信号完全一致。因此，在电子技术中应用的都是"伪随机序列"。所谓伪随机序列，是指按照完全确定的规律形成的一种二元序列，并且具有类似于以上随机序列的三条性质。其中，m 序列就是一个重要的伪随机序列。其他，还有二次剩余序列(Legendre 序列)，Hall 序列，孪生素数序列，也都是目前常用的伪随机序列。

4.2.3　m-序列的密码特性

注意到 LFSR 总是将 0 状态转化成 0 状态，因此，对于一个 n 级 LFSR，输出序列的最大可能周期为 $2^n - 1$。

定义 4.5　设 a 是 n 级 LFSR 序列，若 $\mathrm{per}(a) = 2^n - 1$，则称 a 为 n 级最大周期 LFSR 序列，简称为 n 级 m 序列。

为了生成足够长的二进制密钥序列，密码设计者对 m 序列更感兴趣，本节我们对照上面所提到的三条性质逐一讨论 m 序列的伪随机特性。

定理 4.3　在 n 级 m 序列的一个周期段中，1 出现的次数恰为 2^{n-1}，而 0 出现的次数恰为 $2^{n-1} - 1$。

定理 4.4　在 n 级 m 序列的一个周期段中，游程总数等于 2^{n-1}，其中 0 游程与 1 游程的数目各占一半。并且

(1)对 $n > 2$，当 $1 \leqslant i \leqslant n - 2$ 时，长为 i 的游程占游程总数的 $\dfrac{1}{2^i}$（即为 2^{n-i-1}），其中 0 游程与 1 游程各占一半；

(2)长为 $n - 1$ 的 0 游程个数为 1，长为 $n - 1$ 的 1 游程个数为 0；

(3)长为 n 的 0 游程个数为 0，长为 n 的 1 游程个数为 1；

(4)长度大于 n 的游程个数均为 0。

定理 4.5　设 $\underline{a}$ 是一个 n 级 m 序列，

$$\underline{a} = (a_0, \quad a_1, \quad a_2, \quad \cdots),$$

则

$$C_{\underline{a}}(\tau) = \begin{cases} 1, & \tau = 0 \\ \\ -\dfrac{1}{2^n - 1}, & 0 < \tau \leqslant 2^n - 2 \end{cases} \quad 。$$

定理 4.5 表明，n 级 m 序列的自相关函数的主峰高度远远大于副峰的高度。这一事实很

近似白噪声的特性。当然，所有的伪随机序列都具有这种特性。因此，伪随机序列也常常被称为伪噪声序列。由于这种 m 序列可以按完全确定的规律产生，不会像其他许多噪声发生器那样受时间、温度或其他环境条件的影响而发生偏离所要求的特性，所以 m 序列常被用在保密通信中起加密作用和在自动控制系统的识辨中模拟随机噪声。

m 序列周期长且伪随机性好，如何产生一条 m 序列呢？

定理 4.6　设 a 是 n 级 LFSR 序列，则 a 是 n 级 m 序列当且仅当 a 的极小多项式是 n 次本原多项式。

定义 4.6　设 $f(x)$ 是 F_q 上的一个 n 次不可约多项式，而 $f(x) \neq x$。则：

(1) $f(x)$ 的周期定义为 $f(x)$ 在 F_{q^n} 中的 n 个根在 $F_{q^n}^*$ 中的公共的阶；

(2) $f(x)$ 的指数定义为用它的周期去除 $q^n - 1$ 所得的商。

如果 $f(x)$ 的周期是 $q^n - 1$，那么 $f(x)$ 就叫做 F_q 上的本原多项式。换言之，如果 $f(x)$ 的根都是 F_{q^n} 的本原元，那么 $f(x)$ 就叫做本原多项式。

定理 4.6 说明要找产生 n 级 m 序列的 LFSR，相当于寻找 n 次本原多项式。若 $f(x)$ 是一个 n 次本原多项式，则以 $f(x)$ 为特征多项式的 LFSR 产生的所有非零序列都是 n 级 m 序列。

附录中给出了次数小于等于 168 的本原多项式。

例 4.1　$f(x) = x^3 + x + 1$ 是 $F_2[x]$ 中的 3 次本原多项式，$\underline{a} = 0010111$，$\cdots$ 是以 $f(x)$ 为特征多项式的 LFSR 产生的序列，所以 $\underline{a}$ 是 3 级 m 序列。

例 4.2　$f(x) = x^4 + x^3 + x^2 + x + 1$ 不是 $F_2[x]$ 中的 4 次本原多项式，$\underline{a} = 00011$，$\cdots$ 是以 $f(x)$ 为特征多项式的 LFSR 产生的序列，所以 $\underline{a}$ 不是 4 级 m 序列。

4.2.4　m-序列的还原特性

现在考虑 m 序列的还原问题：给定一条 N 长二元序列，如何求出产生这一序列的级数最小的线性反馈移位寄存器？

我们将要给出的解决这一问题的方法，是梅西(Massey)于 1969 年建议的一种迭代算法。这种算法实质上就是 Berlekamp 所建议的 BCH 码的译码中，从校验子求找错位多项式的迭代算法。这种方法的要点，即在于运用归纳法求出一系列线性移位寄存器：

$$\langle f_n(x)，l_n \rangle, \quad \partial^0 f_n \leqslant l_n, \quad n = 1，2，\cdots，N。$$

使每一个 $\langle f_n(x)，l_n \rangle$ 都是产生序列的前 n 项 $a_0, a_1, a^2, \cdots, a_{n-1}$ 的最短线性移位寄存器，从而使最后得到的 $\langle f_N(x)，l_N \rangle$ 就是产生所给 N 长二元序列的最短的线性移位寄存器。

为了叙述方便起见，我们约定，0 级线性移位寄存器是以 $f(x) = 1$ 为连接多项式的线性移位寄存器，并且长度为 n ($n = 1, 2, \cdots, N$) 的零序列：

$$\underbrace{0，0，0，\cdots，0}_{n \uparrow 0}$$

由而且只由 0 级线性移位寄器产生。事实上，以 $f(x) = 1$ 为连接多项式的递归关系式是：

$$a_k = 0, \quad (k = 0，1，2，\cdots，n-1)。$$

因此，这一约定是合理的。

梅西迭代算法：任意给定一个 N 长二元序列。对 n 按归纳法定义一系列的

$$\langle f_n(x)，l_n \rangle, \quad n = 1，2，\cdots，N。$$

1. 取初始值：

$$f_0(x) = 1, \quad l_0 = 0_\circ$$

2. 设 $\langle f_i(x), l_i \rangle$, $i = 0$, 1, $\cdots$, n ($0 \leq n < N$) 均已求得，而 $l_0 \leq l_1 \leq \cdots \leq l_n$。并记

$$f_n(x) = c_0^{(n)} + c_1^{(n)} x + \cdots + c_{l_n}^{(n)} x^{l_n}, \quad c_0^{(n)} = 1_\circ \quad l_n \leq n_\circ$$

再计算

$$d_n = c_0^{(n)} a_n + c_1^{(n)} a_{n-1} + \cdots + c_{l_n}^{(n)} a_{n-l_n}_\circ$$

称 d_n 为第 n 步差值。然后再区别以下两种情形：

（1）若 $d_n = 0$，则令：

$$f_{n+1}(x) = f_n(x), \quad l_{n+1} = l_n_\circ$$

（2）若 $d_n \neq 0$，则又需区分以下两种情形：

（Ⅰ）当 $l_0 = l_1 = \cdots = l_n = 0$ 时，取

$$f_{n+1}(x) = 1 + x^{n+1}, \quad l_{n+1} = n + 1_\circ$$

（Ⅱ）当有 m ($0 \leq m < n$) 使 $l_m < l_{m+1} = l_{m+2} = \cdots = l_n$ 时，便置

$$f_{n+1}(x) = f_n(x) + x^{n-m} f_m(x)$$

$$l_{n+1} = \max \{l_n, \quad n + 1 - l_n\}$$

最后得到的 $\langle f_N(x), \quad l_N \rangle$ 便是产生序列的最短线性移位寄存器。

例 4.3 求产生长度为 11 的序列：

$$0 \ 0 \ 1 \ 0 \ 0 \ 0 \ 1 \ 1 \ 1 \ 0 \ 1 \qquad\qquad (4\text{-}2\text{-}2)$$

的最短线性移位寄存器。

设 $a_0 = 0$, $a_1 = 0$, $a_2 = 1$, $a_3 = 0$, $a_4 = 0$, $a_5 = 0$, $a_6 = 1$, $a_7 = 1$, $a_8 = 1$, $a_9 = 0$, $a_{10} = 1$。

第 0 步　取初始值：$f_0(x) = 1$, $l_0 = 0$。

第 1 步　计算 d_0：$d_0 = a_0 = 0$，那么

$$f_1(x) = 1, \quad l_1 = 0_\circ$$

第 2 步　计算 d_1：$d_1 = a_1 = 0$，那么

$$f_2(x) = f_1(x) = 1, \quad l_2 = l_1 = 0_\circ$$

第 3 步　计算 d_2：$d_2 = a_2 = 1$，又 $l_2 = l_1 = 0$，那么

$$f_3(x) = f_{2+1}(x) = 1 + x^{2+1} = 1 + x^3, \quad l_3 = l_{2+1} = 3_\circ$$

第 4 步　计算 d_3：$d_3 = a_3 + a_0 = 0$，那么

$$f_4(x) = f_3(x) = 1 + x^3, \quad l_4 = l_3 = 3_\circ$$

第 5 步　计算 d_4：$d_4 = a_4 + a_1 = 0$，那么

$$f_5(x) = f_4(x) = 1 + x^3, \quad l_5 = l_4 = 3_\circ$$

第 6 步　计算 d_5：$d_5 = a_5 + a_2 = 1$，又有 $m = 2$，使 $l_2 < l_3 = l_4 = l_5 = 3$，那么

$$f_6(x) = f_5(x) + x^{5-2} f_2(x) = 1,$$

$$l_6 = \max\{l_5, \quad 5 + 1 - l_5\} = 3_\circ$$

第 7 步　计算 d_6：$d_6 = a_6 = 1$，又有 $m = 2$，使 $l_2 < l_3 = l_4 = l_5 = l_6 = 3$，那么

$$f_7(x) = f_6(x) + x^{6-2} f_2(x) = 1 + x^4,$$

$$l_7 = \max\{l_6, \quad 6 + 1 - l_6\} = 4_\circ$$

第 8 步　计算 d_7：$d_7 = a_7 + a_3 = 1$，又有 $m = 6$，使 $l_6 < l_7 = 4$，那么

$$f_8(x) = f_7(x) + x^{7-6}f_6(x) = 1 + x + x^4,$$
$$l_8 = \max\{l_7, \quad 7 + 1 - l_7\} = 4。$$

第9步 计算 d_8：$d_8 = a_8 + a_7 + a_4 = 0$，那么
$$f_9(x) = f_8(x) = 1 + x + x^4, \quad l_9 = l_8 = 4$$

第10步 计算 d_9：$d_9 = a_9 + a_8 + a_5 = 1$，$m = 6$ 使 $l_6 < l_7 = l_8 = l_9 = 4$，那么
$$f_{10}(x) = f_9(x) + x^{9-6}f_6(x) = 1 + x + x^3 + x^4,$$
$$l_{10} = \max\{l_9, \quad 9 + 1 - l_9\} = 6。$$

第11步 计算 d_{10}：$d_{10} = a_{10} + a_9 + a_7 + a_6 = 1$，$m = 9$ 使 $l_9 < l_{10} = 6$，那么
$$f_{11}(x) = f_{10}(x) + x^{10-9}f_9(x) = 1 + x^2 + x^3 + x^4 + x^5,$$
$$l_{11} = \max\{l_{10}, \quad 10 + 1 - l_{10}\} = 6。$$

因此，$\langle 1 + x^2 + x^3 + x^4 + x^5, \quad 6 \rangle$ 就是产生序列(4-2-2)的最短线性移位寄存器。我们可以把上面的计算过程列成一个表，如表4.2.1所示。

表 4.2.1　　　　　　　　　　　求解最短线性移位寄存器过程表

步数（n）	d_{n-1}	$f_n(x)$	l_n
0		1	0
1	0	1	0
2	0	1	0
3	1	$1 + x^3$	3
4	0	$1 + x^3$	3
5	0	$1 + x^3$	3
6	1	1	3
7	1	$1 + x^4$	4
8	1	$1 + x + x^4$	4
9	0	$1 + x + x^4$	4
10	1	$1 + x + x^3 + x^4$	6
11	1	$1 + x^2 + x^3 + x^4 + x^5$	6

4.3 序列密码编码技术

在序列密码设计中，最关键的问题是设计良好的伪随机序列作为密钥。m 序列具有许多优良的密码学性质，但在所有相同周期的序列中线性复杂度最低，一般不直接用作密钥序列。

为了构造线性复杂度较高的序列，传统方法是将 m 序列作为驱动序列，进行适当的变换或组合，在提高线性复杂度同时，保留 m 序列其他较好的伪随机性。本节介绍由 LFSR 的输出序列经过非线性变换而得到的前馈序列，即非线性前馈模型、非线性组合模型

及钟控模型。

4.3.1 非线性前馈模型

非线性前馈模型如图 4.3.1 所示。图中 $f(x)$ 是一个 n 元布尔函数，对于 LFSR 的状态变量，由非线性函数滤波后得到输出序列 $\{k_j\}$，称这种生成器为前馈网络，称 $\{k_j\}$ 为前馈序列，于是布尔函数 $f(x)$ 在这里也被称为前馈函数，用 $\delta_j = (S_j, S_{j+1}, \cdots, S_{j+n-1})$ 表示 n 级 LFSR 在时刻 j 的移存器状态，用 δ_0 表示初态。

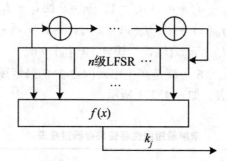

图 4.3.1　非线性前馈序列生成器

显然，前馈序列 $\{k_j\}$ 的周期不会超过 δ_j 可能达到的最大周期 2^n-1，所以总是选取 n 级 m 序列生成器作为驱动器 LFSR。假定 LFSR 是某个 n 级 m 序列生成器，$\delta_0 \neq 0$。$f(0) = 0$，则任意给定前馈序列的前 2^{n-1} 位 $k_j(j=0, 1, 2, \cdots, 2^n-2)$ 时，$f(x)$ 便唯一确定了。因为这时 $\delta_j(j=0, 1, 2, \cdots, 2^n-2)$ 取遍 $GF(2^n)$ 中非零向量。$f(0) = 0, f(\delta_j) = k_j(j=0, 1, 2, \cdots, 2^{n-2})$ 确定了 $f(x)$ 的真值表，这一事实可叙述如下：

引理 4.1　在图 4.3.1 中 n 级 LFSR 为 n 级 m 序列生成器时，对任一组不全为 0 的 $k_j(j=0, 1, 2, \cdots, 2^n-2)$，存在唯一的前馈函数 $f(x)$，使前馈序列是周期序列

$$k = k_0 k_1 \cdots k \quad k_0 k_1 \cdots$$

这里 $f(0) = 0$。

引理 4.1 表明线性复杂度为 n 的 m 序列经过适当的前馈函数滤波，可以得到一个周期为 2^n-1 的前馈序列，同时可证明相对于驱动序列，其复杂度呈指数增长，且前馈序列的线性复杂度和前馈函数的次数密切相关，另外，前馈序列的统计特性与 $f(x)$ 密切相关，如增加前馈函数的项数可改善前馈序列的统计特性。

根据以上讨论，前馈序列生成器中，布尔函数的特性决定着前馈序列的性能。因此，布尔函数是前馈密钥设计的一个关键。

4.3.2 非线性组合模型

前面讨论的前馈序列是由一个线性移位寄存器驱动的非线性的前馈序列生成器所产生的序列，这类序列的周期只能是 2^n-1 的因子，为了提高序列的线性复杂度和随机性，一种自然的方法就是在驱动部分用多个 LFSR 进行组合，这就是本节要讨论的由多个线性移位寄存器驱动的非线性组合序列(生成器)，如图 4.3.2 所示。

$LFSR_i(i=1, 2, \cdots, n)$ 为 n 个级数分别为 $r_1, r_2, \cdots, r_n$ 的线性移位寄存器，相应的序

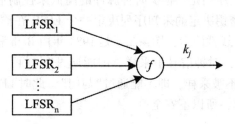

图 4.3.2 非线性组合序列生成器

列分别为 $a_i = \{a_{ij}\}$ $(i=1, 2, \cdots, n)$，$f(x) = f(x_1, \cdots, x_n)$ 是 n 元布尔函数。令 $k_j = f(a_1, \cdots, a_n)$，则序列 $k = \{k_j\}$ 是由图 4.3.2 所示生成器产生的序列。

称 $f(x)$ 为非线性组合函数，$\{k_j\}$ 为非线性组合序列。关于非线性组合序列有如下结论：

定理 4.7 设 a_{ij}，$\{k_j\}$，$f(x)$，r_i，$(i=0, 1, 2, \cdots, n)$ 如前所述，若 r_i 两两互素，$f(x)$ 与各变元均有关，则 $\{k_j\}$ 周期为

$$\prod_{i=1}^{n} (2^{r_i} - 1)$$

线性复杂度为

$$C(\{k_j\}) = f(r_1, r_2, \cdots, r_n)$$

其中 $f(r_1, r_2, \cdots, r_n)$ 按实数域运算。

证明略。

可见，采用非线性组合函数，对多个 m 序列进行组合，可极大提高序列的周期和线性复杂度。

除以上两类之外，还有多路复合序列和钟控序列，这类序列也可归结为非线性组合序列，可看作非线性组合序列的特殊形式。

Geffe 发生器是前馈序列的典型模型，它由 3 个 LFSR 及前馈逻辑电路组成，如图 4.3.3 所示。其中 LFSR-1、LFSR-2 及 LFSR-3 是 3 个不同级的线性反馈移位寄存器。Geffe 发生器的前馈逻辑电路形成输出函数 $g(x) = (x_1 x_2) \oplus (\overline{x_2} x_3)$。$g(x)$ 为非线性函数，即当 LFSR-2 输出为 1 时，$g(x)$ 输出位是 LFSR-1 的输出位；当 LFSR-2 输出为 0 时，$g(x)$ 输出位是 LFSR-3 的输出位。

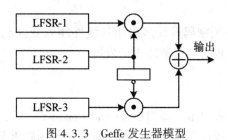

图 4.3.3 Geffe 发生器模型

4.3.3 钟控生成器

前面介绍的两个模型，LFSR 的动作方式都是规则动作的，各 LFSR 的动作次数是固定

的、不受密钥控制的。钟控序列是指根据时钟脉冲的高低来控制输出序列的密钥流发生器，其主要思想是利用一条由密钥决定的未知序列决定一个 LFSR 在输出一个乱数后连续动作的次数，从而为 LFSR 引入非线性因素，图 4.3.4 是 1984 年由 Beth 和 Piper 提出的 Stop-and-Go 发生器。当 LFSR-1 为 1 时，时钟信号被采样，即能通过"与门"驱动 LFSR-2 进动一拍；当 LFSR-1 为 0 时，时钟信号不被采样，即不能通过"与门"，此时 LFSR-2 不进动，重复输出前 1 位。这种发生器比较简单，所以不安全。

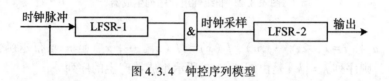

图 4.3.4　钟控序列模型

交错停走式发生器使用了 3 个不同级的 LFSR，如图 4.3.5 所示。当 LFSR-1 的输出为 1 时，LFSR-2 被时钟驱动；当 LFSR-1 的输出为 0 时，LFSR-3 被时钟驱动。整个发生器的输出是 LFSR-2 的输出与 LFSR-3 输出的异或。这个发生器具有周期长和线性复杂度高的特点。这种发生器的设计者也找到了针对 LFSR-1 的相关分析方法，所以它并不安全，但是这种设计思想可以借鉴。

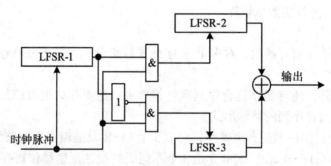

图 4.3.5　交错停走式发生器模型

4.4　序列密码典型分析方法简介

2000 年前后，国际上序列密码设计多采用从线性序列变换到非线性序列的传统设计模式，促进了对序列密码相关攻击和代数攻击的发展。

4.4.1　相关攻击

相关攻击又称为分别征服攻击，即"Divide and Conquer"，该攻击方法是一种图论算法，意为将一个待求解问题分解成许多子问题，然后对每个子问题求解，最后再综合。瑞士学者 Siegenthler 于 1985 年将这种方法用于分析二元加法非线性组合序列密码，设计了一种分别征服攻击方法，该方法大大降低了寻找密钥所需的实验次数。

DC 攻击是一种唯密文攻击，其基本思路是：根据非线性组合生成器的输出序列 k^∞ 与组合函数 $f(x)$ 的每个输入序列 $(a(i))^\infty$ 之间的相关性，用统计方法恢复各个 LFSR 的初始状态和反馈函数。

对于非线性组合模型，如果令 GF(2) 上所有次数为 r_i 的本原多项式数量为 R_i，则第 i 个 LFSR 的未知参数有 $R_i(2^{r_i}-1)$ 个，因此，总密钥量为 $\prod_{i=1}^{n} R_i(2^{r_i}-1)$，Siegenthler 提出的 DC 攻击方法将实施穷举攻击所需的次数减少到了 $\sum_{i=1}^{n} R_i(2^{r_i}-1)$ 次。

假设攻击者掌握以下信息：

(1) 足够长的密文序列；

(2) 非线性组合函数 $f(x)$；

(3) 所有 LFSR 的级数 $r_i(i=1,2,\cdots,s)$；

(4) 语言编码及统计特性。

在基本相关攻击中，假设只有正确的 LFSR 初态所产生的序列与密钥流才具有相应的统计相关性。基于该假设，攻击的主要思想如下：若非线性组合生成器中若干条输入 LFSR 序列的线性和 $b=a_{i_1}\oplus a_{i_2}\oplus\cdots\oplus a_{i_k}$ 与输出密钥流 z 的相关概率为 $p>0.5$，即 $p(z_t=b_t)=p$，则攻击者穷举 $LFSR_{i_1}$，$LFSR_{i_2}$，$\cdots$，$LFSR_{i_k}$ 的所有初态，在所产生的全体可能的序列 b 中，与密钥流的统计相关性的最接近理论值 p 的即认为所对应的 $LFSR_{i_1}$，$LFSR_{i_2}$，$\cdots$，$LFSR_{i_k}$ 的初态为正确的。基本相关攻击提出后，为了衡量布尔函数抵抗相关攻击的能力，Siegenthaler 给出了布尔函数相关免疫的概念。

基本相关攻击需要穷举 LFSR 序列的初态，当 LFSR 的级数足够大时，DC 攻击由于不可能穷举 LFSR 序列的所有初态而无法实现，并且基本相关攻击也不适用于非线性过滤生成器，因而基本相关攻击只能应用于驱动 LFSR 的级数较小的序列密码。

针对以上不足，1988 年，W. Meier 和 O. Staffelbach 提出两个快速相关攻击算法，分别称为算法 A 和算法 B。算法 A 和算法 B 的前提是获得足够多的 LFSR 序列的低重特征多项式。在此基础上，算法 A 的基本思想是利用这些低重多项式，从已知的密钥流 z 中提取若干位置的比特 $(z_{i_1},z_{i_2},\cdots,z_{it})$，理论上，它们以较大的概率等于相应位置的 LFSR 序列比特，从而对 $(z_{i_1},z_{i_2},\cdots,z_{it})$ 进行少量纠错后，就可由此还原出 LFSR 序列的初态。算法 B 是迭代算法，其基本思想是利用低重特征多项式，对已知的密钥流 z 进行迭代校正，从而直接由密钥流还原出相应的 LFSR 序列。快速相关攻击算法 A 和算法 B 的计算复杂度主要由 LFSR 序列与密钥流之间的相关性决定，相关性越大，攻击所需密钥流长度越短，计算复杂度越小。因此，除组合生成器外，快速相关攻击的思想还可应用于非线性滤波生成器。

此外，相关攻击能否应用于基于非线性驱动的序列密码体制是未来国际序列密码分析的重点研究问题之一。

4.4.2 代数攻击

代数攻击是近年来备受关注的序列密码攻击方法，也是重要的密钥恢复攻击之一。它将密码分析问题归结为求解一个超定的多变元非线性方程组的问题上。2003 年，法国学者 N. T. Courtois 和瑞士学者 W. Meier 首次针对序列密码体制 Toyocrypt 和 LILI-128 实施了代数攻击。他们通过布尔函数的低次"零化子"来建立 LFSR 初态和密钥流之间的超定的低次多变元方程组。在文献基础上，N. T. Courtois 进一步提出快速代数攻击方法。德国学者 F. Armknecht 从理论和算法上进一步讨论了 N. T. Courtois 提出的快速代数攻击，并将改进的快速代数攻击用于分析蓝牙标准中的 E_0 算法。

代数攻击不仅适用于序列密码，早在 1995 年，代数攻击成功用于分析多变元的公钥密码体制。代数攻击的出现使得求解超定方程组的算法称为国际密码分析者关注的焦点理论问题之一，促进了有限域上解多变元方程组理论的发展。但是和相关攻击一样，代数攻击能否应用于基于非线性驱动的序列密码体制是未来国际序列密码分析的重点研究问题之一。

4.4.3 其他攻击

线性复杂度攻击是指通过 B-M 算法还原能够产生序列的最短 LFSR，进而可以预测序列的任意一段。目前，线性复杂度测试是所有对密钥流进行伪随机性测试不可缺少的一个测试项目，如 NESSIE 评测使用的统计测试包（非公开）和 NIST 发布的统计测试报。在理论研究方面，近年来，k-错线性复杂度成为线性复杂度稳定性研究的重要趋势。

区分攻击通过观察某些输入与输出比特之间的关系来判别这些比特是来自真随机源还是来自密码算法，进而转化为一个假设检验问题。区分攻击虽然没有密钥恢复攻击强，但它可以给攻击者泄露一些有用的信息，已经成为判定密码性质好坏的安全标准。因此，一个好的序列密码算法应该能够抵抗区分攻击。

如图 4.4.1 所示，区分攻击的关键是寻找适当的区分器，区分器 D 是能区分一串密钥流和一串真正随机序列的一种有效算法。区分器也可以描述为一个黑盒，它以一串密钥流序列为输入，产生两个回答中的一个回答，这两个回答是"该序列是密码输出序列"和"该序列是随机序列"。区分器以密钥流的某些弱点为基础，并利用这些弱点来设计区分器，区分攻击基本原理如图 4.4.1 所示。

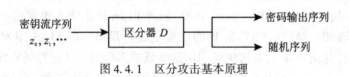

图 4.4.1　区分攻击基本原理

尽管从攻击结果上看，区分攻击是最弱的，但区分攻击也是最灵活的攻击方法，面对区分攻击，序列密码的设计者往往很难做到疏而不漏。eSTREAM 计划中有许多密码算法都遭到区分攻击由于区分攻击不必借助与线性序列源，因此，该攻击方法是基于非线性序列源的序列密码体制面临的潜在威胁，将是未来序列密码分析的重要方向之一。

4.5　非线性序列源

相关攻击和代数攻击对基于 LFSR 的序列密码算法的安全构成严重威胁，因此，非线性序列生成器逐渐受到国际学者的关注，近几年国际上提出的序列密码算法，多数都是基于非线性序列生成器设计的，其中以 eSTREAM 项目中胜出的序列密码算法为代表。本节介绍几种典型的非线性序列源。

4.5.1　非线性反馈移位寄存器序列

令反馈函数 $f(s_0, s_1, \cdots, s_n)$ 为非线性函数，则构成非线性移位寄存器，其输出序列为非线性序列。非线性反馈移位寄存器(NLFSR)可以是想要的任何形式，如图 4.5.1 所示是一种非线性反馈移位寄存器的模型，其中"⊙"是乘法运算，"∨"是或运算，"∧"是与运算。

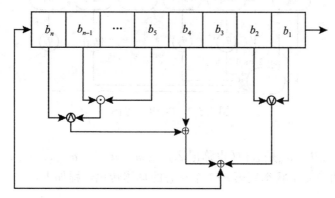

图 4.5.1 NLFSR 结构示意图

对于非线性反馈移位寄存器，目前尚没有系统的数学理论可以对其进行分析。所以，可能存在以下问题：

(1)在输出序列中 0 与 1 不平衡。比如 1 比 0 多，或游程数比预期的要少。

(2)序列的最大周期可能比预期的要短。

(3)序列的周期可能因初态的不同而不同。

(4)序列的随机性可能仅有一段时间，然后"死锁"成一个单值。

因此，非线性反馈移位寄存器还不能大规模作为密钥流发生器来使用。

4.5.2 带进位反馈移位寄存器序列

带进位的反馈移位寄存器(Feedback with Carry Shift Register, FCSR)是一类重要的非线性序列生成器，由两位美国学者 A. Klapper 和 M. Goresky 于 1993 年首次提出，其原理是利用整数的进位运算生成一类二元非线性序列。与非线性反馈移位寄存器相比，FCSR 序列具有好的代数结构和丰富的研究成果。

首先简要介绍一些必要的 2-adic 数的基本知识。

形如 $\alpha = \sum\limits_{i=0}^{\infty} a_i 2^i$ 形式的幂级数称为 2-adic 整数，其中 $a_i \in \{0, 1\}$，所有这些形式的幂级数的全体，按进位加法和乘法构成的环称为 2-adic 整数环，记为 Z_2。环 Z_2 中的零元为 0，单位元为 1。因为任意非负整数 n 都有唯一的 2-adic(或 2 进制)展开 $n = n_0 + n_1 2 + \cdots + n_t 2^t$，其中 $n_i \in \{0, 1\}$，$n_t = 1$，$t = \lfloor \log_2(n) \rfloor$ 且 $-1 = \sum\limits_{i=0}^{\infty} 2^i$，故整数环 Z 是 2-adic 整数环 Z_2 的子环。

此外，由于 2-adic 数 $\alpha = \sum\limits_{i=0}^{\infty} a_i 2^i$ 在 Z_2 中是乘法可逆的当且仅当 $\alpha_0 = 1$，从而奇数在 Z_2 中可逆，所以对奇数 q 和任意整数 n，分数 n/q 可自然视为 Z_2 中的元素。若记 $n/q = \sum\limits_{i=0}^{\infty} a_i 2^i$，则称序列 $(a_0, a_1, \cdots)$ 为有理数 n/q 的导出序列。

设 q 为正奇数，$r = \lfloor \log_2(q+1) \rfloor$，$q + 1 = q_1 2 + q_2 2^2 + \cdots q_r 2^r$，$q_i \in \{0, 1\}$ 且 $q_r = 1$，图

4.5.2 是以 q 为连接数的 FCSR 模型图。

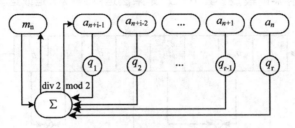

图 4.5.2 FCSR 模型图

图中，Σ 表示证书加法，m_n 是进位（也称记忆），$(m_n; a_{n+r-1}, a_{n+r-2}, \cdots, a_n)$ 表示 FCSR 的第 n 个状态。FCSR 由第 n 个状态到第 $n+1$ 个状态的具体转化过程如下：

(1) 计算整数和 $\sigma_n = \sum_{k=1}^{r} q_k a_{n+r-k} + m_n$；

(2) r 个主寄存器中的比特依次右移一位，输出寄存器最右端的比特 a_n；

(3) 令 $a_{n+r} \equiv \sigma_n \pmod 2$，放入寄存器的最左端；

(4) 令 $m_{n+1} = (\sigma_n - a_{n+r})/2 = \lfloor \sigma_n/2 \rfloor$，将进位寄存器中的 m_n 替换成 m_{n+1}。

设 α 是如图 4.5.2 所示的 FCSR 的输出序列，则也称 q 为序列 α 的连接数，若 q 还是 α 的所有连接数中的最小者，则称 q 为 α 的极小连接数。

4.5.3 单圈 T-函数序列

T-函数由 A. Klimov 和 A. Shamir 于 2002 年提出，它采用的基本运算是 $Z/(2^n)$ 上的代数运算（求反、加法、减法、乘法）和逻辑运算（与、或、非、异或）。由于 T-函数混合使用这两类运算，因而它是非线性的。另外，这些运算都是现代微处理器上的常用运算，因此能在软件上快速实现。作为密码学的基本构件，T-函数已经被应用于序列密码、分组密码、Hash 函数以及伪随机数发生器等方面。在向 eSTREAM 计划提交的候选算法中，共有三个密码算法是基于 T-函数设计的，它们是 ABC、Mir 和 TSC。

字 $x \in F_2^n$ 是长为 n 的向量 $x = (x_{n-1}, x_{n-2}, \cdots, x_0)^T$，其中 x_j 称为 x 的第 j 比特，x_{n+1} 称为 x 的最高比特。另外，在对应规则 $x \leftrightarrow \sum_{j=0}^{n-1} x_j 2^j$ 下，可将 x 看成是 $Z/(2^n)$ 中的元素。同时，容易将其扩展到多字 $X \in F_2^{mn}$，即 $m \times n$ 矩阵。

$$X = (x_{m-1}, \cdots, x_1, x_0) = \begin{bmatrix} x_{m-1, n-1} & \cdots & x_{1, n-1} & x_{0, n-1} \\ x_{m-1, n-2} & \cdots & x_{1, n-2} & x_{0, n-2} \\ \vdots & \ddots & \vdots & \vdots \\ x_{m-1, 0} & \cdots & x_{1, 0} & x_{0, 0} \end{bmatrix}$$

其中，$R_j(X) = (x_{m-1,j}, \cdots, x_{1,j}, x_{0,j})$ 由各字的第 j 比特组成。

定义 4.7 设 $Y = f(X)$ 是由 F_2^{mn} 映射到 F_2^{ln} 的函数。对于 $0 \leq j \leq n-1$，若输出行 $R_j(Y)$ 仅与输入行 $R_j(X)$，$\cdots$，$R_0(X)$ 有关，则称 f 是 T-函数。

T-函数有八个本原操作，分别是求反（$-x \bmod 2^n$），加法（$x+y \bmod 2^n$），减法（$x-y \bmod 2^n$），乘法（$x \cdot y \bmod 2^n$），与（$x \wedge y$），或（$x \vee y$），非（$\neg x$），异或（$x \oplus y$），其中，x 和 y

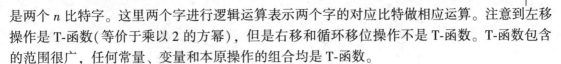

是两个 n 比特字。这里两个字进行逻辑运算表示两个字的对应比特做相应运算。注意到左移操作是 T-函数(等价于乘以 2 的方幂),但是右移和循环移位操作不是 T-函数。T-函数包含的范围很广,任何常量、变量和本原操作的组合均是 T-函数。

T-函数的研究重点是单圈 T-函数,下面给出它的定义:

定义 4.8 设 f: $F_2^n \to F_2^n$ 是 T-函数,给定初态 $x_0 = (x_{0,n-1}, x_{0,n-2}, \cdots, x_{0,0})^T \in F_2^n$,对于 $i \geq 0$,令 $x_{i+1} = f(x_i)$,记序列 $\underline{x} = (x_0, x_1, \cdots)$,若序列 $\underline{x}$ 的周期 $per(\underline{x}) = 2^n$,则称 $f(x)$ 是单圈 T-函数,并称序列由单圈 T-函数 $f(x)$ 和初态 x_0 生成。

由以上定义可知,单圈 T-函数本质上是 F_2^n 上的一类特殊置换。下面给出一个具体的单圈 T-函数,该函数由 A. Klimov 和 A. Shamir 设计。

定理 4.8 单字映射 $f(x) = x + (x^2 \lor C) \bmod 2^n$ 是可逆的当且仅当 C 的最低比特为 1;对于 $n \geq 3$,$f(x) = x + (x^2 \lor C) \bmod 2^n$ 是单圈当且仅当 $C \equiv 5, 7 \pmod 8$。

上述 T-函数混合使用了逻辑运算和代数运算,乘法操作以非线性的方式快速混合输入比特,且增强了统计特性,而逻辑运算则可以掩盖平方操作的低代数次数,且控制着圈结构,因此,设计者认为此 T-函数具有很强的非线性结构甚至是非代数结构。

此外,整数剩余类环上线性递归序列也是一类重要的非线性序列源,近年来,我国在环 $Z/(p^e)$(p 为奇素数)上本原序列压缩函数的保熵性方面取得了重要的研究成果。例如,在最高权位序列保熵性研究方面,首次发现并证明了 $Z/(p^e)$ 上本原序列最高权位序列 0 元素的局部保熵性质,即两条不同的本原序列,其最高权位序列的 0 元素分布必不同;首次提出并证明了模压缩的保熵性等。

4.6 典型序列密码算法

序列密码因其加密实时性好,安全性较高,在军政外交及对保密通信实时性要求较高的场合广泛应用。本节将介绍蓝牙、GSM 中的典型序列密码算法。

4.6.1 蓝牙序列密码加密系统

蓝牙是一种低成本、低功率、短距离的无线通信技术标准,是 Ad-hoc(无线自组织)采取的主要无线通信技术。蓝牙工作在全球通用的 2.4GHz 的 ISM(工业、科学、医药)波段,理论数据传输速率为 1Mb/s,采用时分双工(TDD)来传输语音和数据。蓝牙的理想连接距离是 10cm~10m,通过功率可将传输距离延长至 100m。蓝牙可用来连接任何设备,例如,可以在 PDA 和移动手机之间建立连接。蓝牙系统连接如图 4.6.1 所示。

蓝牙在财务处理、汽车应用、工业控制等诸多领域应用中有时需要保证通信双方所传递的信息不被窃听和篡改,本节介绍蓝牙中用于数据加密的 E_0 算法,其加、解密过程如图 4.6.2 所示。

当两个蓝牙设备第一次接触时,只要用户在两个设备上输入相同的 PIN 密码,两个设备都会产生一个相同的初始密钥,该密钥用 K_{int} 表示。蓝牙密码流密码系统使用了 4 个 LFSR,每个 LFSR 的输出为一个 16 状态的简单有限状态机的组合,也称求和合成器。该状态机的输出为密钥流序列,或是在初始化阶段的随机初始值。4 个寄存器的长度分别为 $L_1 = 25$,$L_2 = 31$,$L_3 = 33$,$L_4 = 39$,总长度是 128bit。密钥流生成算法的核心是 Safer+算法,其过程如图 4.6.3 所示。

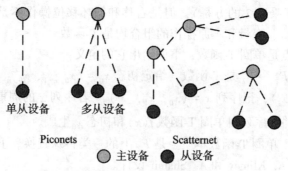

图 4.6.1　蓝牙网络连接图

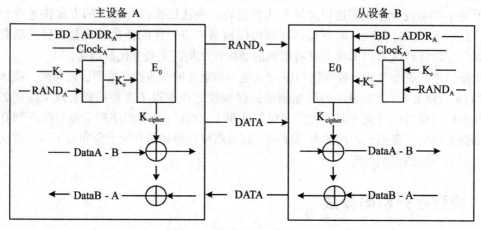

图 4.6.2　蓝牙设备加、解密过程图

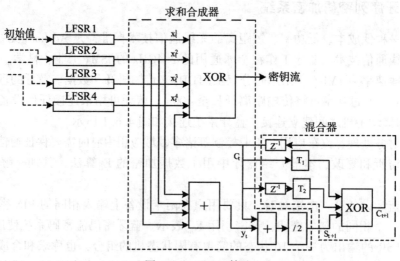

图 4.6.3　Safer+算法

其中四个 LFSR 的反馈多项式分别为：

$$y_1(x) = x^{25} + x^{20} + x^{12} + x^8 + 1$$
$$y_2(x) = x^{31} + x^{24} + x^{16} + x^{12} + 1$$
$$y_3(x) = x^{33} + x^{28} + x^{24} + x^4 + 1$$
$$y_4(x) = x^{39} + x^{36} + x^{28} + x^4 + 1$$

设 x_t^i 为 LFSR$_i$ 的第 t 位，那么

$$y_t = x_t^1 + x_t^2 + x_t^3 + x_t^4$$

求和发生器的输出由下列式子给出：

$$z_t = x_t^1 \oplus x_t^2 \oplus x_t^3 \oplus x_t^4 \oplus c_t^0 \in \{0, 1\}$$
$$s_{t+1} = (s_{t+1}^1, s_{t+1}^0) = (y_t + c_t)/2 \in \{0, 1, 2, 3\}$$
$$c_{t+1} = (c_{t+1}^1, c_{t+1}^0) = s_{t+1} \oplus T_1[c_t] \oplus T_2[c_{t-1}]$$

这里 $T_1[\ ]$ 和 $T_2[\ ]$ 是 GF(4) 上两个不同的线性双射。密钥流的产生需要 4 个线性反馈移位寄存器的初始值（共 128bit）和 4bit 用于指定的值 C_0 和 C_{-1} 的值。输入参数为 K_C、RAND、BD_ADDR 和 Clock。

LFSR 的初始化过程如下：

（1）从 K_c 推导出 K_c'

$$K_c'(x) = g_2^{(L)}(x)(K_c(x) \bmod g_1^{(L)}(x))$$

E_0 算法 LFSR 状态示意图如图 4.6.4 所示。

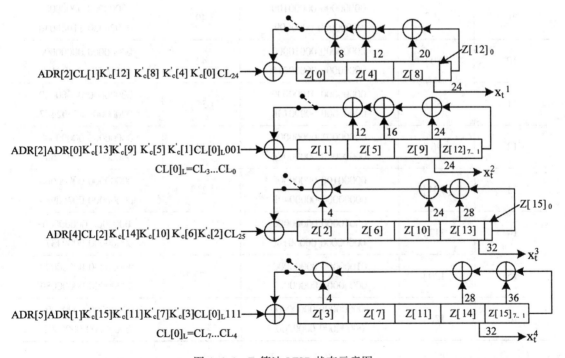

图 4.6.4　E_0 算法 LFSR 状态示意图

产生密钥 K_c' 的多项式（以十六进制表示，最右边为最低位）如表 4.6.1 所示。

表 4.6.1 产生密钥 K'_c 的多项式

L	deg	$g_1^{(L)}$	deg	$g_2^{(L)}$
1	[8]	00000000 00000000 00000000 0000011d	[119]	00e275a0 abd218d4 cf928b9b bf6cb08f
2	[16]	00000000 00000000 00000000 0001003f	[112]	0001e3f6 3d7659b3 7f18c258 cff6efef
3	[24]	00000000 00000000 00000000 010000db	[104]	00001be f66c6c3a b1030a5a 1919808b
4	[32]	00000000 00000000 00000001 000000af	[96]	00000001 6ab89969 de17467f d336ad9
5	[40]	00000000 00000000 00000100 00000039	[88]	00000000 01630632 91d50ec 55715247
6	[48]	00000000 00000000 00010000 00000291	[77]	00000000 00002c93 52aa6cc0 54468311
7	[56]	00000000 00000000 01000000 00000095	[71]	00000000 000000b3 f7fffce2 79f3a073
8	[64]	00000000 00000001 00000000 0000001b	[63]	00000000 00000000 a1ab815b c7ec8025
9	[72]	00000000 00000100 00000000 0000609	[49]	0000000 0000000 0002c980 11d8b04d
10	[80]	00000000 00010000 00000000 00000215	[42]	00000000 00000000 0000058e 24f9a4bb
11	[88]	00000000 01000000 00000000 0000013b	[35]	00000000 00000000 0000000c a76024d7
12	[96]	00000001 00000000 00000000 000000dd	[28]	00000000 00000000 00000000 1c9c26b9
13	[104]	00000100 00000000 00000000 0000049b	[21]	00000000 00000000 00000000 0026d9e3
14	[112]	00010000 00000000 00000000 0000014f	[14]	0000000 00000000 00000000 00004377
15	[120]	01000000 00000000 00000000 000000e7	[7]	00000000 00000000 00000000 00000089
16	[128]	100000000 00000000 00000000 0000000	[0]	00000000 00000000 00000000 0000001

（2）把 K'_c、BD_ADDR、26bit 蓝牙时钟以及常数 11101 共 208bit 移入 LFSR 中，从 $t=40$ 时加密单元开始生成输出序列，同时 4 个 LFSR 继续移入剩余输入比特，当所有输入比特移完后，每个 LFSR 都输入 0。

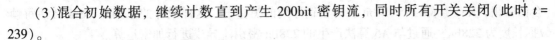

（3）混合初始数据，继续计数直到产生 200bit 密钥流，同时所有开关关闭（此时 $t=$ 239）。

（4）保存 C_t 和 C_{t-1}。在 $t=240$ 时，把最近产生的 128bit 密钥流作为初始值并行输入 4 个 LFSR，产生用于加/解密的密钥流序列。

4.6.2　A5 算法

GSM 是 Global System for Mobile communications 的缩写，移动通信依赖开放的传输媒质，除了受到有线网络面临的安全威胁外，更容易受到假冒用户滥用资源和非法用户窃听无线链路通信的威胁，GSM 手机和基站内使用加密算法（A5）对数据进行加、解密处理。

A5 算法主要有 3 种版本：A5-1 算法限制出口，保密性较强；A5-2 算法没有出口限制，但保密性较弱；A5-3 算法则是更新的版本，它基于 KASUMI 算法，但尚未被 GSM 标准采用。其中 A5-1 是一个强版本，在欧洲用于语音和数字加密；A5-2 是一个弱版本，用于另外一个市场。通信的实时性要求 A5 速度必须足够快，因此多采用硬件实现该算法。

A5 算法主要用于加密手机终端与基站之间的链路，在两个手机用户通信时，基站自动在手机用户 A 和用户 B 之间建立一条如下链路：

用户 A → 基站 1 → 基站 2 → 基站 3 → … → 基站 n → 用户 B

A5-1 算法用于用户的手机到基站之间的通信加密，通信内容到基站后先脱密变成明文，然后在进行基站到基站之间，以及基站到用户手机之间的信息加密，完成通信内容在通信过程的加密保护。

在每次会话时，基站产生一个 64 比特的随机数 K，并利用基站与用户之间预置在手机中 SIM 卡中的密钥，利用其他密码算法将这个随机数加密传给用户手机，这个随机数就是这次通话时的密钥，该密钥的生命周期就是本次的通话时间。一旦本次通话结束，这个密钥也就不再使用。

A5-1 算法将一次通话的内容按每帧 228 比特分为若干帧后逐帧加密，其中 114 比特是用户 A 发给用户 B 的信息，另外 114 比特是用户 B 发给用户 A 的信息。每帧数据的加密采用不同的会话密钥，该会话密钥共产生 228 比特的乱数，并利用它们对本帧的 228 比特的通信数据按逐位模 2 加的方式加密，从而实现移动终端和基站之间的通信保护，其过程如图 4.6.5 所示。会话密钥就是该数据帧公开的帧序号，帧序号用 22 个比特表示，因而一次通话至多允许 2^{22} 帧数据，数据量至多是 $2^{22}\times228\approx1.78\times2^{29}$ 比特。

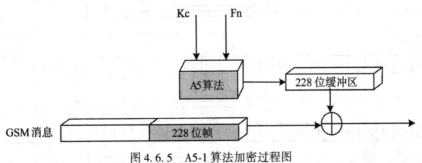

图 4.6.5　A5-1 算法加密过程图

由上图可知，A5 算法可以描述成由一个 22bit 长的参数（帧号码，Fn）和 64bit 长的参数

(会话密钥，Kc)生成两个114bit长的密钥序列的黑盒子。这样设计的原因是GSM会话每帧数据长度为228bit，通过与A5算法产生的228bit密钥流异或进行加密运算。

构成A5加密器主体的LFSR有3个，这三个LFSR的级数分别为19、22和23，这三个级数的总和是64，恰好是密钥的比特数。其中LFSR-1、LFSR-2和LFSR-3的反馈多项式$f_1(x)$、$f_2(x)$和$f_3(x)$都是项数为5的本原多项式，分别为：

$$f_1(x) = x^{19} \oplus x^{18} \oplus x^{17} \oplus x^{14} \oplus 1$$
$$f_2(x) = x^{22} \oplus x^{21} \oplus x^{17} \oplus x^{13} \oplus 1$$
$$f_3(x) = x^{23} \oplus x^{22} \oplus x^{19} \oplus x^{18} \oplus 1$$

A5-1算法的工作流程如下：

(1)将三个LFSR的初态全部设置为全零向量；

(2)(密钥参与)三个LFSR都规则动作64次，每次动作1步。在第i步动作时，三个LFSR的反馈内容都首先与密钥的第i比特模2加，并将模2加的结果作为LFSR反馈内容；

(3)(帧序号参与)三个LFSR都规则动作22次，每次动作1步。在第i步动作时，三个LFSR的反馈内容首先都与帧序号的第i比特模2加，并将模2加的结果作为LFSR反馈的内容；

在前三步完成后，三个LFSR的状态合称为A5-1算法的初态，记为$S(0)$。密钥和帧序号的各比特参与一个LFSR的方式可用下面的逻辑框图表示。

(4)三个LFSR以钟控方式连续动作100次，但不输出乱数；

(5)三个LFSR以钟控方式连续动作114次，在每次动作后，三个LFSR都将最高级寄存器中的值输出，这三个比特的模2和就是当前时刻输出的1比特乱数。共输出114比特乱数，这114比特用于对用户手机到基站传送的114比特数据的加密；

(6)三个LFSR以钟控方式连续动作100次，但不输出乱数；

(7)三个LFSR以钟控方式连续动作114次，在每次动作后，三个LFSR都将最高级寄存器中的值输出，这三个比特的模2和就是当前时刻输出的1比特乱数。共输出乱数288比特，这114比特用于对基站到用户手机传送的114比特数据的加密。

A5-1算法具体如图4.6.6所示。

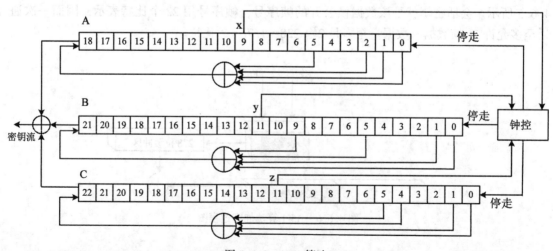

图4.6.6 A5-1算法

在 A5-1 算法中，三个 LFSR 的动作方式有规则动作和不规则动作两种。A5 算法在运算开始时，先将 A、B、C 三个 LFSR 清零，并把 64bit 的会话密钥 Kc 注入 LFSR 作为其初始值，再将 22bit 帧数 Fn 与 LFSR 的反馈值做模 2 加注入 LFSR，在密钥参与和帧序号参与的过程中，三个 LFSR 都采取规则动作方式；在密钥参与和帧序号参与过程完成后，三个 LFSR 都采取不规则动作方式，遵循"服从多数"的原则，即从每个寄存器中取出一个中间位（位置分别为 A、B、C 的第 9、11、11 位）并进行判断，若再取出的 3 个中间位中至少有两个为"1"，则为"1"的寄存器进行一次移位，而为"0"的寄存器不移位。反之，若 3 个中间位中至少有两个为"0"，则为"0"的寄存器进行一次移位，而为"1"的寄存器不移位。显然，这种机制保证了每次只好有两个 LFSR 被驱动移位。

A5 的设计思想优秀，效率高，可以通过所有已知统计检验标准。其唯一缺点是移位寄存器的技术短，其最短循环长度为 $4/3 * 2^k$（k 是最长的 LFSR 的级数），总级数为 $19 + 22 + 23 = 64$，这样就可以用穷尽搜索法破译。A5-1 和 A5-2 在工程应用都暴露了严重的缺陷。2000 年一个安全专家小组对 A5-1 算法进行密码分析后证实能够在几分钟之内从捕获的 2 秒钟通信流量里破解密钥。这说明 A5-1 算法提供的安全层次只能防止偶尔的窃听，而 A5-2 则是完全不安全的。

对 A5 算法，存在比蛮力攻击更为可行的攻击方法，使用划分—征服攻击技术可以破解 A5 算法。这种攻击减小了蛮力攻击的时间复杂度。划分—征服攻击基于已知明文攻击，攻击者试图从已知的密钥流序列中确定 LFSR 的初始状态，这通过猜测两个较短的 LFSR 内容，并从已知的密钥流计算第三个 LFSR 内容实现。

如果 A5 算法能够采用更长的、抽头更多的线性反馈移位寄存器，则会更加安全。

4.6.3 NESSIE 工程及 eSTREAM 工程简介

自 2000 年 1 月至 2002 年 12 月，欧洲委员会投资 33 亿欧元支持其信息社会技术规划中一项名为 NESSIE(New European Schemes for Signature, Integrity and Encryption)的工程。NESSIE 工程的主要目标是通过公开征集提出一套强度大的密码标准，这些标准包括分组密码、序列密码、杂凑函数、消息认证码、数字签名方案和公钥加密方案。其中，NESSIE 收到的 5 个候选同步序列密码算法如表 4.6.2 所示。

表 4.6.2 **NESSIE 五个候选序列密码算法**

算法名称	国家	整体结构	设计特点
Leviathan	美国	二进制树结构	密钥流由一组二进制的数结构定义
Lili-128	澳大利亚	钟控结构	由钟控子系统与数据生成子系统组成，使用了两个 LFSR 与两个函数
BMGL	瑞典	密钥反馈模式	基于复杂性理论，具有可证明安全性，核心是 Rijndael 分组密码
SOBER-t32/t16	澳大利亚	非线性滤波结构	使用带有密钥的非线性滤波函数，输出 32/16 比特分组
SNOW	瑞典	由一个 LFSR 和一个有限状态机组成	是一个面向 32 比特字的组列密码，基于经典的求和生成器的观点

经过几轮评估之后，并没有选出足够安全的序列密码算法。NESSIE 计划中序列密码候选算法的设计与分析，一方面，反映了 2000 年前后国际上序列密码设计思想的局限性；另一方面，暴露了从线性序列变换到非线性序列的传统设计模式的安全隐患，促进了相关攻击和代数攻击的发展。有了 NESSIE 计划的基础，在 2004 年启动的欧洲 eSTREAM 计划中，无论是面向软件实现的设计还是面向硬件实现的设计都有了新突破。

2004 年 9 月，ECRYPT 开展了一项新的序列密码计划——eSTREAM 计划，2005 年，有 34 个候选序列密码算法提交给 eSTREAM，其中有 32 个同步序列密码及 2 个自同步序列密码。经过三轮筛选，最终选出 4 个面向软件实现的算法和 4 个面向硬件实现的算法。2008 年 9 月，由于瑞典学者 M. Hell 和 T. Johansson 给出了针对 F-FCSR-H v2 算法的一个有效攻击，eSTREAM 工程征集到的 34 个序列密码中有 3 个使用了 T-函数，分别是 TSC、ABC 和 Mir。

另外，由我国冯登国等国内专家设计的 ZUC 算法已经被 3GPP LTE 采纳为国际加密标准，即第四代移动通信加密标准，和 SNOW 3G、AES 并称为 3GPP 的 LTE(Long Term Evolution)通信网络(俗称 4G 网络)的三大算法。ZUC 算法也是我国第一个称为国家密码标准的密码算法，由 3 个基本部分组成，依次为 LFSR、比特重组、非线性函数(有限状态自动机)，其标准化的成功体现了我国商用密码应用的开放性和商用密码设计能力，增大了我国在国际通信安全应用领域的影响力。

习 题 4

4.1 已知 $f(x) = x^6 \oplus x \oplus 1$ 是 6 次本原多项式，a 是 $f(x)$ 生成的 m 序列，求：

(1) 序列 a 的周期是多少？

(2) 一个周期内，0、1 各出现多少次？

(3) 一个周期内，游程分布如何？

4.2 已知某序列密码的加密方式为 $m_i \oplus k_i = c_i$，$i = 0, 1, 2, \cdots$，且密钥序列由 5 级本原移存器产生。今截收到一段密文为：111001001001101，且知一些对应的明文为：$m_0 m_1 m_2 m_3 m_4 = 01001$，$m_6 m_7 = 01$，$m_9 = 1$，求：

(1) 该 5 级本原移存器的线性递推式。

(2) $c_{10} c_{11} c_2 c_{13} c_{14} c_{14}$ 对应的明文。

4.3 画出以 $f(x) = x^6 + x^4 + x^2 + 1$ 为连接多项式的线性移位寄存器框图，及其对应的状态图。

4.4 判断下列序列是否为 m 序列：

(1) $\underline{a} = (1\ 1\ 1\ 1\ 1\ 0\ 0\ 0\ 1\ 1\ 1\ 0\ 1\ 0\ 1\ 0\ 0\ 0\ 0\ 1\ 0\ 0\ 1\ 0\ 1\ 0\ 1\ 1\ 0\ 0, \cdots)$

(2) $\underline{b} = (1\ 0\ 0\ 0\ 0\ 1\ 1\ 0\ 0\ 0\ 1\ 0\ 0\ 1\ 1\ 1\ 1\ 1\ 0\ 1\ 1\ 1\ 0\ 0\ 1\ 0\ 1\ 0\ 0\ 1\ 1\ 0, \cdots)$

4.5 求产生周期为 $2^3 - 1 = 7$ 的 m 序列：

$$0\ 0\ 1\ 1\ 1\ 0\ 1, \cdots$$

的一个周期：

$$0\ 0\ 1\ 1\ 1\ 0\ 1$$

的最短线性移位寄存器。

4.6 用梅西算法，求产生下列有限序列的最短线性反馈移位寄存器的连接多项式。

(1) $\underline{a}$ = (1 1 1 0 1 1 1 0 0 0 1 0 1 0 1 1 0 1 0 0)

(2) $\underline{b}$ = (1 1 1 1 0 1 1 1 1 0)

4.7 已知 3 级移位寄存器的线性递推式为 $a_n = a_{n-2} \oplus a_{n-3}$，$n \geqslant 3$，试给出以 101 开头的输出序列及相应周期。

第5章 分组密码

分组密码(block cipher)具有速度快、易于标准化和便于硬件实现等特点，此外，作为一个通用的基础构件，分组密码还可用于构造伪随机数发生器、消息认证码和杂凑函数等，在计算机通信和信息系统安全领域有着重要应用，是大多数密码系统的重要组成部分。

分组密码的研究始于 20 世纪 70 年代，1973 年美国数据加密标准 DES 的颁布实施揭开了商用密码研究的序幕，也是现代密码学诞生的标志之一，随后的三十多年时间，人们在分组密码的设计理论、分组密码的安全性分析及其统计测试方面取得了丰硕的研究成果。此外，近年来，随着随着无线传感器网络 WSN(wireless sensor network)和射频识别标签 RFID(radio frequency identification)的广泛应用，许多轻量级分组密码算法被设计出来，如 LBlock、LED、Piccolo、KLEIN、MIBS 等。

本章重点介绍分组密码的基本概念、设计原理、工作模式及三个经典的分组密码算法：数据加密标准 DES、高级数据加密标准 AES 及国际数据加密标准 IDEA，同时对两类经典的分组密码分析方法：差分密码分析及线性密码分析进行了简要介绍。

5.1 分组密码概述

5.1.1 分组密码原理

分组密码是将明文按照某一规定的长度分组(最后一组长度不够时要用规定的值填充，使其成为完整的一组)，然后使用相同的密钥对每一分组分别进行加密，将固定长度的输入块变换成固定长度的输出块。因此，分组密码算法实质上是一个较复杂的单表代替密码。分组密码和序列密码不同之处就在于：分组密码输出块中的每一位不仅与相应时刻输入明文块中对应位和密钥 K 有关，而且与整组明文有关。在相同密钥作用下，分组密码对所有明文分组所实施的变换是相同的，所以我们只需要研究对任一明文分组的变换规则。分组密码的模型如图 5.1.1 所示。

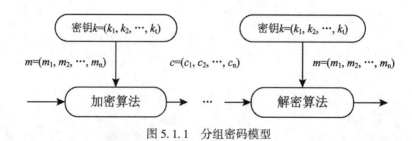

图 5.1.1　分组密码模型

若将信息用二进制表示，假定明、密文分组长度相同，即输入明文块 $m=(m_1, m_2, \cdots, m_n)$，输出密文块 $c=(c_1, c_2, \cdots, c_n)$，且密钥 $k=(k_1, k_2, \cdots, k_t)$。本质上可以将分组密码看做文字集 $\Omega=\{0, 1, \cdots, 2^n-1\}$ 上的一个置换，Ω 上所有可能的置换构成 $2^n!$ 阶对称群，即从明文空间变换到密文空间的所有置换共有 $2^n!$ 个。由于置换的选择由密钥 K 决定，因此，由实际算法定义的置换共有 2^t 种，这就是说实际使用的分组密码算法所用的置换仅是所有置换的一个很小的子集。设计分组密码的关键问题在于找到一种算法，能在密钥控制下从一个足够大且足够好的置换子集中，简单而迅速地选出一个置换，用来对当前的输入的明文分组进行加密变换。因此，设计的算法应满足下述要求：

（1）分组长度 n 要足够大，以抗报文的穷尽攻击。

（2）密钥的有效量足够大，以抗密钥的穷尽攻击。

（3）由密钥确定置换的算法足够复杂，以抗报文的统计分析。

在实际使用中，要同时满足上述三个要求并不容易。为了便于实现，实际中常常将较简单且易于实现的密码系统进行组合，构成较复杂，且密钥有效量较大的密码系统。香农曾提出了两种可能的组合方法。其一是"概率加权和"的方法，即以一定的概率随机地从几个系统中选择一个用于加密当前的明文。设有 r 个子系统 $T_1, T_2, \cdots, T_r$，相应被选用的概率为 $P_1, P_2, \cdots, P_r$，其中

$$\sum_{i=1}^{r} P_i = 1$$

则其概率和系统可表示为

$$T = P_1 T_1 + P_2 T_2 + \cdots + P_r T_r$$

显然，系统 T 的密钥量是各子系统密钥量之和。

另一种是"乘积密码"的方法。例如，设有两个子系统 T_1 和 T_2，加密是先以 T_1 对明文进行加密得到中间加密结果，然后再以 T_2 对该结果加密。其中，T_1 的密文空间作为 T_2 的"明文"空间，乘积密码可表示成

$$T = T_2 \cdot T_1$$

利用这两种方法，可将简单易于实现的密码组合成复杂的更为安全的密码。

乘积密码是 Shannon 提出的一种强化密码的方式，下面给出其定义。

定义 5.1 对 $M=C$ 的两个密码 $S_1=(M, M, K_1, E_1, D_1)$ 和 $S_2=(M, M, K_2, E_2, D_2)$，定义 $S_1 \times S_2 = (M, M, K_1 \times K_2, E, D)$，对密钥 (k_1, k_2)，其加密、解密过程分别为：

$$y = E_{k_2}(E_{k_1}(x))$$
$$x = D_{k_2}(D_{k_1}(y))$$

如前面提到的仿射密码即是乘法密码和加法密码的乘积，由于仿射密码的密钥规模是两个子密码系统密钥规模的乘积，强度得到加强。

定义 5.2 如果密码 S 和自身做乘积后得到的 S^2 同于 S，则把 S 称为幂等密码。

例如，加法密码的乘积仍然是加法密码，同样，乘法密码也是幂等密码。显然，幂等密码的乘积不会增强安全性。

定义 5.3 对于不幂等的密码 S，将自身做 n 次乘积得到的密码 S^n 称为 S 的 n 重迭代密码。

迭代密码可以通过一个简单密码得到高强度的密码，这不仅简化了密码的设计，而且减小了实现代价，是现代分组密码和杂凑函数设计的核心思想。

迭代型分组密码将原始密钥经过一个密钥扩展算法得到轮数组子密钥，每轮使用一个子密钥。加密函数为 g 的 r 轮迭代分组密码如图 5.1.2 所示。

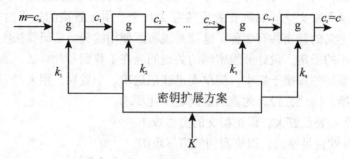

图 5.1.2　加密函数为 g 的 r 轮迭代密码

一个自然的结果是一般轮数越大，加密效果越好，但是为了提高效率，轮数应在保证安全的前提下尽可能小。另外，可以通过不同的轮数提供不同的安全等级。

5.1.2　分组密码设计原则

分组密码的设计通常遵循如下两个原则：安全性原则和实现原则。

安全性原则包含混淆原则、扩散原则和抗现有攻击原则。混淆原则要求所设计的密码应该是明文、密文和密钥三者之间的依赖关系尽可能复杂，以至于这种依赖关系对密码分析者来说是无法利用的；扩散原则要求所设计的密码应该使得明文和密钥的每一比特影响密文的尽可能多的比特位，以便于隐蔽明文的统计特性，该准则强调输入的微小改变将导致输出的多位变化；抗现有攻击的原则是指所设计的密码应该抵抗已有的各种攻击方法。

实现原则包含软件实现原则和硬件实现原则两方面。软件实现原则是指密码算法应该尽可能使用子块和简单的运算。例如，以 8，16，32 位的字为单位进行模加运算、移位运算或者异或运算等。硬件实现原则是指密码算法应该保证加密和解密的相似性，即加密和解密过程应该仅仅是密钥的使用方式不同，以便同样的电子元器件既可用于加密也可用于解密。

为了研究密码算法抵抗各种已有攻击的能力，就必须分析轮函数以及轮函数中变换的密码学性质，轮函数中的变换通常称为密码组件，密码组件包括 S 盒、P 变换、异或运算、模加运算、模乘运算和移位运算等各种类型的变换。对密码组件密码学性质进行研究是密码学研究的一个重要问题。

1. S 盒

S 盒作为分组密码算法中提供混淆作用的非线性部件，对整个密码算法的安全性起着关键作用。各种分组密码的安全强度，特别是对抗差分密码分析和线性密码分析的能力，都与它们所采用的 S 盒紧密相关。从安全角度来说，分组密码中所使用的 S 盒规模越大，密码算法的非线性程度越高，密码算法的混淆性能就越好。从实现效益角度来说，分组密码中所使用的 S 盒越大，计算、存储和查表所需要的时间就越多，密码算法的实现效率就越低。所以如何选择 S 盒的规模，需要一个折中的考虑。目前，所采用的 S 盒通常规模都不大，如美国数据加密标准 DES 算法采用的是 6 进 4 出的 S 盒，美国高级加密标准 Rijndael 算法采用的是 8 进 8 出的 S 盒。尽管目前分组密码算法中采用的 S 盒都是用表格形式给出的，S 盒的运算

也是通过查表的方式来说实现的，但 S 盒本质上都是从 F_2^n 到 F_2^m 的多输出函数，即可表示为形如

$$S(x) = (f_1(x_1, x_2, \cdots, x_n), f_2(x_1, x_2, \cdots, x_n), \cdots, f_m(x_1, x_2, \cdots, x_n))$$

的函数，这里 $f_i(x_1, x_2, \cdots, y_n)(1 \leq i \leq n)$ 表示 n 元布尔函数，这样的 S 盒通常称为 n×m 的 S 盒。

当参数 m 和 n 较大时，几乎所有的 S 盒都是非线性的。S 盒的密码学性质大都是针对目前已有的攻击方法而言的，线性密码攻击的提出导致 S 盒的非线性度研究，差分密码攻击的提出迫使我们区研究 S 盒的差分均匀度，相关攻击的出现使得我们区分析 S 盒的相关免疫度，代数攻击的提出又产生了代数免疫度的概念。

2. P 盒

代替—置换结构(S-P 结构)的分组密码的 P 置换一般在 S 盒之后，目的是提供良好的雪崩效应和扩散作用，并进一步提高密码算法的混淆程度。如果密码算法的混淆层是由 m 个 n×n 的 S 盒并置而成，那么 P 置换往往设计成从 $(F_2^n)^m$ 到 $(F_2^n)^m$ 的一个线性置换。在对分组密码进行差分密码攻击和线性密码攻击时，攻击的复杂度通常与 P 置换相关联的活动 S 盒的数目有关。在差分密码攻击时，一个 S 盒称为是活动的，是指它的输入差分不为 0。在线性密码攻击时，一个 S 盒称为是活动的，是指线性逼近关系设计到它的一些输入或者输出比特。

3. 轮函数

轮函数是指迭代分组密码中单轮加密算法的非线性函数。对于 Feistel 结构的分组密码和 SPN 结构的分组密码，S 盒与 P 置换是其最主要的组件，有时还有其他一些非线性变换，而对于 Lai-Massey 结构的分组密码，轮函数中不含明确的 S 盒与 P 置换，其混淆和扩散作用主要依靠异或运算、模加运算、模乘运算和移位运算等实现。不管是何种结构的分组密码，轮函数只要考虑的是如何快速实现密钥与明文的混淆与扩散，并使得密文差分分布均匀。轮函数设计主要由安全性、速度、灵活性三个指标要求。

安全性：轮函数的设计应保证对应密码算法能抵抗现有所有攻击，即设计者应能估计轮函数抵抗现有各种攻击的能力。特别地，对于差分密码攻击和线性密码攻击，设计者应能轨迹最大差分概率及最佳线性逼近优势。

速度：轮函数的速度和轮数决定了算法的加解密速度。现有分组密码算法有两种设计趋势：一是构造复杂的轮函数，使得轮函数本身针对差分或者线性密码攻击等攻击方法是非常安全的，但是考虑到加密速度，采用此类轮函数的密码算法的轮数必须要小，如国际数据加密标准 IDEA 算法。二是构造简单的轮函数，这样的轮函数本身似乎不能抵抗差分或者线性密码攻击等攻击方法，但是，因为此类轮函数的速度块，因而轮数可以比较大，比如美国数据加密标准 DES。当轮函数的各种密码指标适当时，也可以构造出实际安全的密码算法。

灵活性：灵活性是 AES 和 NESSIE 计划对候选算法的最基本要求之一，即要求密码算法能够在多种平台和多处理器上得到有效实现，例如，8 比特、16 比特、32 比特及 64 比特的处理器。

4. 密钥扩展算法

密钥扩展算法是迭代分组密码的一个重要组成部分，迭代的各轮算法要使用密钥扩展算法生成的子密钥。严格地说，轮函数的功能是在子密钥的参与和控制下实现的。因此，子密钥的生成很重要，其目标主要是保证子密钥的统计独立性。一般而言，子密钥的生成有以下

基本原则：

(1) 密钥扩展算法至少应该保证密钥和密文符合位独立原则。

(2) 获取子密钥比特的关系在计算上是苦难的。

(3) 没有弱密钥。

(4) 结构尽量简单，便于实现。

(5) 保证种子密钥的各比特对每个子密钥比特影响的均衡性。

5.1.3 分组密码整体结构

对一个分组密码算法，安全原则要求其实现足够的混乱和扩散，实现原则要求其易于软、硬件实现。那么，人们应如何设计分组密码算法才能同时满足安全性和有效性呢？为此，Shannon 提出利用乘积密码的思想解决这一问题。乘积密码的思想是通过将简单密码复合来组合密码体制。常见的乘积密码是迭代密码，其基本思想是通过将一个易于实现且具有一定混乱和扩散结构的较弱的密码函数进行多次迭代来产生一个强的密码函数。一般来说，先将简单的代替变换和移位变换做乘积，复合成一个具有一定混乱和扩散结构的较弱的密码函数，然后再将这个较弱的密码函数与它自身进行多次迭代，复合成一个强的密码函数。

实现迭代密码的常见模型有 S-P 网络、Feistel 模型及 Lai-Massey 结构，本节重点介绍 S-P 网络及 Feistel 模型。

1. S-P 网络

实现迭代密码思想的最简单模型 S-P 网络，具体如图 5.1.3 所示，它是在圈(子)密钥参与下将非线性代替 S 层和置换 P 层复合组成的圈函数进行多次迭代构成的密码结构。S-P 网络的结构非常简单，非线性代替 S 层被称为混乱层，它采用代替原理设计，主要起混乱的作用；置换 P 层被称为扩散层，它采用移位原理设计，主要起扩散的作用；k 是圈子密钥，参与圈变换。

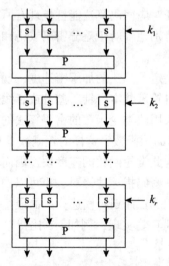

图 5.1.3　S-P 网络的结构框图

在 S-P 网络中，利用非线性代替 S 层得到分组小块的混乱、扩散，再利用比特置换 P 层错乱非线性代替后的各个输出比特，以实现整体扩散的效果，这样经过若干次的局部混乱和整体扩散之后，输入的明文和密钥就可得到足够的混乱和扩散，这是 S-P 网络实现混乱和扩散的基本思想。S-P 网络中的比特置换 P 还可基于加减密码设计为线性变换，从而达到更好的扩散效果。

S-P 密码具有结构简单、扩散速度快等诸多优点，但也具有加、脱密过程结构不相同的缺点，而 Feistel 模型则克服了这一缺点。

2. Feistel 模型

Feistel 模型因在 DES 等分组密码中得到广泛应用而闻名，具体如图 5.1.4 所示。

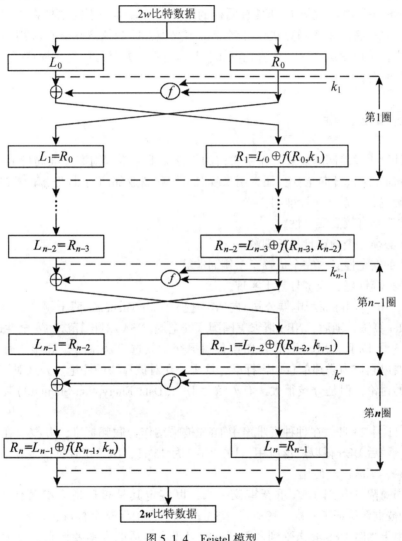

图 5.1.4　Feistel 模型

Feistel 模型的输入是一个长度为 $2w$ 比特的数据分组和密钥 K，输出是长度为 $2w$ 比特的数据。首先长度为 $2w$ 比特的输入数据被分为左半部分 L_0 和右半部分 R_0 各 w 比特，接着进行 n 圈迭代，在每一圈中，右半部分数据在圈子密钥 k 的作用下进行 f 变换，得到的 w 比特数据再与左半部分数据按位异或，产生的 w 比特数据作为下一圈迭代的右半部分，原右半部分数据直接作为下一圈迭代的左半部分数据，但第 n 圈（最后一圈）不进行左右对换。圈函数的数学描述如下：

$$\begin{cases} L_i = R_{i-1} \\ R_i = L_{i-1} \oplus f(R_{i-1}, K_i) \\ i = 1, 2, 3, \cdots, n \end{cases}$$

其中 $k_i(i=1, 2, \cdots, n)$ 为由初始密钥 K 通过密钥生成算法算成的第 i 圈的圈子密钥，L_i，$R_i(i=1, 2, \cdots, n)$ 分别为第 i 圈迭代后输出的左半部分和右半部分，R_n，L_n 为第 n 圈迭代后输出左半部分和右半部分，即第 n 圈迭代后的结果 (R_n, L_n) 即为 Feistel 模型的输出。

Feistel 模型每圈只对输入的一半进行变换，与 SP 网络相比，Feistel 模型加、脱密速度更慢，但 Feistel 模型加、解密运算具有同样的结构，二者唯一不同之处在于圈子密钥的使用次序相反。这一特点令密码算法设计者非常感兴趣，因为这意味着在利用 Feistel 模型设计算法时，人们可以使用同一个算法进行加、脱密运算，并且可以自由地选择 f 函数而不要求 f 函数自身可逆。

5.2 数据加密标准

为适应计算机通信网的发展对保密通信的广泛需求，美国国家标准局（NBS）于 1973 年在 Fderal Register 上公开向全社会征集用于政府机构和商业部门对非机密敏感数据进行加密的算法，并确定了一系列设计准则：

(1) 算法应具有较高安全性；

(2) 算法必须完全确定且易于理解；

(3) 算法的安全性必须完全依赖于密钥而非算法；

(4) 算法兼容性好、经济且易于实现。

1974 年，IBM（国际商用电器公司）向 NBS 提交了由 Tuchman 博士领导的小组设计并经改造的 Luciffer 算法，随后，NBS 请求美国国家安全局（NSA）对该算法的安全性进行评估。

1975 年 3 月 17 日，NBS 公布了 IBM 公司提交的候选算法细节。同年 8 月 1 日发布通知，并说明要以它作为联邦信息加密标准，征求公众对该算法的评论。公众对该算法进行了广泛而深入的讨论，但是分歧很大，有人认为 DES（Data Encryption Standard）装有陷门且密钥长度太短。

1976 年 11 月 23 日，在种种责难声中 DES 被采纳作为联邦标准，并授权在非机密政府通信中使用，随后 DES 得以广泛应用，1977 年 7 月 15 日，DES 正式批准生效，长期以来一直被美国政府、军队广泛使用。

NSA 宣布每隔 5 年对 DES 重新审议一次，以鉴定其是否还适合继续作为联邦标准，1983 年 DES 被重新认证了一次，1987 年 NSA 声称不再担保这个标准，而希望找到 DES 的替代算法。由于当时 DES 尚未受到严重威胁，且没有合适的方案替代它，经过大量争论之后，DES 作为联邦标准再获批使用 5 年，到了 1992 年，仍然没有找到 DES 的替代方案，DES 又被延长使用 5 年。这使得自 DES 诞生以来的 20 年时间内，它一直超越国界成为国际上商用保密通信和计算机通信中最常用的加密算法。

随着密码理论的发展，进入 20 世纪 90 年代以来，出现了对 DES 的差分攻击和线性逼近攻击等理论上的攻击方法。另外，随着科学技术的飞速进步，计算机的计算能力得到大幅提高,对 DES 产生了许多实际威胁。

1997 年 4 月 15 日,美国 ANSI 发起征集 AES(advanced encryption standard)的活动,并为此成立了 AES 工作小组。此次活动的目的是确定一个非保密的、公开技术细节的、全球免费使用的分组密码算法,以作为新的数据加密标准。1997 年 9 月 12 日,美国联邦登记处公布了正式征集 AES 候选算法的通告。对 AES 的基本要求是:比三重 DES 快、至少与三重 DES 一样安全、数据分组长度为 128 比特、密钥长度为 128/192/256 比特。

1998 年 8 月 12 日,首届 AES 候选会议(first AES candidate conference)上公布了 AES 的 15 个候选算法,任由全世界的各机构和个人攻击和评论。1999 年 3 月,在第 2 届 AES 候选会议(second AES candidate conference)上经过对全球各密码机构和个人对候选算法分析结果的讨论,从 15 个候选算法中选出了 5 个。这 5 个是 RC6、Rijndael、SERPENT、Twofish 和 MARS,2000 年 4 月 13 日至 14 日,召开了第 3 届 AES 候选会议(third AES candidate conference),继续对最后 5 个候选算法进行讨论。2000 年 10 月 2 日,NIST 宣布 Rijndael 作为新的 AES,至此,经过 3 年多的讨论,Rijndael 终于脱颖而出。Rijndael 由比利时的 Joan Daemen 和 Vincent Rijmen 设计,算法的原型是 Square 算法,它的设计策略是宽轨迹策略(wide trail strategy)。宽轨迹策略是针对差分分析和线性分析提出的,它的最大优点是可以给出算法的最佳差分特征的概率及最佳线性逼近的偏差的界,因此,可以分析算法抵抗差分密码分析及线性密码分析的能力。

Rijndael 和 AES 之间的唯一差别在于各自所支持的分组长度和密钥长度的范围不同。Rijndael 是具有可变分组长度和可变密钥长度的分组密码。其分组长度和密钥长度均可独立的设定为 32 比特的倍数,最小值为 128 比特,最大值为 256 比特。AES 将分组长度固定为 128 比特,而且仅支持 128、192 或 256 比特的密钥长度。本章分别介绍 DES 和 AES 算法。

5.2.1　DES 算法

虽然 DES 已不再作为数据加密标准,但它仍然值得研究和学习。首先从应用角度,三重 DES 算法仍然在 Internet 中广泛使用。其次,DES 的使用时间之久,范围之大,是其他分组密码算法不能企及的,它的成功源于其精巧的设计和结构,堪称是适应计算机环境的近代密码的一个典范。学习 DES 算法的细节有助于深入了解分组密码的设计方法,理解如何通过算法实现混乱和扩散原则这一分组密码设计的本质。

DES 综合运用了置换、代替、代数等多种密码技术,其设计充分体现了 Shannon 信息保密理论所阐述的混乱、扩散基本思想。明文、密文和密钥的分组长度都是 64 比特。

DES 算法采用了典型的 Feistel 结构,具体如图 5.2.1 所示。

1. DES 加密算法

DES 加密过程如下:

(1) 64 位密钥经子密钥产生算法产生出 16 个圈子密钥 k_1, k_2, $\cdots$, k_{16},分别供第一轮、第二轮、$\cdots$、第十六轮加密迭代使用。

(2) 64 位明文首先经过初始置换 IP(Initial Permutation),将数据打乱重新排列并分成左右两半。左边 32 位构成 L_0,右边 32 位构成 R_0。

(3)由加密函数 f 实现子密钥 k_1 对 R_0 的加密,结果得 32 位的数据组 $f(R_0,k_1)$。$f(R_0,k_1)$ 再与 L_0 模 2 相加,又得到一个 32 位的数据组 $L_0 \oplus f(R_0,k_1)$。以 $L_0 \oplus f(R_0,k_1)$ 作为第二次加密迭代的 R_1,以 R_0 作为第二次加密迭代的 L_1。至此,第一次加密迭代结束。

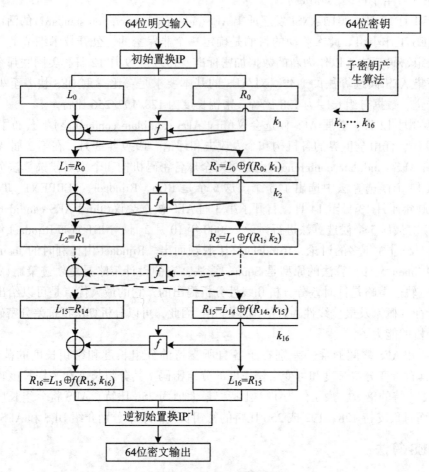

图 5.2.1　DES 整体结构

（4）第二次加密迭代至第十六次加密迭代分别用子密钥 k_1，…，k_{16}进行，其过程与第一次加密迭代相同。

（5）第十六次加密迭代结束后，产生一个 64 位的数据组。以其左边 32 位作为 R_{16}，以其右边作为 L_{16}，两者合并再经过逆初始置换 IP^{-1}，将数据重新排列，便得到 64 位密文。至此加密过程全部结束。

综上可将 DES 的加密过程用如下的数学公式描述：

$$\begin{cases} L_i = R_{i-1} \\ R_i = L_{i-1} \oplus f(R_{i-1}, \ k_i) \\ i = 1, \ 2, \ 3, \ \cdots, \ 16 \end{cases} \tag{5-2-1}$$

下面详细介绍 DES 的算法细节。

（1）初始置换 IP。

初始置换 IP 是 DES 的第一步密码变换。初始置换的作用在于将 64 位明文打乱重排，并分成左、右两半。左边 32 位作为 L_0，右边 32 位作为 R_0，供后面的加密迭代使用。初始置换 IP 的矩阵如图 5.2.2 所示。其置换距阵说明：置换后 64 位数据的 1，2，…，64 位依次是原明文数据的 58, 50, …, 2, 60, …, 15, 7 位。

58	50	42	34	26	18	10	2
60	52	44	36	28	20	12	4
62	54	46	38	30	22	14	6
64	56	48	40	32	24	16	8
57	49	41	33	25	17	9	1
59	51	43	35	27	19	11	3
61	53	45	37	29	21	13	5
63	55	47	39	31	23	15	7

图 5.2.2　初始置换 IP

（2）加密函数。

加密函数是 DES 的核心部分。它的作用是在第 i 轮加密迭代中用圈子密钥 k_i 对 R_{i-1} 进行加密。其框图如图 5.2.3 所示。

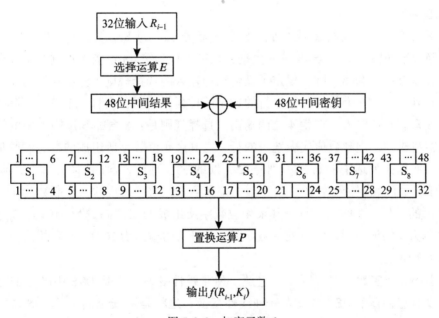

图 5.2.3　加密函数 f

在第 i 轮迭代加密中选择运算 E 对 32 位的 R_{i-1} 的各位进行选择和排列，产生一个 48 位的结果。此结果与子密钥 k_i 模 2 相加，然后送入代替函数组 S。代替函数组由 8 个代替函数（也称 S 盒）组成，每个 S 盒有 6 位输入，产生 4 位的输出。8 个 S 盒的输出合并，结果得到一个 32 位的数据组。此结果再经过置换运算 P，将其位置顺序打乱重排。置换运算 P 的输出便是加密函数的输出 $f(R_{i-1}, k_i)$。

a. 选择运算 E。

选择运算 E 对 32 位的数据组 A 的各位进行选择和排列，产生一个 48 位的结果，选择运算 E 的矩阵如图 5.2.4 所示。

32	1	2	3	4	5
4	5	6	7	8	9
8	9	10	11	12	13
12	13	14	15	16	17
16	17	18	19	20	21
20	21	22	23	24	25
24	25	26	27	28	29
28	29	30	31	32	1

图 5.2.4　选择运算 E

这说明选择运算 E 是一种扩展运算，它将 32 位的数据扩展为 48 位的数据，以便与 48 位的子密钥模 2 相加并满足代替函数组 S 对数据长度的要求。由选择运算矩阵可知，它是通过重复选择某些数据位来达到数据扩展的目的。

b. 代替函数组 S。

代替函数组由 8 个代替函数组成，8 个 S 盒分别记为 S_1，S_2，S_3，S_4，S_5，S_6，S_7，S_8。代替函数组的输入是一个 48 位的数据，从第 1 位到第 48 位依次加到 8 个 S 盒的输入端。每个 S 盒有一个选择矩阵，规定了其输出与输入的选择规则。选择矩阵有 4 行 16 列，每行都是 0 到 15 这 16 个数字，但每行的数字的排列都不同，而且 8 个选择矩阵彼此也不同。每个 S 盒有 6 位输入，产生 4 位的输出。选择规则是：S 盒的 6 位输入中的第 1 位和第 6 位数字组成的二进制数值代表选中的行号，其余 4 位数字所组成的二进制数值代表选中的列号，而处在被选中的行号和列号交点处的数字便是 S 盒的输出（以二进制形式输出）。例如，对于，设输入为 101011，第 1 位和第 6 位数字组成的二进制数为 $11 = (3)_{10}$，表示选中 S_1 的行号为 3 的那一行，其余 4 位数字所组成的二进制数为 $0101 = (5)_{10}$，表示选中 S_1 列号为 5 的那一列。交点处的数字是 9，则 S_1 的输出为 1001。S 盒的选择矩阵 S_1 到 S_8 由表 5.2.1 给出。

S 盒是 DES 保密性的关键所在。它是一种非线性变换，也是 DES 中唯一的非线性运算。如果没有它，整个 DES 将成为一种线性变换，这将是不安全的。关于 S 盒的设计细节，IBM 公司和美国国家保密局（NSA）至今尚未完全公布。研究表明，S 盒至少满足以下准则：

① 输出不是输入的线性和仿射函数；

② 任意改变输入中的一位，输出至少有两位发生变化；

③ 保持输入中的 1 位不变，其余 5 位变化，输出中的 0 和 1 的个数接近相等。

随着对 DES 研究的深入，人们发现，除了以上三条准则外，S 盒还必须满足抗差分攻击和抗线性攻击的要求。

DES 算法 S 盒如表 5.2.1 所示。

表 5.2.1   代替函数组

	0	1	2	3	4	5	6	7	8	9	10	11	12	13	14	15	
0	14	4	13	1	2	15	11	8	3	10	6	12	5	9	0	7	
1	0	15	7	4	14	2	13	1	10	6	12	11	9	5	3	8	S_1
2	4	1	14	8	13	6	2	11	15	12	9	7	3	10	5	0	
3	15	12	8	2	4	9	1	7	5	11	3	14	10	0	6	13	

	0	1	2	3	4	5	6	7	8	9	10	11	12	13	14	15	
0	15	1	8	14	6	11	3	4	9	7	2	13	12	0	5	10	
1	3	13	4	7	15	2	8	14	12	0	1	10	6	9	11	5	S_2
2	0	14	7	11	10	4	13	1	5	8	12	6	9	3	2	15	
3	13	8	10	1	3	15	4	2	11	6	7	12	0	5	14	9	

	0	1	2	3	4	5	6	7	8	9	10	11	12	13	14	15	
0	10	0	9	14	6	3	15	5	1	13	12	7	11	4	2	8	
1	13	7	0	9	3	4	6	10	2	8	5	14	12	11	15	1	S_3
2	13	6	4	9	8	15	3	0	11	1	2	12	5	10	14	7	
3	1	10	13	0	6	9	8	7	4	15	14	3	11	5	2	12	

	0	1	2	3	4	5	6	7	8	9	10	11	12	13	14	15	
0	7	13	14	3	0	6	9	10	1	2	8	5	11	12	4	15	
1	13	8	11	5	6	15	0	3	4	7	2	12	1	10	14	9	S_4
2	10	6	9	0	12	11	7	13	15	1	3	14	5	2	8	4	
3	3	15	0	6	10	1	13	8	9	4	5	11	12	7	2	14	

	0	1	2	3	4	5	6	7	8	9	10	11	12	13	14	15	
0	2	12	4	1	7	10	11	6	8	5	3	15	13	0	14	9	
1	14	11	2	12	4	7	13	1	5	0	15	10	3	9	8	6	S_5
2	4	2	1	11	10	13	7	8	15	9	12	5	6	3	0	14	
3	11	8	12	7	1	14	2	13	6	15	0	9	10	4	5	3	

	0	1	2	3	4	5	6	7	8	9	10	11	12	13	14	15	
0	12	1	10	15	9	2	6	8	0	13	3	4	14	7	5	11	
1	10	15	4	2	7	12	9	5	6	1	13	14	0	11	3	8	S_6
2	9	14	15	5	2	8	12	3	7	0	4	10	1	13	11	6	
3	4	3	2	12	9	5	15	10	11	14	1	7	6	0	8	13	

	0	1	2	3	4	5	6	7	8	9	10	11	12	13	14	15	
0	4	11	2	14	15	0	8	13	3	12	9	7	5	10	6	1	
1	13	0	11	7	4	9	1	10	14	3	5	12	2	15	8	6	S_7
2	1	4	11	13	12	3	7	14	10	15	6	8	0	5	9	2	
3	6	11	13	8	1	4	10	7	9	5	0	15	14	2	3	12	

	0	1	2	3	4	5	6	7	8	9	10	11	12	13	14	15	
0	13	2	8	4	6	15	11	1	10	9	3	14	5	0	12	7	
1	1	15	13	8	10	3	7	4	12	5	6	11	0	14	9	2	S_8
2	7	11	4	1	9	12	14	2	0	6	10	13	15	3	5	8	
3	2	1	14	7	4	10	8	13	15	12	9	0	3	5	6	11	

高等学校信息安全专业规划教材

c. 置换运算 P。

置换运算 P 把 S 盒输出的 32 位数据打乱重排，得到 32 位的加密函数结果。置换 P 与 S 盒互相配合提高 DES 的安全性。置换矩阵 P 如图 5.2.5 所示。

（3）逆初始置换 IP^{-1}。

逆初始置换 IP^{-1} 是初始置换 IP 的逆置换。它把第十六轮加密迭代的结果打乱重排，形成 64 位密文。至此，加密过程完全结束。逆初始置换的置换矩阵如图 5.2.6 所示。

16	7	20	21
29	12	28	17
1	15	23	36
5	18	31	10
2	8	24	14
32	27	3	9
19	13	30	6
22	11	4	25

图 5.2.5　置换运算 P

40	8	48	16	56	24	64	32
39	7	47	15	55	23	63	31
38	6	46	14	54	22	62	30
37	5	45	13	53	21	61	29
36	4	44	12	52	20	60	28
35	3	43	11	51	19	59	27
34	2	42	10	50	18	58	26
33	1	41	9	49	17	57	25

图 5.2.6　逆初始置换 IP^{-1}

初始置换 IP 和逆初始置换 IP^{-1} 密码意义不大，因为 IP 和 IP^{-1} 没有密钥参与，而且在其置换矩阵公开的情况下求出另一个是很容易的。它们的主要作用是把输入数据打乱重排，以打乱原始输入数据的原有格式。

2. DES 解密算法

由于 DES 的运算是对合运算，所以解密和加密可共用同一个运算，只是子密钥使用的顺序不同。把 64 位密文当做明文输入，而且第一轮解密迭代使用子密钥 k_{16}，第二轮解密迭代使用子密钥 k_{15}，第十六轮解密迭代使用子密钥 k_1，最后的输出便是 64 位明文。

解密过程可用如下的数学公式描述：

$$\begin{cases} R_{i-1} = L_i \\ L_{i-1} = R \oplus f(L_i,\ k_i) \\ i = 16,\ 15,\ 14,\ \cdots,\ 1 \end{cases} \tag{5-2-2}$$

3. DES 密钥扩展算法

64 位密钥经过置换选择 1（PC-1）、循环左移、置换选择 2（PC-2）等变换，产生 16 个圈子密钥。子密钥的产生过程如图 5.2.7 所示。

每一轮都使用不同的、从初始密钥（又称为种子密钥）K 扩展出的 48 比特圈子密钥 k_i。k_i 是一个长度为 64 的比特串，实际上它只有 56 比特密钥，在第 8 位，第 16 位，…，第 64 位为校验位，共 8 位，这主要是为了检错。在位置 8、16、…、64 的位是按下述办法给出的：使得每一个字节（8 比特长）含有奇数个 1，因此在第一个字节中的一个错误能被检测出。在轮密钥的计算中，不考虑校验位。

（1）给定一个 64 比特的密钥 K，删除 8 个校验比特位，并利用一个固定的置换 PC-1 转换 K 剩下的 56 比特，记 PC-1$(K) = C_0 D_0$，这里 C_0 是 PC-1(K) 的左 28 比特，D_0 是 PC-1(K) 的右 28 比特。

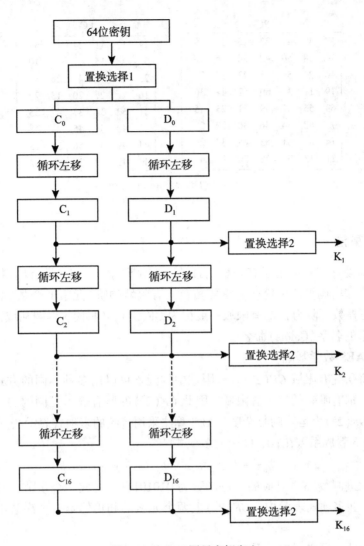

图 5.2.7 DES 圈子密钥产生

（2）对第一个 i，$1 \leqslant i \leqslant 16$，计算：

$$C_i = C_{i-1} <<< l$$
$$D_i = D_{i-1} <<< l$$
$$k_i = PC\text{-}2(C_i D_i)$$

其中当 $i = 1, 2, 9, 16$ 时，$l = 1$；$i = 3, 4, 5, 6, 7, 8, 10, 11, 12, 13, 14, 15$ 时，$l = 2$。PC-2 是另一个固定转换。置换 PC-1 和置换 PC-2 如图 5.2.8 所示。

其中产生每一个子密钥所需的循环左移位数在表 5.2.2 中给出。

表 5.2.2　　　　　　　　　　　循环左移位数表

迭代次数	1	2	3	4	5	6	7	8	9	10	11	12	13	14	15	16
循环左移称位数	1	1	2	2	2	2	2	2	1	2	2	2	2	2	2	1

			PC-1								PC-2			
57	49	41	33	25	17	9		14	17	11	24	1	5
1	58	50	42	34	26	18		3	28	15	6	21	10
10	2	59	51	43	35	27		23	19	12	4	26	8
19	11	3	60	52	44	36		16	7	27	20	13	2
63	55	47	39	31	23	15		41	52	31	37	47	55
7	62	54	46	38	30	22		30	40	51	45	33	48
14	6	61	53	45	37	29		44	49	39	56	34	53
21	13	5	28	20	12	4		46	42	30	36	29	32

图 5.2.8　置换选择 PC-1 和 PC-2

5.2.2　AES 算法

AES 算法的设计充分利用了有限域的性质。在密码学中,无限域没有特别的意义,然而,有限域在许多密码算法中扮演着重要角色。有限域的阶(元素的个数)必须是一个素数的幂 p^n,n 为正整数。阶为 p^n 的有限域一般记为 $GF(p^n)$,GF 代表珈罗瓦域,以第一位研究有限域的数学家的名字(Galois)命名。

5.2.2.1　AES 数学基础

本节我们将研究有限域 $GF(2^8)$。有限域中的元素可以用多种不同的方式表示,对于任意素数的方幂,都有唯一的一个有限域,因此 $GF(2^8)$ 的所有表示是同构的,但不同的表示方法会影响到 $GF(2^8)$ 上运算的复杂度,AES 算法采用传统的多项式表示法。将 $b_7b_6b_5b_4b_3b_2b_1b_0$ 构成的字节 b 看成系数在 $\{0, 1\}$ 中的多项式

$$b_7x^7 + b_6x^6 + b_5x^5 + b_4x^4 + b_3x^3 + b_2x^2 + b_1x + b_0$$

例如:十六进制数'57'对应的二进制数为 01010111,看成一个字节,对应的多项式为 $x^6+x^4+x^2+x+1$。在多项式表示中,$GF(2^8)$ 上两个元素的和仍然是一个次数不超过 7 的多项式,

其系数等于两个元素对应项系数的模 2 加(比特异或)。

例如:'57'+'83'='D4',用多项式表示为:

$$(x^6+x^4+x^2+x+1)+(x^7+x+1) = x^7 + x^6 + x^4 + x^2 (\bmod m(x))$$

用二进制表示为 01010111+10000011 = 11010100,由于每个元素的加法逆元等于自身,所以减法和加法相同。

要计算 $GF(2^8)$ 上的乘法,必须先确定一个 $GF(2)$ 上的 8 次的不可约多项式;$GF(2^8)$ 上两个元素的乘积就是这两个多项式的模乘(以这个 8 次不可约多项式为模)。对于 AES 密码,这个 8 次不可约多项式确定为:$m(x) = x^8+x^4+x^3+x+1$,它的十六进制表示为'11B'。

例如:'57'·'83'='C1',可表示为以下的多项式乘法:

$$(x^6+x^4+x^2+x+1) \cdot (x^7+x+1) = x^7 + x^6 + 1 (\bmod m(x))$$

乘法运算虽然不是标准的按字节的运算,但也是比较简单的计算部件。

以上定义的乘法满足交换律,且单位元为'01'。另外,对任何次数小于 8 的多项式 $b(x)$,可用推广的欧几里得算法得

$$b(x)a(x) + m(x)c(x) = 1$$

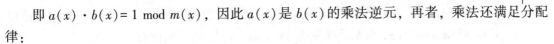

即 $a(x) \cdot b(x) = 1 \bmod m(x)$，因此 $a(x)$ 是 $b(x)$ 的乘法逆元，再者，乘法还满足分配律：

$$a(x) \cdot (b(x)+c(x)) = a(x) \cdot b(x) + a(x) \cdot c(x)$$

所以，256 个字节值构成的集合，在以上定义的加法和乘法运算下，构成有限域 GF(2^8)。

GF(2^8) 上还定义了一个运算，称之为 x 乘法，其定义为：

$$x \cdot b(x) = b_7 x^8 + b_6 x^7 + b_4 x^5 + b_3 x^4 + b_2 x^3 + b_1 x^2 + b_0 x \pmod{m(x)}$$

如果 $b_7 = 0$，求模结果不变，否则为乘积结果减去 $m(x)$，即求乘积结果与 $m(x)$ 的异或。由此得出 x（十六进制数 '02'）乘 $b(x)$ 可以先对 $b(x)$ 在字节内左移一位(最后一位补 0)，若 $b_7 = 1$，则再与 '1B'（其二进制为 00011011）做逐比特异或来实现，该运算记为 $b = x\mathrm{time}(a)$。x 的幂乘运算可以重复应用 $x\mathrm{time}$ 来实现，而任意常数乘法可以通过对中间结果相加实现。

例如，可按如下方式实现 '57' · '13'：

'57' · '02' $= x\mathrm{time}(57) =$ 'AE';　　'57' · '04' $= x\mathrm{time}(\mathrm{AE}) =$ '47';

'57' · '08' $= x\mathrm{time}(47) =$ '8E';　　'57' · '10' $= x\mathrm{time}(8\mathrm{E}) =$ '07';

'57' · '13' $=$ '57' · ('01' $\oplus$ '02' $\oplus$ '10') $=$ '57' $\oplus$ 'AE' $\oplus$ '07' $=$ 'FE'

4 个字节构成的向量可以表示为系数在 GF(2^8) 上的次数小于 4 的多项式。多项式的加法就是对应系数相加；即多项式的加法就是 4 字节向量的逐比特异或。

规定多项式的乘法运算必须取模 $M(x) = x^4 + 1$，这样使得多项式的乘积仍然是一个次数小于 4 的多项式，将多项式的模乘运算记为 $\otimes$，设

$$a(x) = a_3 x^3 + a_2 x^2 + a_1 x + a_0, \quad b(x) = b_3 x^3 + b_2 x^2 + b_1 x + b_0,$$

则 $c(x) = a(x) \otimes b(x) = c_3 x^3 + c_2 x^2 + c_1 x + c_0$。

由于 $x^j \bmod (x^4 + 1) = x^{j \bmod 4}$，所以

$$c_0 = a_0 b_0 \oplus a_3 b_1 \oplus a_2 b_2 \oplus a_1 b_3;　　c_1 = a_1 b_0 \oplus a_0 b_1 \oplus a_3 b_2 \oplus a_2 b_3;$$
$$c_2 = a_2 b_0 \oplus a_1 b_1 \oplus a_0 b_2 \oplus a_3 b_3;　　c_3 = a_3 b_0 \oplus a_2 b_1 \oplus a_1 b_2 \oplus a_0 b_3$$

可将上述计算表示为

$$\begin{pmatrix} c_0 \\ c_1 \\ c_2 \\ c_3 \end{pmatrix} = \begin{pmatrix} a_0 & a_3 & a_2 & a_1 \\ a_1 & a_0 & a_3 & a_2 \\ a_2 & a_1 & a_0 & a_3 \\ a_3 & a_2 & a_1 & a_0 \end{pmatrix} = \begin{pmatrix} b_0 \\ b_1 \\ b_2 \\ b_3 \end{pmatrix}$$

注意到 $M(x)$ 不是 GF(2^8) 上的不可约多项式(甚至也不是 GF(2) 上的不可约多项式)，因为此非 0 多项式的乘法运算不是群运算。不过 AES 密码中，对多项式 $b(x)$，乘法运算只限于乘一个固定逆元的多项式 $a(x) = a_3 x^3 + a_2 x^2 + a_1 x + a_0$。

定理 5.1　系数在 GF(2^8) 上的多项式 $a_3 x^3 + a_2 x^2 + a_1 x + a_0$ 是模 $x^4 + 1$ 可逆的，当且仅当矩阵

$$\begin{pmatrix} a_0 & a_3 & a_2 & a_1 \\ a_1 & a_0 & a_3 & a_2 \\ a_2 & a_1 & a_0 & a_3 \\ a_3 & a_2 & a_1 & a_0 \end{pmatrix}$$

在 GF(2^8) 上可逆。

证明：$a_3x^3+a_2x^2+a_1x+a_0$ 是模 x^4+1 可逆的，当且仅当存在多项式 $h_3x^3+h_2x^2+h_1x+h_0$ 使得 $(a_3x^3+a_2x^2+a_1x+a_0)(h_3x^3+h_2x^2+h_1x+h_0)=1 \bmod (x^4+1)$，因此有

$$(a_3x^3+a_2x^2+a_1x+a_0)(h_2x^3+h_1x^2+h_0x+h_3)=x \bmod (x^4+1)$$

$$(a_3x^3+a_2x^2+a_1x+a_0)(h_1x^3+h_0x^2+h_3x+h_2)=x^2 \bmod (x^4+1)$$

$$(a_3x^3+a_2x^2+a_1x+a_0)(h_0x^3+h_3x^2+h_2x+h_1)=x^3 \bmod (x^4+1)$$

将以上关系写成矩阵形式即得

$$\begin{pmatrix} a_0 & a_3 & a_2 & a_1 \\ a_1 & a_0 & a_3 & a_2 \\ a_2 & a_1 & a_0 & a_3 \\ a_3 & a_2 & a_1 & a_0 \end{pmatrix} \begin{pmatrix} h_0 & h_3 & h_2 & h_1 \\ h_1 & h_0 & h_3 & h_2 \\ h_2 & h_1 & h_0 & h_3 \\ h_3 & h_2 & h_1 & h_0 \end{pmatrix} = \begin{pmatrix} 1 & 0 & 0 & 0 \\ 0 & 1 & 0 & 0 \\ 0 & 0 & 1 & 0 \\ 0 & 0 & 0 & 1 \end{pmatrix}$$

$c(x)=x \otimes b(x)$ 定义为 x 与 $b(x)$ 的模 x^4+1 乘法，即

$c(x)=x \otimes b(x)=b_2x^3+b_1x^2+b_0x+b_3$。其矩阵表示中，除 $a_1 =$ '01' 外，其他所有 $a_i =$ '00'，即

$$\begin{pmatrix} c_0 \\ c_1 \\ c_2 \\ c_3 \end{pmatrix} = \begin{pmatrix} 00 & 00 & 00 & 01 \\ 01 & 00 & 00 & 00 \\ 00 & 01 & 00 & 00 \\ 00 & 00 & 01 & 00 \end{pmatrix} \begin{pmatrix} b_0 \\ b_1 \\ b_2 \\ b_3 \end{pmatrix}$$

因此，x（或 x 的幂）模乘多项式相当于对字节构成的向量进行字节循环移位。

5.2.2.2 AES 算法

1. AES 加密算法

高级加密标准 AES 属于迭代型分组密码算法。其分组长度为 128 比特，密钥长度可以独立地设置为 128、192 或 256 比特，圈数 N_r 取决于密钥长度 l_k，二者之间满足关系式 $N_r = 6+l_k/32$。具体关系如表 5.2.3 所示。

表 5.2.3　　　　　　　　　圈数和密钥长度关系

密钥长度 l_k	128	192	256
圈数 N_r	10	12	14

AES 的加密过程如图 5.2.9 所示。待加密的 128 比特明文分组首先作为输入状态用状态矩阵（4×4 的字节矩阵）表示出来，接着与初始圈子密钥相加，进行 N_r 圈迭代，除第 N_r 圈（最后一圈）省略列变换外，每圈均包含字节代替变换、行移位变换、列混合变换和圈密钥加法 4 层。也就是说，前 N_r-1 圈每圈包含字节代替变换、行移位变换、列混合变换和圈密钥加法 4 层，而第 N_r 圈（最后一圈）只有字节代替变换、行移位变换和圈密钥加法 3 层，第 N_r 圈迭代后的结果仍是一个状态矩阵（4×4 的字节矩阵），将其恢复成状态即为密文。

下面具体介绍圈函数的 4 层变换。

（1）字节代换（ByteSub）。

字节代换是非线性变换，独立地对状态的每个字节进行。代换表（即 S-盒）是可逆的，由以下两个变换的合成得到：

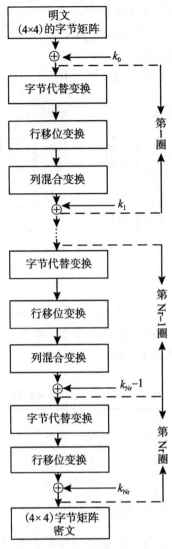

图 5.2.9 AES 加密算法

首先，将字节看作 $GF(2^8)$ 上的元素，映射到自己的乘法逆元，'00_{16}'映射到自己。并记结果为 $x_7 x_6 x_5 x_4 x_3 x_2 x_1$。

其次，对 $x_7 x_6 x_5 x_4 x_3 x_2 x_1$ 做如下的（$GF(2)$ 上的，可逆的）仿射变换（$*$）：

$$
\begin{pmatrix} y_0 \\ y_1 \\ y_2 \\ y_3 \\ y_4 \\ y_5 \\ y_6 \\ y_7 \end{pmatrix} = \begin{pmatrix} 1 & 0 & 0 & 0 & 1 & 1 & 1 & 1 \\ 1 & 1 & 0 & 0 & 0 & 1 & 1 & 1 \\ 1 & 1 & 1 & 0 & 0 & 0 & 1 & 1 \\ 1 & 1 & 1 & 1 & 0 & 0 & 0 & 1 \\ 1 & 1 & 1 & 1 & 1 & 0 & 0 & 0 \\ 0 & 1 & 1 & 1 & 1 & 1 & 0 & 0 \\ 0 & 0 & 1 & 1 & 1 & 1 & 1 & 0 \\ 0 & 0 & 0 & 1 & 1 & 1 & 1 & 1 \end{pmatrix} \begin{pmatrix} x_0 \\ x_1 \\ x_2 \\ x_3 \\ x_4 \\ x_5 \\ x_6 \\ x_7 \end{pmatrix} + \begin{pmatrix} 1 \\ 1 \\ 0 \\ 0 \\ 0 \\ 1 \\ 1 \\ 0 \end{pmatrix}
$$

字节代替变换的代替用数学式子表示为

$$S(a)=f(a^{-1})$$

其中 a^{-1} 是 a 的逆字节，f 是仿射变换（＊）。

上述 S-盒对状态的所有字节所做的变换记为 ByteSub(State)，图 5.2.10 是字节代换示意图。

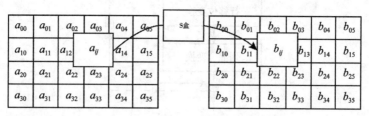

图 5.2.10　字节代换示意图

（2）行移位（ShiftRow）。

行移位是将状态阵列的各行进行循环移位，不同状态的位移量不同。第 0 行不移动，第 1 行循环左移 C_1 个字节，第 2 行循环左移 C_2 个字节，第 3 行循环左移 C_3 个字节。位移量 C_1、C_2、C_3 的取值与 N_b 有关，由表 5.2.4 给出。

表 5.2.4　　　　　　　　　　　　　对应于不同分组长度的位移量

N_b	C_1	C_2	C_3
4	1	2	3
6	1	2	3
8	1	3	4

按指定的位移量对状态的行进行的行移位运算记为 ShiftRow(State)，图 5.2.11 是移位示意图。

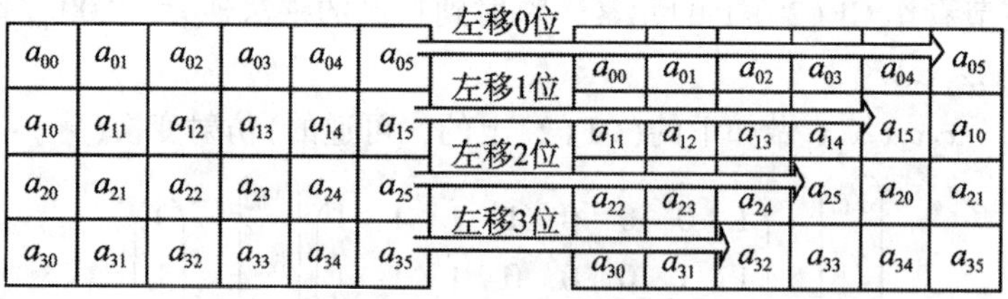

图 5.2.11　行移位示意图

ShiftRow 的逆变换是对状态阵列的后 3 列分别以位移量 N_b-C_1、N_b-C_2、N_b-C_3 进行循环移位，使得第 i 行第 j 列的字节移位到 $(j+N_b-C_i) \bmod N_b$。

（3）列混合（MixColumn）。

在列混合变换中，将状态阵列的每个列视为 $GF(2^8)$ 上的多项式，再与一个固定的多项

式 $c(x)$ 进行模 x^4+1 乘法。当然要求 $c(x)$ 是模 x^4+1 可逆的多项式，否则列混合变换就是不可逆的，因而会使不同的输入分组对应的输出分组可能相同。AES 的设计者给出的 $c(x)$ 为（系数用十六进制数表示）：

$$c(x)=`03`x^3+`01`x^2+`01`x+`02`$$

$c(x)$ 是与 x^4+1 互素的，因此是模 x^4+1 可逆的，列混合运算也可写为矩阵乘法。设 $b(x)=c(x)\otimes a(x)$，则

$$\begin{pmatrix}b_0\\b_1\\b_2\\b_3\end{pmatrix}=\begin{pmatrix}02&03&01&01\\01&02&03&01\\01&01&02&03\\03&01&01&02\end{pmatrix}\begin{pmatrix}a_0\\a_1\\a_2\\a_3\end{pmatrix}$$

这个运算需要做 $GF(2^8)$ 上的乘法，但由于所乘的因子是 3 个固定的元素 02、03、01，所以这些乘法运算仍然是比较简单的，对状态 State 的所有列所做的列混合运算记为 MixColumn(state)，图 5.2.12 是列混合运算示意图。

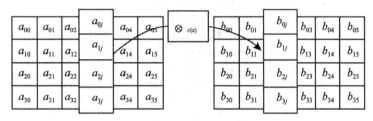

图 5.2.12 列混合运算示意图

列混合运算的逆运算是类似的，即每列都用一个特定的多项式 $d(x)$ 相乘。$d(x)$ 满足

$$(`03`x^3+`01`x^2+`01`x+`02`)\otimes d(x)=`01`$$

由此可得：

$$d(x)=`0B`x^3+`0D`x^2+`09`x+`0E`$$

（4）圈密钥加（AddRoundKey）。

密钥加是将轮密钥简单地与状态进行逐比特异或。轮密钥由种子密钥通过密钥编排算法得到，轮密钥长度等于分组长度 N_b。状态 State 与轮密钥 RoundKey 的密钥加运算表示为 AddRoundKey(State, RoundKey)，图 5.2.13 是密钥加运算示意图。

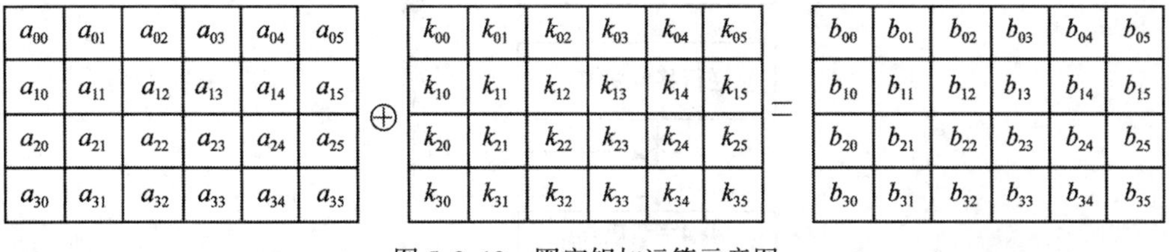

图 5.2.13 圈密钥加运算示意图

2. AES 解密算法

AES 的解密过程如图 5.2.14 所示。待脱密的 128 比特官方首先作为输入状态用状态矩

阵(4×4 的字节矩阵)表示出来，接着与初始圈子密钥相加，然后进行 N_r 迭代，除第 N_r 圈(最后一圈)省略列混合变换外，每圈均包含逆字节代替变换、逆行移位变换、逆列混合变换和圈密钥加法 4 层。也就是说，前 N_r-1 圈每圈包含逆字节代替变换、逆行移位变换、逆列混合变换和圈密钥加法 4 层，而第 N_r 圈(最后一圈)只有逆字节代替变换、逆行移位变换和圈密钥加法 3 层，第 N_r 圈迭代后的结果仍是一个状态矩阵(4×4 的字节矩阵)，将其恢复成状态即为脱密后的明文。

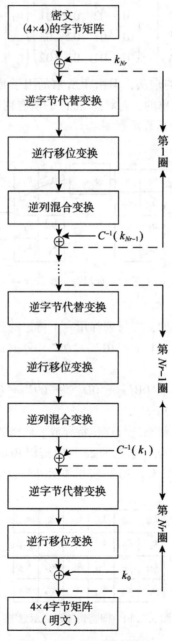

图 5.2.14   AES 脱密算法

AES 的加、脱密过程具有相似结构。这里的相似结构是指 AES 加、脱密过程中的变换序列相同，即通过将加密过程中的变换用相应的逆变换代替，以及在密钥调度中作适当变换即成为脱密过程。

（1）逆字节代替变换。

逆字节代替变换是字节代替变换的逆变换。它将状态中的第一个字节非线性地变换为另一个字节。逆字节代替变换的代替表由两个可逆变换复合而成：

① 对每一个字节 $x_7x_6x_5x_4x_3x_2x_1x_0$ 用 $GF(2)$ 上的仿射变换（＊）的逆变换作用，并记变换结果为 $y_7y_6y_5y_4y_3y_2y_1y_0$。

② 将字节 $y_7y_6y_5y_4y_3y_2y_1y_0$ 变换为有限域 $GF(2)$ 中的乘法逆，规定 00_{16} 变换到其自身。

（2）逆行移位变换。

逆行移位是将状态阵列的各行进行循环移位，不同状态的位移量不同。第 0 行不移动，第 1 行循环右移 C_1 个字节，第 2 行循环右移 C_2 个字节，第 3 行循环右移 C_3 个字节。位移量 C_1、C_2、C_3 的取值与 N_b 有关，由表 5.2.5 给出。

表 5.2.5　　　　　　　　　　　　对应于不同分组长度的位移量

N_b	C_1	C_2	C_3
4	1	2	3
6	1	2	3
8	1	3	4

（3）逆列混合变换。

逆列混合变换是列混合变换的逆变换。逆列混合变换对状态矩阵逐列进行变换，它将状态矩阵的每一列构成的字视为有限域 $GF(2^8)$ 上的一个多项式且与一个固定多项式

$$c^{-1}(x) = 0b_{16}x^3 \oplus 0d_{16}x^2 \oplus 09_{16}x \oplus 0e_{16}$$

（模 $x^4 \oplus 1$）相乘，所得结果对应的字构成的列即为逆列混合变换的结果。这是所用的固定多项式 $c^{-1}(x)$ 是列混合变换中所用的固定多项式 $c(x)$ 的逆元。

（4）脱密算法中的圈子密钥。

AES 脱密算法的初始圈和最后一圈的圈子密钥分别是加密算法的最后圈和初始圈的圈子密钥，脱密算法的第 1 圈到第 N_r-1 的圈子密钥分别是加密算法的第 N_r-1 圈到第 1 圈的圈子密钥经逆列混合变换后得到的。即若设加密算法的圈子密钥依次为 k_0, k_1, …, k_{Nr-1}, k_{Nr}, 则脱密算法的圈子密钥为 k_{Nr}, $C^{-1}(k_{Nr-1})$, …, $C^{-1}(k_1)$, k_0, 其中 $C^{-1}(\ast)$ 指对 ＊ 进行逆列混合变换。

3. AES 密钥扩展算法

由于在 AES 加密过程中，初始圈和 N_r 圈迭代中的每一圈各需一个 4 各自（共计 128 比特）的圈子密钥，因此 AES 加密共需 N_r+1 个 4 个字的圈子密钥，共计 $4(N_r+1)$ 个字。

AES 的密钥扩展算法具体由两部分组成：

（1）密钥扩展。

密钥扩展是通过密钥生成算法将初始密钥扩展成 $4(N_r+1)$ 个字的直线阵列，不妨记为 W[0], W[1], …, W[$4N_r+3$], 其中最前面的 N_k（$N_k=l_k/32$, l_k 为密钥长度）个字 W[0], W

高等学校信息安全专业规划教材

[1]，…，W[N_k-1]直接按顺序取自初始密钥，后面的每个字 W[i]由前面的字 W[i-1]和 W[i-N_k]递归定义，具体定义与 N_k 的大小有关。

（2）圈子密钥的选取。

圈子密钥按顺序取自扩展密钥，初始圈子密钥 k_0 由扩展密钥中最前面的 4 个字 W[0]，W[1]，W[2]，W[3]组成，第一圈的圈子密钥 k_1 由接下来的 4 个字 W[4]，W[5]，W[6]，W[7]组成，最后一圈（第 N_r 圈）的圈子密钥由最后的 4 个字 W[$4N_r$]，W[$4N_r+1$]，W[$4N_r+2$]，W[$4N_r+3$]组成。

5.3 国际数据加密标准

国际数据加密算法 IDEA 的分组长度为 64 比特，密钥长度为 128 比特。其加、脱密运算用的是同一个算法，二者之间不同之处仅在于密钥调度不同。其加、脱密运算是在 128 比特初始密钥作用下，对 64 比特的输入数据分组进行操作，经 8 圈迭代后，再经过一个输出变换，得到 64 比特的输出数据分组。整个运算过程全部在 16 位子分组上进行，因此该算法对 16 位处理器尤其有效。

5.3.1 IDEA 数学基础

IDEA 加密流程中主要涉及以下三种运算：

（1）$\oplus$ 表示 16 比特的逐位异或运算。

（2）+表示 16 比特整数的模 2^{16} 加法运算。

（3）$\otimes$ 表示 16 比特整数的模 $2^{16}+1$ 乘法运算，其中全零子块处理为 2^{16}。

在逐位异或、模 2^{16} 加法和模 $2^{16}+1$ 乘法这 3 个不同的群运算中，需要特别注意的是模 $2^{16}+1$ 乘法运算 $\otimes$。在该运算中输入中的 0 要用 2^{16} 代替后参与运算，运算结果中的 2^{16} 要用 0 代替后输出。模 $2^{16}+1$ 乘法运算具体如下：

（1）若 $a=0$，则：

$$ab \bmod(2^{16}+1) = \begin{cases} 1-b, & 若 b=0,1; \\ 2^{16}+1-b, & 若 2 \leq b \leq 2^{16}-1 \end{cases}$$

（2）若 $b=0$，则：

$$ab \bmod(2^{16}+1) = \begin{cases} 1-a, & 若 a=0,1; \\ 2^{16}+1-a, & 若 2 \leq a \leq 2^{16}-1. \end{cases}$$

（3）若 $a \neq 0$，$b \neq 0$，则：

$$ab \bmod(2^{16}+1) = \begin{cases} ab(\bmod 2^{16}) - ab(div 2^{16}), & 若 ab(\bmod 2^{16}) \geq ab(div 2^{16}); \\ 0, & 若 ab(\bmod 2^{16}) = ab(div 2^{16})-1; \\ ab(\bmod 2^{16}) - ab(div 2^{16}) + 2^{16}+1, & 若 ab(\bmod 2^{16}) < ab(div 2^{16})-1 \end{cases}$$

其中 $ab(div 2^{16})$ 表示 ab 除以 2^{16} 所得的商。

对于（3）我们进行简要说明，我们不妨用 $(ab)_h$ 表示 32 比特数 ab 的高 16 位，$(ab)_l$ 表示 32 比特数 ab 的低 16 位，则有：

$$ab = (ab)_h 2^{16} + (ab)_l = (ab)_h(2^{16}+1) + (ab)_l - (ab)_h$$

故

$$ab\bmod(2^{16}+1)=\begin{cases}(ab)_l-(ab)_h, & 若(ab)_l\geqslant (ab)_h;\\ 0, & 若(ab)_l=(ab)_h-1;\\ (ab)_l-(ab)_h+2^{16}+1, & 若(ab)_l<(ab)_h-1\end{cases}$$

又：

$$(ab)_l=ab(\bmod 2^{16}), \qquad (ab)_h=ab(div2^{16})$$

故(3)成立。

5.3.2 IDEA 算法

1. IDEA 加密算法

IDEA 的加密过程如图 5.3.1 所示。

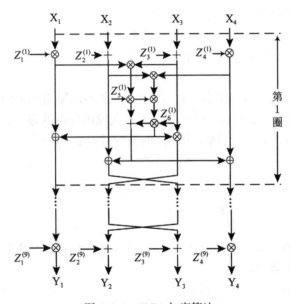

图 5.3.1   IDEA 加密算法

其中，$X_i(i=1,2,3,4)$ 是 16 比特明文子块；$Y_i(i=1,2,3,4)$ 是 16 比特密文子块；$Z_i^{(r)}$（对于 $r=1,\cdots,8,i=1,2,3,4,5,6$；对于 $r=9,i=1,2,3,4$）是 16 比特圈密钥子块。

首先，将待加密的 64 比特明文数据被分成 4 个 16 比特子块 X_1，X_2，X_3，X_4，然后将这 4 个子块作为算法第 1 圈的输入，进行 8 圈迭代。在每一圈中，有 4 个 16 比特输入子块和 6 个 16 比特圈密钥子块参与运算，相互间进行异或、相加及相乘，结果输出 4 个 16 比特子块。经过 8 圈后所得的 4 个 16 比特子块再与 4 个 16 比特圈密钥子块进行输出变换，输出变换后的结果是 42 上 16 比特圈密钥子块，它们是由 128 比特初始密钥通过密钥生成算法产生的。

IDEA 加密依次经过 8 圈迭代和输出变换，下面分别进行介绍。

设每一圈的输入为 x_1，x_2，x_3，x_4，圈密钥子块依次为 z_1，z_2，z_3，z_4，z_5，z_6，则圈变换的执行过程如下：

(1)x_1 与 z_1 相乘。

(2)x_2 与 z_2 相加。

(3)x_3 与 z_3 相加。

(4)x_4 与 z_4 相乘。

(5)将第 1 步的结果与第 3 步的结果相异或。

(6)将第 2 步的结果与第 4 步的结果相异或。

(7)将第 5 步的结果与 z_5 相乘。

(8)将第 6 步的结果与第 7 步的结果相加。

(9)将第 8 步的结果与 z_6 相乘。

(10)将第 9 步的结果与第 7 步的结果相加。

(11)将第 9 步的结果与第 1 步的结果相异或。

(12)将第 9 步的结果与第 3 步的结果相异或。

(13)将第 10 步的结果与第 2 步的结果相异或。

(14)将第 10 步的结果与第 4 步的结果相异或。

(15)将第 12 步的结果与第 13 步的结果对换。

最后输出的 4 个 16 比特子块即第 11、12、13、14 步的输出就是圈出。

在经过 8 圈迭代之后，最后有一个输出变换。设输出变换的输入为 x_1，x_2，x_3，x_4，所用的密钥子块依次为 z_1，z_2，z_3，z_4，则输出变换的执行过程如下：

(1)x_1 与 z_1 相乘。

(2)x_3 与 z_2 相加。

(3)x_2 与 z_3 相加。

(4)x_4 与 z_4 相乘。

最后输出的 4 个 16 比特子块即第 1、2、3、4 步的输出就是输出变换的输出。将这 4 个 16 比特子块级连接起来即为密文。

2. IDEA 解密算法

IDEA 的脱密过程与加密过程基本上是相同的，唯一改变的是脱密过程中所使用的 52 个 16 比特的脱密密钥子块 $k_i^{(r)}$ 是由加密密钥子块 $z_i^{(r)}$ 按下述方式计算出来的：

$$(k_1^{(r)}，k_2^{(r)}，k_3^{(r)}，k_4^{(r)}) = ((z_1^{(10-r)})^{-1}，-z_3^{(10-r)}，-z_2^{(10-r)}，(z_4^{(10-r)})^{-1}) \quad r=2，\cdots，8$$

$$(k_1^{(r)}，k_2^{(r)}，k_3^{(r)}，k_4^{(r)}) = ((z_1^{(10-r)})^{-1}，-z_2^{(10-r)}，-z_3^{(10-r)}，(z_4^{(10-r)})^{-1}) \quad r=1，9$$

$$(k_5^{(r)}，k_6^{(r)}) = (z_5^{(9-r)}，z_5^{(9-r)}) \quad r=1，\cdots，8$$

其中，z^{-1} 表示 z 的模 $2^{16}+1$ 的乘法逆，即 $z \otimes z^{-1}=1$，$-z$ 表示 z 的模 2^{16} 的加法，亦即 $-z+z=0$。加、脱密子块的关系如表 5.3.1 所示。

表 5.3.1   **IDEA 加、脱密子密钥的关系**

圈数	加密子密钥	脱密子密钥
1	$Z_1^{(1)} Z_2^{(1)} Z_3^{(1)} Z_4^{(1)} Z_5^{(1)} Z_6^{(1)}$	$(Z_1^{(9)})^{-1} -Z_2^{(9)} -Z_3^{(9)} (Z_4^{(9)})^{-1} Z_5^{(8)} Z_6^{(8)}$
2	$Z_1^{(2)} Z_2^{(2)} Z_3^{(2)} Z_4^{(2)} Z_5^{(2)} Z_6^{(2)}$	$(Z_1^{(8)})^{-1} -Z_3^{(8)} -Z_2^{(8)} (Z_4^{(8)})^{-1} Z_5^{(7)} Z_6^{(7)}$
3	$Z_1^{(3)} Z_3^{(2)} Z_3^{(3)} Z_4^{(3)} Z_5^{(3)} Z_6^{(3)}$	$(Z_1^{(7)})^{-1} -Z_3^{(7)} -Z_2^{(7)} (Z_4^{(7)})^{-1} Z_5^{(6)} Z_6^{(6)}$

圈数	加密子密钥	脱密子密钥
4	$Z_1^{(4)} Z_2^{(4)} Z_3^{(4)} Z_4^{(4)} Z_5^{(4)} Z_6^{(4)}$	$(Z_1^{(6)})^{-1} - Z_3^{(6)} - Z_2^{(6)} (Z_4^{(6)})^{-1} Z_5^{(5)} Z_6^{(5)}$
5	$Z_1^{(5)} Z_2^{(5)} Z_3^{(5)} Z_4^{(5)} Z_5^{(5)} Z_6^{(5)}$	$(Z_1^{(5)})^{-1} - Z_3^{(5)} - Z_2^{(5)} (Z_4^{(5)})^{-1} Z_5^{(4)} Z_6^{(4)}$
6	$Z_1^{(6)} Z_2^{(6)} Z_3^{(6)} Z_4^{(6)} Z_5^{(6)} Z_6^{(6)}$	$(Z_1^{(4)})^{-1} - Z_3^{(4)} - Z_2^{(4)} (Z_4^{(4)})^{-1} Z_5^{(3)} Z_6^{(3)}$
7	$Z_1^{(7)} Z_2^{(7)} Z_3^{(7)} Z_4^{(7)} Z_5^{(7)} Z_6^{(7)}$	$(Z_1^{(3)})^{-1} - Z_3^{(3)} - Z_2^{(2)} (Z_4^{(3)})^{-1} Z_5^{(2)} Z_6^{(2)}$
8	$Z_1^{(8)} Z_2^{(8)} Z_3^{(8)} Z_4^{(8)} Z_5^{(8)} Z_6^{(8)}$	$(Z_1^{(2)})^{-1} - Z_3^{(2)} - Z_2^{(2)} (Z_4^{(2)})^{-1} Z_5^{(1)} Z_6^{(1)}$
输出变换	$Z_1^{(9)} Z_2^{(9)} Z_3^{(9)} Z_4^{(9)}$	$(Z_1^{(1)})^{-1} - Z_2^{(1)} - Z_3^{(1)} (Z_4^{(1)})^{-1}$

3. IDEA 密钥生成算法

IDEA 的密钥生成算法比较简单。用于 8 圈迭代和输出变换的 52 个(8 圈迭代每圈 6 个，输出变换 4 个)16 比特密钥子块是由 128 比特初始密钥按下述方式生成的：首先将 128 比特初始密钥从左到右分成 8 个 16 比特子块，并将所得的 8 个子块直接作为最先使用的 8 个密钥子块 $Z_1^{(1)}$, $Z_2^{(1)}$, $Z_3^{(1)}$, $Z_4^{(1)}$, $Z_5^{(1)}$, $Z_6^{(1)}$, $Z_1^{(1)}$, $Z_2^{(1)}$，然后将上述 128 比特密钥循环左移 25 位，并将由此产生的 128 比特密钥再从左到右分成 8 个 16 比特子块，它们被作为随后的 8 个密钥子块 $Z_3^{(1)}$, $Z_4^{(1)}$, $Z_5^{(1)}$, $Z_6^{(1)}$, $Z_1^{(1)}$, $Z_2^{(1)}$, $Z_3^{(1)}$, $Z_4^{(1)}$，重复这个过程，直到产生 52 个 16 比特密钥子块。

与 Feistel 结构和 SPN 结构密码类似，IDEA 算法采用的 Lai-Massey 结构也采用轮函数的迭代，轮函数中均使用了用于混乱的变换和用于扩散的变换，只是对于 Feistel 结构和 SPN 结构这两种变换区分较为清晰，而对于 Lai-Massey 结构的密码，轮函数中变换的"混乱"和"扩散"的作用不易区分。

5.4 SMS4 密码算法

SMS4 是我国官方公布的第一个商用密码算法，用户 WAPI(WLAN Authentication and Privacy Infrastructure)的分组密码算法。其分组长为为 128bit，密钥长度为 128bit。加密算法与密钥扩展算法都采用 32 轮非线性迭代结构。解密算法与加密算法的结构相同，只是圈子密钥的使用顺序相反，解密圈子密钥是加密圈子密钥的逆序。

5.4.1 SMS4 加、解密算法

SMS4 算法以字为单位进行加密处理，一次迭代运算称为一轮变换，假设明文的输入为 (X_0, X_1, X_2, X_3)，密文输出为 (Y_0, Y_1, Y_2, Y_3)，SMS4 一轮迭代当前的输入为 $(X_i, X_{i+1}, X_{i+2}, X_{i+3})$，本轮的轮密钥为 rK_i，则一轮的加密变换为

$$X_{i+1} = F(X_i, X_{i+1}, X_{i+2}, X_{i+3}, rK_i)$$
$$= X_i \oplus T(X_{i+1} \oplus X_{i+2} \oplus X_{i+3} \oplus rK_i), \quad i = 0, 1, \cdots, 31$$

$\oplus$ 表示 32bit 的字相异或，T 变化包括 S 盒变换和 L 线性变换。具体如图 5.4.1 所示。

SMS4 算法共需 32 轮迭代，第 29、30、31 和 32 轮迭代输出 X_{32}、X_{33}、X_{34} 和 X_{35} 经过一个 R 变换 $R(X_{32}, X_{33}, X_{34}, X_{35}) = (X_{35}, X_{34}, X_{33}, X_{32})$，其中 X_i 为 32 位的字。

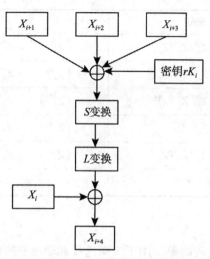

图 5.4.1　SMS4 单轮加密

S 盒变换：SMS4 采用 4 个并置的 S 盒，每个 S 盒都相同，都为 8 进 8 出 S 盒，SMS4 将 32 位的输入分成 4 个字节，分别经过 4 个 S 盒，例如 S 盒的输入为 f0，通过查表输出为 18，S 盒的构造如表 5.4.1 所示。

表 5.4.1　　　　　　　　　　　　　　**SMS4 的 S 盒**

	0	1	2	3	4	5	6	7	8	9	a	b	c	d	e	f
0	d6	90	e9	fe	cc	e1	3d	b7	16	B6	14	c2	28	fb	2c	05
1	2b	67	9a	76	2a	be	04	c3	aa	44	13	26	49	86	06	99
2	9c	42	50	f4	91	ef	98	7a	33	54	0b	42	ed	cf	ac	62
3	e4	b3	1c	a9	c9	08	e8	95	80	df	94	fa	75	8f	3f	a6
4	47	07	a7	fc	f3	73	17	ba	83	59	3c	19	e6	85	4f	a8
5	68	6b	81	b2	71	64	da	8b	f8	eb	0f	4b	70	56	9d	35
6	1e	24	0e	5e	63	58	d1	a2	25	22	7c	3b	01	21	78	87
7	d4	00	46	57	9f	d3	27	52	4c	36	02	e7	a0	c4	c8	9e
8	ea	bf	8a	d2	40	c7	38	b5	a3	f7	f2	ce	f9	61	15	a1
9	e0	ae	5d	a4	9b	34	1a	55	ad	93	32	30	f5	8c	b1	e3
a	1d	f6	e2	2e	82	66	ca	60	c0	29	23	ab	0d	53	4e	6f
b	d5	db	37	45	de	fd	8e	2f	03	ff	6a	72	6d	6c	5b	51
c	8d	1b	af	92	bb	dd	bc	7f	11	d9	5c	41	1f	10	5a	d8
d	0a	c1	31	88	a5	cd	7b	bd	2d	74	d0	12	b8	e5	b4	b0
e	89	69	97	4a	0c	96	77	7e	65	b9	f1	09	c5	6e	c6	84
f	18	f0	7d	ec	3a	dc	4d	20	79	ee	5f	3e	d7	cb	39	48

L 线性变换：设输入为 B，B 为一个 32 位的字，输出为 C，则 L 变换为 $C = L(B) = B \oplus (B<<<2) \oplus (B<<<10) \oplus (B<<<18) \oplus (B<<<24)$，$<<<$ 表示 32bit 字循环左移，L 变换具体如图 5.4.2 所示，CLS 表示 32bit 字的循环左移。

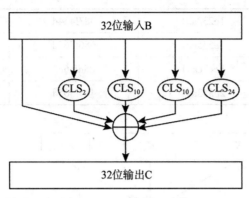

图 5.4.2 SMS4 的 L 变换

5.4.2 SMS4 密钥扩展算法

SMS4 算法的解密与加密变换结构相同，只是使用圈子密钥的顺序不同。SMS4 加密密钥为 128 位，但每轮迭代的密钥为 32 位，共需要 32 个子密钥，其密钥扩展算法如下：

设加密密钥为 $MK = (MK_0, MK_1, MK_2, MK_3)$，$MK_i$ 为 32 位的字，$i = 0, 1, 2, 3$，则圈子密钥生成算法如图 5.4.3 所示。其中，$(K_0, K_1, K_2, K_3) = (MK_0 \oplus MK_0, MK_1 \oplus FK_1, MK_2 \oplus FK_2, MK_3 \oplus FK_3)$，其中 FK_i 为系统参数。具体如表 5.4.2 所示。

表 5.4.2   **SMS4 系统参数**

FK_0	A3B1BAC6
FK_1	56AA3350
FK_2	677D9197
FK_3	B27022DC

SMS4 算法圈子密钥生成过程如图 5.4.3 所示。对于 $i = 0, 1, 2, \cdots, 31$，$rK_i = K_{i+4} = K_i \oplus T'(K_{i+1} \oplus K_{i+2} \oplus K_{i+3} \oplus CK_i)$，其中变换与加密算法中的迭代变换基本相同，只是线性变换 L 变为：$L(B) = B \oplus (B \lll 13) \oplus (B \lll 23)$，$CK_i$ 为固定参数 $(i = 0, 1, 2, \cdots, 31)$，具体如表 5.4.3 所示。

表 5.4.3   **固定参数 CK_i**

00070e15	1c232a31	383f464d	545b6269
70777e85	8c939aa1	a8afb6bd	c4cbd2d9
e0e7eef5	fc030a11	181f262d	343b4249
50575e65	6c737a81	888f969d	a4abb2b9
c0c7ced5	dce3eaf1	f8ff060d	141b2229

00070e15	1c232a31	383f464d	545b6269
30373e45	4c535a61	686f767d	848b9299
a0a7aeb5	bcc3cad1	d8dfe6ed	f4fb0209
10171e25	2c333a41	484f565d	646b7279

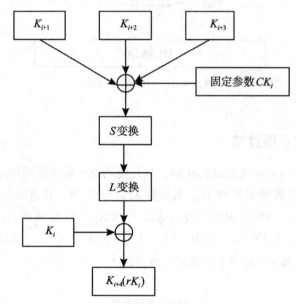

图 5.4.3　SMS4 算法圈子密钥生成图

5.5　轻量级分组密码

近五年，分组密码设计的研究进展主要体现在轻量级分组密码，国际标准化组织发布了轻量级分组密码标准 ISO/IEC 29192-2：2012，该标准包含了两个分组密码算法：Present 和 CLEFIA，此外，我国学者设计了 KLEIN 和 LBlock 轻量级分组密码算法，受到国际学者的广泛关注，同时，国际上公开发表了十几个轻量级分组密码算法，如 LED、Piccolo 和 PRINCE 等。由于轻量级分组密码是针对资源受限环境，其最初的设计理念首先考虑硬件实现代价。近几年的一些应用需求，对轻量级分组密码提出了新的设计指标，如低延迟、低功耗、易于掩码等；除了硬件性能，对于 8 位处理器上的软件实现性能也有要求。

轻量级分组密码由于特殊的应用需求，其分组长度不仅有 64 比特的版本，而且还出现了 32、48、80 和 96 比特的特殊版本。已发布的轻量级分组密码的整体结构仍然以传统的分组密码结构为主，如 SP、Feistel 和广义 Feistel 结构。轮函数一般比较简单，S 盒多采用 4×4 等规模较小的 S 盒，扩散层一般使用比特换位等适宜硬件实现的操作。因为对于整体结构没有突破，轻量级分组密码算法设计的创新主要体现在组件的设计上，对于 4×4 的 S 盒以及适宜硬件实现的线性模块的设计都取得了一定进展。

轻量级分组密码的轮函数一般比较简单，为了道道安全性的设计目标，迭代轮数都比较多，此外，很多轻量级分组密码算法都不再使用密钥扩展算法，而是将主密钥直接作为轮密钥，省去实现密钥扩展算法的代价。此类算法在一定程度上抵抗了相关密钥分析，但这种密钥使用方式使其安全性有待进一步分析评估。

5.5.1　LBlock 算法

LBlock 算法总体采用类 Feistel 结构，分组长度为 64 比特，迭代 32 轮，主密钥为 80 比特，LBlock 的一轮加密流程如图 5.5.1 所示。

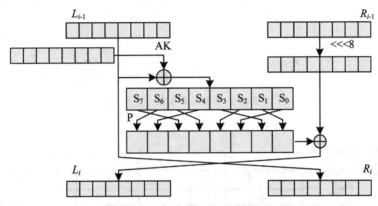

图 5.5.1　LBlock 算法一轮加密流程

（1）对于 $i = 1, \cdots, 31$，计算 $R_i = L_{i-1}$，$L_i = F(L_{i-1}, K_i) \oplus (R_{i-1} \lll 8)$；

（2）对于 $i = 32$，计算 $R_{32} = F(L_{31}, K_{32}) \oplus (R_{31} \lll 8)$，$L_{32} = L_{31}$；

（3）输出 $C = L_{32} \| R_{32}$ 为 64 比特密文。

轮函数 F 由三部分组成，分别为圈密钥加 AK，S 盒混淆以及 P 盒扩散，其中，混淆层由 8 个 4×4 的 S 盒并置而成，P 盒则以 4 比特字为单位对 S 盒变换后的结果进行置换，S 盒的定义详见文献[32]。由于采用了类 Feistel 结构，LBlock 的解密算法是加密算法的逆过程。

为了缩短圈子密钥的生成时间，减少硬件成本，LBlock 的密钥生成算法设计简单，但也存在扩散特性较差的问题。针对这一不足，Wang 等人对原算法的圈子密钥生成部分进行了改进，改进后的圈子密钥生成算法参考文献[33]。

5.5.2　MIBS 算法

MIBS 是由 Izadi 等人在 CANS 2009 上提出的一个轻量级分组密码，算法分组长度为 64 比特，支持长度为 64 比特和 80 比特的密钥，分别对应于 MIBS-64 和 MIBS-80。与其他轻量级分组密码相比，该算法硬件实现效率高，计算资源消耗少，广泛应用于 WSN 及 RFID 中。

MIBS 算法整体采用 Feistel 结构，加密轮数为 32 轮，算法所有的内部操作都是以 4 bit 为一个单位。第 i 轮的结构如图 5.5.2 所示，轮函数 F 包括圈子密钥加变换，非线性变换 S 和线性变换 P。

1. 加密过程

设 64 比特明文为 $L_0 \| R_0$，从左至右为高比特位到低比特位的排列顺序，F 函数为圈函数，具体结构如图 5.5.3 所示，加密得密文 $L_{32} \| R_{32}$ 过程如下：

高等学校信息安全专业规划教材

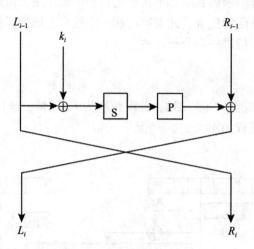

图 5.5.2　MIBS 算法第 i 轮结构

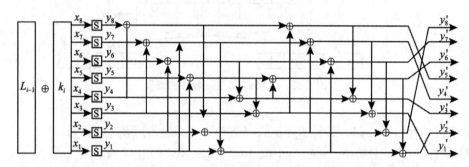

图 5.5.3　MIBS 算法 F 函数结构

对于 $1 \leqslant i \leqslant 32$，$L_i = F(L_{i-1}, k_i) \oplus R_{i-1}$。

（1）密钥加变换：$X = L_{i-1} \oplus k_i$；

（2）非线性 S 盒变换：非线性变换由 8 个相同的 4×4 S 盒并置，令 $X = x_8 \parallel x_7 \parallel x_6 \parallel x_5 \parallel x_4 \parallel x_3 \parallel x_2 \parallel x_1$，则 $y_i = S(x_i)(i=1, 2, \cdots, 8)$；

（3）线性 P 盒变换见下列公式：

$$y_1' = y_1 \oplus y_2 \oplus y_4 \oplus y_5 \oplus y_7 \oplus y_8; \quad y_2' = y_2 \oplus y_3 \oplus y_4 \oplus y_5 \oplus y_6 \oplus y_7;$$
$$y_3' = y_1 \oplus y_2 \oplus y_3 \oplus y_5 \oplus y_6 \oplus y_8; \quad y_4' = y_2 \oplus y_3 \oplus y_4 \oplus y_7 \oplus y_8;$$
$$y_5' = y_1 \oplus y_3 \oplus y_4 \oplus y_5 \oplus y_8; \quad y_6' = y_1 \oplus y_2 \oplus y_4 \oplus y_5 \oplus y_6;$$
$$y_7' = y_1 \oplus y_2 \oplus y_3 \oplus y_6 \oplus y_7; \quad y_8' = y_1 \oplus y_3 \oplus y_4 \oplus y_6 \oplus y_7 \oplus y_8;$$

$F(L_{i-1}, k_i)$ 输出为 $y_8' \parallel y_7' \parallel y_6' \parallel y_5' \parallel y_4' \parallel y_3' \parallel y_2' \parallel y_1'$。

2. 圈子密钥生成算法

设 80 比特的密钥为 $K = (K_{79}, K_{78}, \cdots, K_0)$，$[a{\sim}b]$ 表示从比特位 i 到比特位 j 之间的 $i-j+1$ 比特。由 K 经过行移位、S 盒变换及与轮常量异或得到 32 个长度为 32 比特的圈子密钥 $k_i(1 \leqslant i \leqslant 32)$ 的过程如下：

$state^1 \leftarrow K$，对于 $1 \leqslant i \leqslant 32$

（1）$state^i \leftarrow state^i > > > 19$；

（2）$state^i \leftarrow S(state^i_{[79\sim76]}) \parallel S(state^i_{[75\sim72]}) \parallel state^i_{[71\sim0]}$ ；

（3）$state^i \leftarrow state^i_{[79\sim19]} \parallel state^i_{[18\sim14]} \bigoplus Round\_Counter \parallel state^i_{[13\sim0]}$ ；

（4）$k_i \leftarrow state^i_{[79\sim48]}$.

其中>>>19 表示循环右移 19 位，圈子密钥生成算法中的 S 盒与加密算法中的 S 盒一致，*Round_Counter* 表示轮数。

5.6 差分密码分析原理与实例

5.6.1 差分密码分析基本原理

差分密码分析（Differential Cryptanalysis）是迄今已知的攻击迭代密码最有效的方法之一，其基本思想是：通过分析明文对的差值对密文对的差值的影响来恢复某些密钥比特。

对分组长度为 n 的 r 轮迭代密码，将两个 n 比特串 Y_i 和 Y_i^* 的差分定义为：

$$\Delta Y = Y_i \otimes Y_i^{*^{-1}}$$

其中：$\otimes$ 表示 n 比特串集上的一个特定群运算，$Y_i^{*^{-1}}$ 表示 Y_i^* 此群中的逆元。

加密对可得差分序列：

$$\Delta Y_0, \ \Delta Y_1, \ \cdots, \ \Delta Y_r$$

其中，Y_0 和 Y_0^* 是明文对，Y_i 和 Y_i^* 是第 i 轮的输出，它们同时也是第 $i+1$ 轮的输入。若记第 i 轮的子密钥为 K_i，轮函数为 F，则 $Y_i = F(Y_{i-1}, K_i)$。研究结果表明，迭代密码的简单轮函数 F 在如下意义通常是密码上弱的：对于 $Y_i = F(Y_{i-1}, K_i)$ 和 $Y_i^* = F(Y_{i-1}^*, K_i)$，若三元组 $(\Delta Y_{i-1}, Y_i, Y_i^*)$ 的一个或多个值是已知的，则确定子密钥 K_i 是容易的，从而，若密文对已知，并且最后一轮的输入对的差分能以某种方式得到，则一般来说，确定最后一轮的子密钥或其一部分是可行的。在差分密码分析中，通过选择具有特定差分值 α_0 的明文对 (Y_0, Y_0^*)，使得最后一轮的输入差分 ΔY_{r-1} 以很高的概率取特定值 α_{r-1} 来达到这一点。

定义 5.4 r-轮特征（r-round characteristic）Ω 是一个差分序列：

$$\alpha_0, \ \alpha_1, \ \cdots, \ \alpha_r$$

其中 α_0 是明文对 Y_0 和 Y_0^* 的差分，α_i（$1 \leq i \leq r$）是第 i 轮输出 Y_i 和 Y_i^* 的差分。r-轮特征 $\alpha_0, \ \alpha_1, \ \cdots, \ \alpha_r$ 的概率是指在明文对 Y_0 和子密钥 $K_1, \ \cdots, \ K_r$ 独立、均匀随机时，明文对 Y_0 和 Y_0^* 的差分为 α_0 的条件下，第 i 轮输出 Y_i 和 Y_i^* 的差分为 α_i 的概率。

定义 5.5 如果 r-轮特征 $\alpha_0, \ \alpha_1, \ \cdots, \ \alpha_r$ 满足条件：Y_0 和 Y_0^* 的差分为 α_0，第 i（$1 \leq i \leq r$）轮输出 Y_i 和 Y_i^* 的差分为 α_i，则称明文对 Y_0 和 Y_0^* 为特征 Ω 的一个正确对（right pair）。否则，称之为特征 Ω 的错误对（wrong pair）。

定义 5.6 $\Omega^1 = \alpha_0, \ \alpha_1, \ \cdots, \ \alpha_m$ 和 $\Omega^2 = \beta_0, \ \beta_1, \ \cdots, \ \beta_l$ 分别是 m-轮和 l-轮特征，如果 $\alpha_m = \beta_0$，则 Ω^1 和 Ω^2 可以串联为一个 $m+l$ 轮特征 $\Omega^3 = \alpha_0, \ \alpha_1, \ \cdots, \ \alpha_m, \ \beta_0, \ \beta_1, \ \cdots, \ \beta_l$。$\Omega^3$ 被称为 Ω^1 和 Ω^2 的串联（concatenation）。

定义 5.7 在 r-轮特征 $\Omega = \alpha_0, \ \alpha_1, \ \cdots, \ \alpha_r$ 中，定义：

$$p_i^{\Omega} = P(\Delta F(Y) = \alpha_i \mid \Delta Y = \alpha_{i-1})$$

即 p_i^{Ω} 表示在输入差分为 α_{i-1} 的条件下，轮函数 F 的输出差分为 α_i 的概率。

定义 5.4 中需要注意的是：轮函数 F 的操作和子密钥有关，因此，定义 5.4 中的条件概率是对所有可能的子密钥值而言。对于有些分组密码，选择合适的群运算 $\otimes$ 能保证对所有可能的子密钥值此概率是常值。

实际上，r-轮特征 $\Omega = \alpha_0, \alpha_1, \cdots \alpha_r$ 的概率可用 $\prod_{i=1}^{r} p_i^{\Omega}$ 来近似替代，因此，r-轮特征可以被看作 r 个单轮特征的串联，它的概率是 r 个单轮特征的概率的乘积。

定理 5.2 假设每一轮子密钥是统计独立且均匀分布的，则 r-轮特征 $\Omega = \alpha_0, \alpha_1, \cdots \alpha_r$ 的概率恰好是差分为 α_0 的明文对是正确对的概率。

证明：差分是 α_0 的明文对 Y_0 和 Y_0^* 是特征 $\Omega = \alpha_0, \alpha_1, \cdots \alpha_r$ 的正确对当且仅当第 i ($1 \leq i \leq r$) 轮输出 Y_i 和 Y_i^* 的差分为 α_i。因为第 i 轮 $\alpha_{i-1} \to \alpha_i$ ($\alpha_{i-1} \to \alpha_i$ 表示输入差为 α_{i-1}，输出差为 α_i) 的概率和具体的输入无关，而且又假设每一轮子密钥是统计独立且均匀分布的，所以第 i 轮 $\alpha_{i-1} \to \alpha_i$ 的概率和前面轮的作用无关。因此，差分是 α_0 的明文对是特征 Ω 的正确对的概率是每个单轮概率的乘积。

注意：在实际应用中，因为子密钥是由密钥扩展算法从种子密钥生成的，并不一定满足定理 5.2 的条件，所以特征的概率 $p^{\Omega} = \prod_{i=1}^{r} p_i^{\Omega} \alpha_{i-1}$ 并不一定是选择正确对的概率。尽管如此，理论上仍假设定用特征的概率 $p^{\Omega} = \prod_{i=1}^{r} p_i^{\Omega} \alpha_{i-1}$ 来近似地估计正确对的概率，实验表明这个假设是合理的。

对 r-轮迭代密码的差分密码分析的基本过程可总结为如下算法。

算法 5.1

第 1 步：找出一个 $(r-1)$-轮特征 $\Omega(r-1) = \alpha_0, \alpha_1, \cdots \alpha_{r-1}$，使得它的概率达到最大或几乎最大。

第 2 步：均匀随机地选择明文 Y_0。并计算 Y_0^*，并使得 Y_0 和 Y_0^* 的差分为 α_0，找出 Y_0 和 Y_0^* 在实际密钥加密下所得的密文 Y_r 和 Y_r^*。若最后一轮的子密钥 K_r（或 K_r 部分比特）有 2^m 个可能值 K_r^j ($1 \leq j \leq 2^m$)，设置相应的 2^m 个计数器 Λ_j ($1 \leq j \leq 2^m$)，用每个 K_r^j 解密密文 Y_r 和 Y_r^*，得到 Y_{r-1} 和 Y_{r-1}^*，如果 Y_{r-1} 和 Y_{r-1}^* 的差分是 α_{r-1}，则给相应的计数器 Λ_j 加 1。

第 3 步：重复第 2 步，直到一个或几个计数器的值明显高于其他计数器的值，输出它们所有对应的子密钥（或部分比特）。

在实际应用中，攻击者一般是推测 K_r 的部分比特，这是因为 K_r 的可能值太多，以至于无法实现第 2 步。把要预测的 K_r 的 k 比特的正确值记为 cpk（correct partial key），其他不正确的统统记为 ppk（pesendo partial key）。设需要 M 个选择明文对，对每个选择出的明文对 Y_0 和 Y_0^*，攻击者在第 2 步中，给出 cpk 的一些候选值，令 v 表示每次攻击所给出的候选值的平均个数，如果 Y_0 和 Y_0^* 是正确的，则 cpk 一定在候选值之中；如果 Y_0 和 Y_0^* 是错误对，则 cpk 不一定在候选值之中。在两种情况下，cpk 被选为候选值：一种是被正确对选定，它的次数是 $S = M \times p^{\Omega(r-1)}$；另一种是被错误对选定，它的次数是 $N = \dfrac{M \times v \times \lambda}{2^k}$，这是因为错误对选定 cpk 的机会和选定其他 ppk 的机会一样，而 $M \times \lambda$ 次攻击所预测的值共有 $M \times v \times \lambda$ 个。其中 λ 是在攻击的第 2 步，预先利用一些特点丢掉一部分错误对后，没有被丢掉的选择明文对的个数和 M 的比。差分密码分析的有效性和 $\dfrac{S}{N}$ 的大小有关。$\dfrac{S}{N}$ 越大，差分密码分析的成功率越高。如果 $\dfrac{S}{N} = \dfrac{2^k \times p^{\Omega(r-1)}}{v \times \lambda} \leqslant 1$，则攻击的第 3 步无法实现。因此，差分密码分析

成功的必要条件是保证 $\dfrac{S}{N} > 1$。$\dfrac{S}{N}$ 的值可以通过下面两个途径提高：一个是寻找高概率特

征；另一个是降低 $v \times \lambda$，而降低 $v \times \lambda$ 的主要技巧是降低 λ。差分密码分析所需的选择明文

对的个数和 $\dfrac{S}{N}$ 有关。实验结果表明，当 $\dfrac{S}{N} \approx 2$ 时，攻击需要的正确对个数 ω 大约是 20~40

个，因此，所需要的选择明文对的个数大约是 $\dfrac{\omega}{p^{\Omega(r-1)}}$ 个；当 $\dfrac{S}{N}$ 比较大时，有时三四个正确

对就足够了。差分密码分析方法攻击 8 轮 DES 需要 2^{14} 个选择明文，10 轮、12 轮、14 轮和
16 轮 DES 分别需要 2^{24}、2^{31}、2^{39} 和 2^{47} 个选择明文。

上面仅介绍了使用一个特征进行攻击的差分密码分析过程，但若预先知道更多高概率的
$(r-1)$ 轮特征，则有下述更有效的差分攻击方法。

设 A 是攻击者预先知道的明文差分集合，使得对于每个 $\alpha \in A$，都存在一个高概率的
$(r-1)$ 轮特征 $(\alpha, \alpha_1, \cdots, \alpha_{r-1})$。对于每对明密文对 (Y_0, Y_r) 和 (Y_0^*, Y_r^*)，如果 Y_0 和
Y_0^* 的差分 $\alpha \in A$，则利用 $(\alpha, \alpha_1, \cdots, \alpha_{r-1})$ 找出子密钥 K_r（或 K_r 的部分比特）的所有可能
值，并在相应的计数器上加 1。对每对这样的明文对重复上述操作，若子密钥 K_r（或 K_r 的部
分比特）的某些值的计数明显高于别的值的计数，则这些值将被当作实际子密钥 K_r 的可能
值，并可用其他的方法对它们做进一步的检测。

假设使用一个特征的差分密码分析需要 T 个选择明文，$|A| = N$，且 N 个特征具有大约

相同的概率，则上述攻击方法所需的选择明文大约为 $\dfrac{T}{\sqrt{N}}$ 个。

5.6.2　DES 的差分密码分析

差分密码分析最初是针对 DES 提出的一种分析方法，由 E. Biham 和 A. Shamir 在 1990
年的 Crypto 会议上发表，只攻击到 15 轮 DES，对 16 轮 DES 攻击的复杂度超过穷搜。两年
之后，在 1992 年的 Crypto 会议上，改进了以前的攻击，成功攻击到 16 轮 DES，攻击复杂度
为 2^{47} 个选择明文/密文对。

下面将介绍 DES 差分密码分析的理论依据。其次给出 DES 差分密码分析实例——对 3
轮 DES 的差分密码分析。

1. 理论依据

因为 DES 中的初始转换 IP 及其逆转换 IP^{-1} 是公开的，所以为了方便起见，忽略掉初始
置换 IP 及其逆转换 IP^{-1}，这并不影响分析。这是不局限于 16 轮 DES，考虑 n 轮 DES，$n \leqslant$
16。在 n 轮 DES 中，将 L_0R_0 视作明文，L_nR_n 是密文（注意：没有交换 L_n 和 R_n 位置）。差分分
析的基本观点是比较两个明文的异或与相应的两个官方的异或。一般地，将考虑两个具有
确定的异或值 $L_0'R_0' = L_0R_0 \oplus L_0^*R_0^*$ 的明文 L_0R_0 和 $L_0^*R_0^*$。

定义 5.8 设 S_j 是一个特定的 S 盒（$1 \leqslant j \leqslant 8$），$(B_j, B_j^*)$ 是一对长度为 6 比特的串。
将 S_j 的输入异或称为 $B_j \oplus B_j^*$，将 S_j 的输出异或称为 $S_j(B_j) \oplus S_j(B_j^*)$。

对任何 $B_j' \in Z_2^6$，记 $\Delta(B_j') = \{(B_j, B_j^*) | B_j \oplus B_j^* = B_j'\}$。易知，$|\Delta(B_j')| = 2^6 = 64$，
且 $\Delta(B_j') = \{(B_j, B_j \oplus B_j') | B_j \in Z_2^6\}$。对 $\Delta(B_j')$ 中的每一对，可以计算出 S_j 的一个输出

异或，共可计算出 64 个输出异或，它们分布在 2^4 个可能的值上，将这些分布列成表。这些分布的不均匀性将是差分密码分析的基础。

对 8 个 S 盒中的每一个，都有 64 个可能的输入异或，所以共需计算 512 个分布。这些可通过计算机容易算出。

第 i 轮的 S 盒输入可写作 $B = E \oplus J$，其中 $E = E(R_{i-1})$ 是 R_{i-1} 的扩展，$J = K_i$ 由第 i 轮的密钥比特构成。此时，输入异或（对所有的 8 个 S 盒）可通过下式来计算：

$$B \oplus B^* = (E \oplus J) \oplus (E^* \oplus J) = E \oplus E^*$$

显然，输入异或不依赖于密钥比特 J。然而，输出异或必定依赖于这些密钥比特。

将 B、E、和 J 均写成长度为 6 的比特串的级联：

$$B = B_1B_2B_3B_4B_5B_6B_7B_8$$
$$E = E_1E_2E_3E_4E_5E_6E_7E_8$$
$$J = J_1J_2J_3J_4J_5J_6J_7J_8$$

并将 B^*、E^* 和 J^* 也写成长度为 6 比特串的级联。假定对某一 j（$1 \le j \le 8$），已经知道 E_j 和 E_j^* 的值和 S_j 的输出异或的值 $C_j' = S_j(B_j) \oplus S_j(B_j^*)$。则必然有 $E_j \oplus J_j \in IN_j(E_j', C_j')$，其中 $E_j' = E_j \oplus E_j^*$。

设 E_j 和 E_j^* 是两个长度均为 6 的比特串，C_j' 是一个长度为 4 的比特串，定义 $test_j(E_j, E_j^*, C_j') = \{B_j \oplus E_j \mid B_j \in IN_j(E_j', C_j')\}$，这里 $E_j' = E_j \oplus E_j^*$。$test_j(E_j, E_j^*, C_j')$ 也就是 E_j 和集合 $IN_j(E_j', C_j')$ 中的每一个元素取异或所得的异或值所组成的集合。

综上所述，可以得出定理 5.2。

定理 5.3 设 E_j 和 E_j^* 是 S 盒 S_j 的两个输入，S_j 的输出异或是 C_j'，记 $E_j' = E_j \oplus E_j^*$，则密钥比特串 J_j 出现在集合 $test_j(E_j, E_j^*, C_j')$ 之中，即 $J_j \in test_j(E_j, E_j^*, C_j')$。

在集合 $test_j(E_j, E_j^*, C_j')$ 中恰有 $N_j(E_j', C_j')$ 个长度为 6 的比特串，J_j 的正确值必定是这些可能值中的一个。

2. 3 轮 DES 的差分密码分析

设 L_0R_0 和 $L_0^*R_0^*$ 是两对明文，对应的密文分别为 L_3R_3 和 $L_3^*R_3^*$。R_3 可以表示为

$$R_3 = L_2 \oplus f(R_2, K_3) = R_1 \oplus f(R_2, K_3) = L_0 \oplus f(R_0, K_1) \oplus f(R_2, K_3)$$

同样地，$R_3^* = L_0^* \oplus f(R_0^*, K_1) \oplus f(R_2^*, K_3)$

故 $R_3' = R_3 \oplus R_3^* = L_0' \oplus f(R_0, K_1) \oplus f(R_0^*, K_1) \oplus f(R_2, K_3) \oplus f(R_2^*, K_3)$，其中 $L_0' = L_0 \oplus L_0^*$。

现在，假定选择明文使得 $R_0 = R_0^*$，即 $R_0' = R_0 \oplus R_0^* = 00\cdots0$（因为是选择明文攻击，所以这种假定是合理的），则 $R_3' = L_0' \oplus f(R_2, K_3) \oplus f(R_2^*, K_3)$。因为 L_0、L_0^*、R_3 和 R_3^* 为已知，所以可计算出 R_3' 和 L_0'。这样 $f(R_2, K_3) \oplus f(R_2^*, K_3)$ 可由下式算出：

$$f(R_2, K_3) \oplus f(R_2^*, K_3) = R_3' \oplus L_0'$$

又 $f(R_2, K_3) = P(C)$，$f(R_2^*, K_3) = P(C^*)$，C 和 C^* 分别表示 8 个 S 盒的两个输出，所以 $P(C) \oplus P(C^*) = R_3' \oplus L_0'$。而 P 是固定的、公开的和线性的，故 $C \oplus C^* = P^{-1}(R_3' \oplus L_0')$，这正是 3 轮 DES 的 8 个 S 盒的输出异或。

另外，由于 $R_2 = L_3$ 和 $R_2^* = L_3^*$ 也是已知的（因为它们是密文的一部分），因此，使用公开知道的扩展函数 E 就可以计算 $E = E(L_3)$ 和 $E^* = E(L_3^*)$。

对 3 轮 DES 的第 3 轮，已经知道 E、E^* 和 C'，现在的问题是构造 $test_j$，$1 \le j \le 8$，$J_j \in$

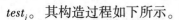

$test_j$。其构造过程如下所示。

输入：L_0R_0、$L_0^*R_0^*$、L_3R_3 和 $L_3^*R_3^*$，其中 $R_0 = R_0^*$。

(1)计算 $C' = P^{-1}(R'_3 \oplus L'_0)$。

(2)计算 $E = E(L_3)$ 和 $E^* = E(L_3^*)$。

(3)对 $j \in \{1, 2, 3, 4, 5, 6, 7, 8\}$，计算 $test_j(E_j, E_j^*, C'_j)$。

通过建立 8 个具有 64 个计数器的计数矩阵，最终只能确定 K_3 中的 $6 \times 8 = 48$ 比特密钥，而其余的 $8(65-48)$ 比特可通过搜索 2^8 种可能的情况来确定。

5.7 线性密码分析原理与实例

5.7.1 线性密码分析基本原理

线性密码分析(Linear Cryptanalysis)最早由 M. Matsui 在 1993 年的欧密会上针对 DES 提出，之后在 1994 年的美密会上，M. Matsui 改进了结果，第一次用实验给出了对 16 轮 DES 的攻击。

线性密码分析是一种已知明文攻击方法，即攻击者能获取当前密钥下的一些明文-密文对，其基本思想是利用密码算法中明文、密文和密钥的不平衡线性逼近来恢复某些密钥比特。在某些情况下，线性密码分析可用于唯密文攻击。与差分密码分析类似，目前也存在有效方法，使得设计出的分组密码能够很好地抵抗线性密码分析。

线性密码分析首先需要寻找给定分组密码的具有下列形式的"有效的"线性表达式。这里 $i_1, i_2, \cdots, i_a, j_1, j_2, \cdots, j_b$ 和 $k_1, k_2, \cdots, k_c$ 表示固定的比特位置，并且对随机给定的明文 P 和相应的密文 C，等式 5-7-1 成立的概率 $p \neq \dfrac{1}{2}$，用 $\left| p - \dfrac{1}{2} \right|$ 来刻画该等式的有效性，通常称为逼近优势。

$$P_{[i_1, i_2, \cdots, i_a]} \oplus C_{[j_1, j_2, \cdots, j_b]} = K_{[k_1, k_2, \cdots, k_c]} \tag{5-7-1}$$

怎样寻找分组密码的有效逼近呢？首先，利用统计测试的方法给出轮函数中主要密码模块的输入、输出之间的一些线性逼近及其成立的概率；其次进一步构造每一轮的输入、输出之间的纯属逼近，并计算出其成立的概率；最后将各轮的线性逼近按顺序级连起来，削除中间的变量，就得到了仅涉及明文、密文和密钥的线性逼近。

假定已获得一个有效线性表达式，可以通过基于最大似然方法推测密钥 $K_{[k_1, k_2, \cdots, k_c]}$。

算法 1

第 1 步：设 T 是使得等式 5-7-1 的左边等于 0 的明文的个数。

第 2 步：如果 $T > N/2$(N 表示明文的个数)那么当 $p > \dfrac{1}{2}$ 时，猜定 $K_{[k_1, k_2, \cdots, k_c]} = 1$；当 $p < \dfrac{1}{2}$ 时，猜定 $K_{[k_1, k_2, \cdots, k_c]} = 0$。

当 $\left| p - \dfrac{1}{2} \right|$ 充分小时，算法 1 成功的概率是 $\dfrac{1}{\sqrt{2\pi}} \int_{-2\sqrt{N}|p-\frac{1}{2}|}^{\infty} e^{-x^2/2} dx$。这个成功率只依赖于

$\sqrt{N}\left|p-\dfrac{1}{2}\right|$，并随着 N 或 $\left|p-\dfrac{1}{2}\right|$ 的增加而增加。将最有效的线性表达式（也就是 $\left|p-\dfrac{1}{2}\right|$ 最大）称为最全纯属逼近优势，简称最佳优势。

分组密码的线性逼近的概率与每一轮线性逼近的概率都有关，可由下面的堆积引理（piling-up lemma）来计算形如式（5-6-1）的成立概率。

引理 5.1（piling-up lemma） 设 $X_i(1\leqslant i\leqslant n)$ 是独立的随机变量，$\Pr(X_i=0)=p_i$，$\Pr(X_i=1)=1-p_i$，则：

$$\Pr(X_1\oplus X_2\oplus\cdots\oplus X_n=0)=\frac{1}{2}+2n-1\cdot\prod_{i=1}^{n}(p_i-1/2) \tag{5-7-2}$$

引理 5.1 可以通过对 n 做归纳法来证明。

在实际中对 n 轮 DES 进行已知明文攻击时，可以使用 $(n-1)$ 轮 DES 的最佳线性逼近。也就是说，假定最后一轮已使用 K_n 做了解密，解密结果的左边 32 比特为 $C_H\oplus f(C_L,K_n)$，右边 32 比特为 C_L。这时将 $(C_H\oplus f(C_L,K_n))\parallel C_L$ 当作 $(n-1)$ 轮 DES 密码的密文，使用 $(n-1)$ 轮 DES 的最佳线性逼近可获得：

$$P_{[i_1,i_2,\cdots,i_a]}\oplus C_{[j_1,j_2,\cdots,j_b]}\oplus f(C_L,K_n)[e_1,e_2,\cdots,e_d]=K_{[k_1,k_2,\cdots,k_c]} \tag{5-7-3}$$

式（5-7-3）与轮函数 f 及轮密钥 K_n 有关。如果在式（5-6-3）中代入一个不正确的候选值 K_n，那么这个等式的有效性显然就降低了。因此，可使得最大似然方法来推导 K_n 和 $K_{[k_1,k_2,\cdots,k_c]}$，其算法如下所示。

算法 2

第 1 步：对 K_n 的每一个候选值 $K_n^{(i)}(i=1,2,\cdots)$，设 T_i 是使得式（5-14）的左边等于 0 的明文的个数。

第 2 步：设 $T_{\max}=\max\{T_j\}_{i\leqslant 1}$，$T_{\min}\{T_i\}_{i\leqslant 1}$。

如果 $\left|T_{\max}-\dfrac{N}{2}\right|>\left|T_{\min}-\dfrac{N}{2}\right|$，那么 $T_{\max}$ 将所对应的密钥候选值作为 K_n 并猜定 $K_{[k_1,k_2,\cdots,k_c]}=0\left(\text{当 }p>\dfrac{1}{2}\right)$ 或 $1\left(\text{当 }p<\dfrac{1}{2}\text{ 时}\right)$。

如果 $\left|T_{\max}-\dfrac{N}{2}\right|<\left|T_{\min}-\dfrac{N}{2}\right|$，那么 $T_{\min}$ 将所对应的密钥候选值作为 K_n 并猜定 $K_{[k_1,k_2,\cdots,k_c]}=1\left(\text{当 }p>\dfrac{1}{2}\right)$ 或 $0\left(\text{当 }p<\dfrac{1}{2}\text{ 时}\right)$。其中 N 是给定的随机明文的个数。

设 p 是式（5-7-3）成立的概率。对一个子密钥候选值 $K_n^{(i)}$ 和一个随机变量 X，设 $q^{(i)}$ 是使得下列等式成立的概率：

$$f(X,K_n)[e_1,e_2,\cdots,e_d]=f(X,K_n^{(i)})[e_1,e_2,\cdots,e_d] \tag{5-7-4}$$

当 $\left|p-\dfrac{1}{2}\right|$ 充分小时，如果 $q^{(i)}(i=1,2,\cdots)$ 相互独立，那么算法 2 的成功率为：

$$\int_{x=-2\sqrt{N}\left|p-\frac{1}{2}\right|}\left(\prod_{K_n^{(i)}\neq K_n}\int_{-x-4\sqrt{N}\left(p-\frac{1}{2}\right)q^{(i)}}^{x+4\sqrt{N}\left(p-\frac{1}{2}\right)(1-q^{(i)})}\frac{1}{\sqrt{2\pi}}e^{\frac{-y^2}{2}}dy\right)\frac{1}{\sqrt{2\pi}}e^{\frac{-x^2}{2}}dx \tag{5-7-5}$$

这里的积分是除 K_n 外取遍所有的轮密钥候选值。由式（5-7-5）可知，算法 2 的成功率只

依赖和 e_1, e_2, $\cdots$, e_d 和 $\sqrt{N}\left(p-\dfrac{1}{2}\right)$。虽然一般地 $q^{(i)}(i=1,\ 2,\ \cdots)$ 不是相互独立的，但这个结果也是很实用的，它给出了成功率的一个比较好的估计。

5.7.2 DES 线性密码分析

首先，将对 DES 的差分密码分析和线性密码分析作一个简要比较。差分密码分析是一种选择明文攻击；而线性密码分析是一种已知明文攻击。对低轮 DES 而言，差分密码分析比线性密码分析更有效；但当攻击更多轮数时，线性密码分析比差分密码分析更有效，比如对整轮 DES，差分密码分析需要 2^{47} 个选择明文，而线性密码分析仅需要 2^{43} 个已知明文。

1. 理论依据

为讨论方便，一方面，忽略 DES 的初始置换 IP 及其逆置换 IP^{-1}，因为 IP 及 IP^{-1} 是公开的，所以这样做不会影响攻击；另一方面，引入如下记号：

P 表示 64 位比特明文；C 表示相应的 64 比特密文；

P_H 表示 P 的左边 32 比特；P_L 表示 P 的右边 32 比特；

C_H 表示 C 的左边 32 比特；C_L 表示 C 的右边 32 比特；

X_i 表示第 i 轮的 32 比特中间值；K_i 表示第 i 轮的 48 比特子密钥；

$f(X,K)$ 表示 DES 的轮函数；$A[i]$ 表示 A 的第 i 比特，有时也表示为 $A_{[i]}$；

$A_{[i,j,\cdots,k]}$ 表示 $A_{[i]}\oplus A_{[j]}\oplus\cdots A_{[k]}$，有时也表示为 $A[i,j,\cdots,k]$。

我们知道，S 盒是 DES 的核心部分，所以首先来分析 S 盒的线性逼近。对一个给定的 S 盒 $S_i(1\leqslant i\leqslant 8)$，$1\leqslant\alpha\leqslant 15$ 和 $1\leqslant\beta\leqslant 15$，定义：

$$NS_i(\alpha,\beta)=|\ \{x\ |\ 0\leqslant x\leqslant 63,\ \sum_{s=0}^{5}X_{[s]\cdot\alpha[s]}=\sum_{t=0}^{3}S_i(x)[t]\cdot\beta_{[t]}\}\ |$$

这里 $X_{[s]}$ 表示 X 的二进制表示的第 S 个比特，$S_i(x)[t]$ 表示 $S_i(x)$ 的二进制表示的第 t 个比特，$\sum$ 表示逐比特异或和，$\cdot$ 表示逐比特与运算。NS_i 度量了 S 盒 S_i 的非线性程度。对线性逼近式：

$$\sum_{s=0}^{5}(X_{[s]\cdot\alpha[s]})=\sum_{t=0}^{3}(S_i(x)[t]\cdot\beta_{[t]})\tag{5-7-6}$$

而言，$p=\dfrac{NS_i(\alpha,\beta)}{64}$。当 $NS_i(\alpha,\beta)\neq 32$ 时，式(5-17)就是一个有效的线性逼近，这里也称 S_i 的输入与输出比特相关。例如，$NS_5(16,15)=12$，这表明 S_5 的第 4 个输入比特和所有输出比特的异或值符合的概率为 $\dfrac{12}{64}=0.19$。因此，通过考虑 f 函数中的 E 扩展和 P 置换，我们可以推出，对一个固定的密钥 K 和一个随机给定的中间输入 X，下列等式成立的概率为 0.19：

$$X[15]\oplus f(X,K)[7,18,24,29]=K[22]\tag{5-7-7}$$

表 5.7.1 描述了 S 盒中 S_5 的分布表的一部分，这里垂直轴和水平轴分别表示 α 和 β，每个元素表示 $NS_5(\alpha,\beta)-32$。通过计算所有的表，我们可以看出式(5-7-7)是所有 S 盒中最有效的线性逼近(也就是说，$|NS_5(\alpha,\beta)-32|$ 是最大的)，因此，式(5-7-7)是 f 函数的最佳线性逼近。

表 5.7.1　　　　　　　　　　　　　　　部分 **S5** 分布表

	1	2	3	4	5	6	7	8	9	10	11	12	13	14	15
1	0	0	0	0	0	0	0	0	0	0	0	0	0	0	0
2	4	-2	2	-2	2	-4	0	4	0	2	-2	2	-2	0	-4
3	0	-2	6	-2	-2	4	-4	0	0	-2	6	-2	-2	4	-4
4	2	-2	0	0	2	-2	0	0	2	2	4	-4	-2	-2	0
5	2	2	-4	0	10	-6	-4	0	2	-10	0	4	-2	2	4
6	-2	-4	-6	-2	-4	2	0	0	-2	0	-2	-6	-8	2	0
7	2	0	2	-2	8	6	0	-4	6	0	-6	-2	0	-6	-4
8	0	2	6	0	0	-2	-6	-2	2	4	-12	2	6	-4	4
9	-4	6	-2	0	-4	-6	-6	6	-2	0	-4	2	-6	8	-4
10	4	0	0	-2	-6	2	2	2	2	-2	2	4	-4	-4	0
11	4	4	4	6	2	-2	-2	-2	-2	2	-2	0	-8	-4	0
12	2	0	-2	0	2	4	10	-2	4	-2	-8	-2	4	-6	-4
13	6	0	2	0	-2	4	-10	-2	0	-2	4	-2	8	-6	0
14	-2	-2	0	-2	4	0	2	-2	0	4	2	-4	6	-2	-4
15	-2	-2	8	6	4	0	2	2	4	8	-2	8	-6	2	0
16	2	-2	0	0	-2	-6	-8	0	-2	-2	-4	0	2	10	-20
17	2	-2	0	4	2	-2	-4	4	2	2	0	-8	-6	2	4
18	-2	0	-2	2	-4	-2	-8	4	6	4	6	-2	4	-6	0
19	-6	0	2	-2	4	2	0	4	-6	4	2	-6	4	-2	0
20	4	-4	0	0	0	0	0	-4	-4	4	4	0	4	-4	0
21	4	0	-4	-4	4	-8	-8	0	0	-4	4	8	4	0	4
22	0	6	6	2	-2	2	4	0	0	6	2	2	2	0	0
23	4	-6	-2	6	-2	-4	4	4	-4	-6	2	-2	2	0	4
24	6	0	2	4	-10	-4	2	2	0	-2	0	2	4	-2	-4
25	2	4	-6	0	-2	4	-2	6	8	6	4	10	0	2	-4
26	2	2	-8	-2	4	0	2	-2	0	4	2	0	-2	-2	0
27	2	6	-4	-6	0	0	2	6	8	0	-2	-4	-6	-2	0
28	0	-2	0	4	0	-6	2	-2	6	-4	0	2	2	0	0
29	4	-2	6	-8	0	-2	2	10	-2	-8	-8	2	2	0	4
30	-4	-8	0	-2	-2	-2	2	-2	2	-2	6	4	4	4	0
31	-4	8	-8	2	-6	-6	-2	-2	0	-2	-2	-8	0	0	-4
32	0	0	0	0	0	0	0	0	0	0	0	0	0	0	0

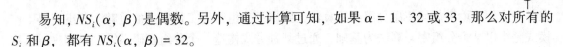

易知，$NS_i(\alpha, \beta)$ 是偶数。另外，通过计算可知，如果 $\alpha = 1$、32 或 33，那么对所有的 S_i 和 β，都有 $NS_i(\alpha, \beta) = 32$。

2.3 轮 DES 的线性密码分析

将式(5-7-7)应用于第 1 轮，可得到式(5-7-8)，该式成立的概率为 $\dfrac{12}{64}$：

$$X_2[7, 18, 24, 29] \oplus P_H[7, 18, 24, 29] \oplus P_L[15] = K_1[22] \qquad (5\text{-}7\text{-}8)$$

同理将式(5-7-7)应用于最后一轮即第 3 轮，可得式(5-7-9)，该式成立的概率为 $\dfrac{12}{64}$：

$$X_2[7, 18, 24, 29] \oplus C_H[7, 18, 24, 29] \oplus C_L[15] = K_3[22] \qquad (5\text{-}7\text{-}9)$$

将上述两式异或，可获得 3 轮 DES 的下列线性逼近表达式：

$$P_H[7, 18, 24, 29] \oplus C_H[7, 18, 24, 29] \oplus P_L[15] \oplus C_L[15] = K_1[22] \oplus K_3[22]$$
$$(5\text{-}7\text{-}10)$$

对给定随机明文 P 和相应密文 C，式(5-7-10)成立的概率为 $\left(\dfrac{12}{64}\right)^2 + \left(1 - \dfrac{12}{64}\right)^2 = 0.70$。

因式(5-7-7)是 f 函数的最佳线性逼近，所以式(5-7-11)是 3 轮 DES 的最佳线性逼近。现在我们可用算法 1 和式(5-7-11)获得 $K_1[22] \oplus K_3[22]$，需要大约 200 个已知明-密文对。

通过对一系列的明密文对的分析后，可获得关于 $K_1[22]$ 和 $K_3[22]$ 的一系列方程，从而可确定出 $K_1[22]$ 和 $K_3[22]$。

随着分组密码分析研究稳步推进，Bogdanov 等提出了零相关线性分析，该分析方法利用相关度为零的线性逼近来区分密码算法与随机置换。从 2010 年首次提出零相关线性分析到后来的多重与多维零相关线性分析模型的提出，使得零相关线性分析称为一种完备通用的分析方法在很多算法中得到了较好的应用。

在进行零相关线性分析时，首先需要构造相关系数为 0 的线性逼近，定理 1 给出了零相关线性逼近存在的充分条件。

定理 5.4　对于一个迭代型分组密码算法，若与其线性壳相对应的每条线性特征中都至少存在一对矛盾的相邻线性掩码，则该线性壳的相关系数为零。

假设攻击者已经找到一条 r 轮零相关线性逼近 $\Gamma_E \to \Gamma_D$，并拥有 N 对用当前密钥加密的明、密文对，其中，E、D 分别表示零相关线性逼近起始轮和结束轮的状态变量。对于 N 个已知明、密文对，将线性逼近 $\Gamma_E \to \Gamma_D$ 置于被攻击算法的中间轮，并利用猜测的密钥部分加密明文 P 得到中间状态 E，同时利用猜测的密钥部分解密密文 C 得到 D，对于这 N 个中间状态对 E-D，计算 $\Gamma_E^{\mathrm{T}} E \oplus \Gamma_D^{\mathrm{T}} D = 0$ 成立的概率，若上式成立的概率为 1/2，则有 $c_{\Gamma_P, \Gamma_C} = 0$，这时猜测的密钥为正确密钥，否则为错误密钥。

为了准确计算出相关系数，要求数据复杂度 $N = 2^n$，即需要利用整个明文空间来实施攻击，因此，传统零相关线性分析方法普遍存在数据复杂度高的问题，这也成为了该分析方法在实际应用中的障碍。

5.8　分组密码工作模式

分组密码在加密时，明文分组是固定的，而实际应用中待加密消息的数据量是不定的，数据格式可能是多种多样的。一般而言，分组密码算法为数据加密提供了安全性基础，至于

高等学校信息安全专业规划教材

在各种应用环境中如何使用分组密码算法，则属于分组密码工作模式的范畴。分组密码工作模式是指以某个分组密码算法为基础，通过某种方式构造一个分组密码系统，以解决对任意长度明文的加密问题，分组密码工作模式直接影响分组密码在实际应用中的安全性和有效性，常用的分组密码工作模式有电码本(ECB)模式、密码分组连接(CBC)模式、密码反馈(CFB)模式及输出反馈(OFB)模式。

5.8.1　电码本(ECB)模式

ECB(electronic codebook)模式是最简单的的运行模式，它一次对一个 64 比特长的明文分组加密，而且每次的加密密钥都相同，如图 5.7.1 所示。当密钥取定时，对明文的每一个分组，都有一个唯一的密文与之对应。因此形象地说，可以认为有一个非常大的电码本，对任意一个可能的明文分组，电码本中都有一项对应于它的密文。

如果消息长于 n 比特，则将其分为长为 n 比特的分组，最后一个分组如果不够 n 比特，需要填充。解密过程也是一次对一个分组解密，而且每次解密都使用同一密钥。图 5.7.1 中明文是由分组长为 n 比特分组序列 m_1，m_2，…，m_N 构成，相应的密文分组序列是 c_1，c_2，…，c_N。

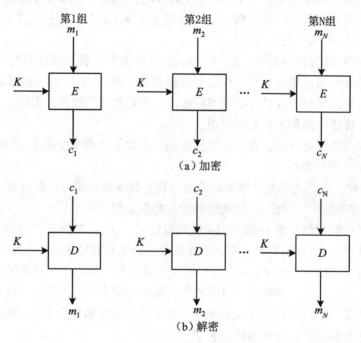

图 5.7.1　ECB 模式示意图

ECB 模式对各明文分组独立进行处理，实现较为简单，尤其是硬件实现时速度块，且一个密文分组的丢失或传输错误不影响其他分组的正确解密，即传输中的差错不会传播。但由于相同的明文分组对应于相同的密文分组，因此有可能暴露明文数据的格式规律及统计特性，使得密码分析者可按组进行重放、嵌入和删除等攻击。因此，ECB 模式对少量数据(如一个加密密钥)的加密而言是较理想的，但对于长报文而言并不安全。为了克服 ECB 模式的缺点，人们往往在加密处理中引入少量的记忆，于是提出了密码分组链接模式。

5.8.2 密码分组链接(CBC)模式

为克服 ECB 模式存在的不足,CBC(Cipher Block Chaining)模式可以让同一明文分组产生不同的密文分组,图 5.7.2 是 CBC 模式示意图,它一次对一个明文分组加密,每次加密使用同一密钥,加密算法的输入是当前明文和前一次密文分组的异或。在产生第 1 个密文分组时,需要有一个初始向量 IV 与第 1 个明文分组异或。解密时,IV 和解密算法第 1 个密文分组的输出进行异或以恢复第 1 个明文分组,IV 的值一般无需保密,当然也可将 IV 作为一个秘密参数。IV 需随消息更换,这样完全相同的消息可以被加密成不同的密文消息,不妨设 IV 为 c_0,则加密过程可表示为:

$$c_i = E_k(m_i \oplus c_{i-1}),\ i = 1,\ 2,\ \cdots$$

于是,密文分组 c_i 不仅与当前的明文分组 m_i 有关,而且由于密文分组链接的作用,它还与以前的明文分组 m_1,m_2,$\cdots$,m_{i-1} 有关,从而较好地隐蔽了明文数据的格式规律和统计特性,是一种常用的工作模式。

解密时,每一个密文分组解密后,再与前一个密文分组异或,即

$$m_i = E_k^{-1}(c_i) \oplus c_{i-1},\ i = 1,\ 2,\ \cdots$$

CBC 模式的加、解密过程如图 5.7.2 所示。

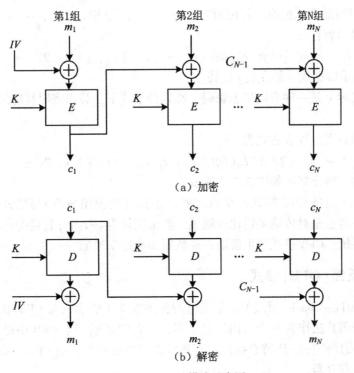

(a) 加密

(b) 解密

图 5.7.2 CBC 模式示意图

CBC 模式能够隐蔽明文数据的格式规律和统计特性,相同的明文分组未必对应着相同的密文组分,在一定程度上能够识别攻击者在密文传输中是否对数据进行了篡改,如组的重放、嵌入或删除等操作,此外,CBC 模式除能够获得保密性外,还能用于认证。

由于密码分组链接的原因，CBC 模式中一个密文分组 c_i 发生传输错误而其他密文分组均正确的情况下，由于密文分组链接的作用，则 c_i 解密后不仅导致明文 m_i 错误，而且 c_{i+1} 也不能正确解密，导致明文分组 m_{i+1} 错误，但其他密文分组解密得到的明文都是正确的，因此，一个密文分组的错误传输将导致两个密文分组无法正确解密，即 CBC 模式的错误传播长度为 2。尽管 CBC 模式很快能将比特错误恢复，但它却不能恢复同步错误。如果在密文流中增加或丢失 1bit，那么所有后续分组要移动 1bit，并且解密将全部错误。

5.8.3　密码反馈(CFB)模式

在 CBC 模式下，整个数据分组在接收完之后才能进行加密。对许多网络应用而言，这是一个问题。例如，在一个安全的网络环境中，当从某个终端输入时，它必须把每一个字符马上传给主机，这时可以使用流密码算法，也可以使用 CFB(cipher feedback)模式。事实上，若待加密的消息需按字符、比特或字节处理时，可采用 CFB 模式，并称待加密消息按 j(一般取 $j=1$ 或 $j=8$)比特处理的 CFB 模式为 j 比特 CFB 模式。在这种模式下，待加密消息每次被处理 j 个比特，前一密文分组被用来作为分组密码加密算法的输入以产生伪随机的输出，这个输出再与当前明文分组异或产生密文。各明文分组 $m_i(i=1, 2, \cdots)$ 及对应的密文 $c_i(i=1, 2, \cdots)$ 均为 j 比特长，若分组密码算法 E 的输入规模为 L(一般取 $L=64$ 或 128)比特，取 $l=\lceil L/j \rceil$ 为不小于 L/j 的最小整数，则在这种模式下，首先选取一个 $l \cdot j$ 位的初始向量 IV，IV 无需保密，但需随消息更换，并记 $IV=c_{-l+1}\cdots c_{-1}c_0$，其中 $c_0, c_{-1}, \cdots, c_{-l+1}$ 均为 j 比特块，则加密过程可表示为：

$$c_i = m_i \oplus left_j(E_k(left_L(c_{i-l}\cdots c_{i-2}c_{i-1}))), \quad i=1, 2, \cdots$$

其中 $left_j(*)$ 表示数据块 $*$ 最左边 j 比特。

CFB 模式实际上是一种自同步流密码，在这种模式下，分组密码算法用来提供复杂的非线性逻辑。

CFB 模式的解密过程表达式为：

$$m_i = c_i \oplus left_j(E_k(left_L(c_{i-l}\cdots c_{i-2}c_{i-1}))), \quad i=1, 2, \cdots$$

CFB 模式加、解密框图如图 5.7.3 所示。

CFB 模式除了具备 CBC 模式的优点之外，还具有适应用户不同数据格式需求的优点。CFB 模式的另一特点是对传输差错比较敏感，会出现长为 $l+1$ 个 j 比特分组的错误传播，从而可用于认证系统。CFB 模式的主要缺点是数据加密速率较低。

5.8.4　输出反馈(OFB)模式

OFB(Output Feed Back)模式加、解密过程如图 5.7.4 所示，与 CFB 模式类似，OFB 模式也是将分组密码算法作为一个密钥流发生器，二者的区别在于 OFB 中是将分组密码算法 E 输出的 L 比特的最左边 j 比特直接反馈至移位寄存器的右方，而 CFB 中则是将 j 比特密文单元反馈回移位寄存器。

在 OFB 模式下，各明文分组 $m_i(i=1, 2, \cdots)$ 及对应的密文 $c_i(i=1, 2, \cdots)$ 均为 j 比特长，对输入规模为 L 比特的分组密码算法 E，取 $l=\lceil L/j \rceil$ 的最小整数，首先选取一个 $l \cdot j$ 位的初始向量 IV，IV 无须保密，但需随消息更换，记 $IV=z_{-l+1}\cdots z_{-1}z_0$，其中 z_0、z_{-1}、$\cdots$、z_{-l+1} 均为 j 比特块，则加密过程可表示为：

$$z_i = left_j(E_k(left_L(z_{i-l}\cdots z_{i-2}z_{i-1}))), \quad c_i = m_i \oplus z_i, \quad i=1, 2, \cdots$$

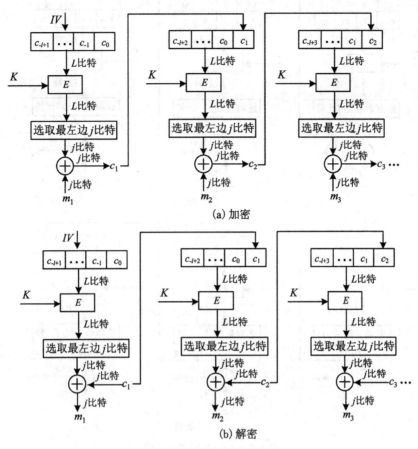

(a) 加密

(b) 解密

图 5.7.3 CFB 模式示意图

其中，$left_j(*)$ 表示数据块 $*$ 最左边 j 比特。

OFB 模式的解密过程可表示为：

$$z_i = left_j(E_k(left_L(z_{i-l}\cdots z_{i-2}z_{i-1}))),\quad m_i = c_i \oplus z_i,\quad i = 1,\ 2,\ \cdots$$

OFB 模式的优点在于克服了 CBC 和 CFB 模式中存在的错误传播现象，但同时对密文是否被篡改难于进行检测，因此无法实现完整性认证。

分组密码上述四种工作模式具有各自特点，实际应用中需根据不同的应用需求灵活选取。一般而言，ECB 模式适用于少量数据的加密保护，例如，加密密钥的传输加密等，CBC 模式适用于长报文加密或用于认证系统，CFB 模式常用于对数据格式有特殊要求的应用环境，如字符加密，或应用于认证系统，OFB 模式适用于信道质量不好且易丢失信号的通信环境，如卫星通信加密。

5.8.5 计数器(CTR)模式

CTR 模式使用与明文分组规模相同的计数器长度，但要求加密不同的分组所用的计数器值必须不同。典型地，计数器从某一初值开始，依次递增 1。计数器值经加密函数变换的结果再与明文分组异或，从而得到密文。解密时使用相同的计数器值序列，用加密函数变换后的计数器值与密文分组异或，从而恢复明文，如图 5.7.5 所示。

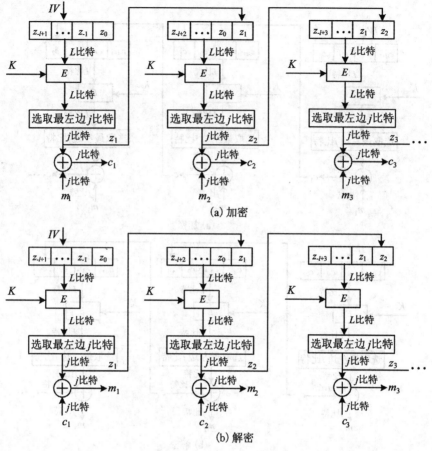

(a) 加密

(b) 解密

图 5.7.4　OFB 模式示意图

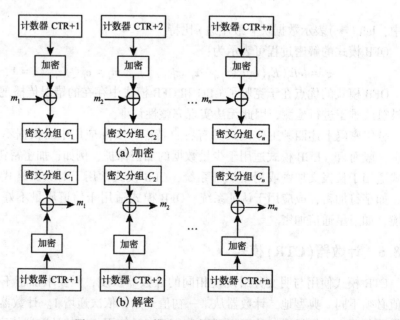

(a) 加密

(b) 解密

图 5.7.5　CTR 模式示意图

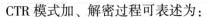

CTR 模式加、解密过程可表述为：

加密：$c_i = m_i \oplus E_k(\text{CTR}+i)$，$i = 1, 2, \cdots, n$

解密：$m_i = c_i \oplus E_k(\text{CTR}+i)$，$i = 1, 2, \cdots, n$

其中，CTR 表示计数器的初值。

CTR 模式的优缺点与 OFB 模式相同，错误传播小，且需要保持同步。

分组密码工作模式的研究始终伴随着分组密码的研究，新的分组密码标准的推出，都会伴随着相应工作模式的研究。自 AES 推出之后的近几年，国外对分组密码工作模式的研究成果很多，工作模式也已不再局限于传统意义上的加密模式、认证模式、认证加密模式，还有可变长度的分组密码、可调工作模式以及如何利用分组密码实现杂凑技术等。

习　题　5

5.1　分组密码和序列密码的区别是什么？

5.2　什么是乘积密码？分组密码的混乱与扩散原则是什么？

5.3　差分分析与线性分析的区别是什么？

5.4　在 8 位的密码反馈(CFB)模式中，若传输中一个密文发生了一位错误，这个错误将传播多远？

5.5　在密码分组链接(CBC)模式中，一个密文块的传输错误将影响几个明文块的正确还原，为什么？

5.6　求出用 DES 的 8 个 S 盒将 48 比特串 70a990f5fc36 压缩置换输出的 32 比特串(用 16 进制写出每个 S 盒的输出)。

5.7　假设 DES 算法的 8 个 S 盒都为 S_5，且 L_0 = 5F5F5F5F，R_0 = FFFFFFFF，K_1 = 555555555555，(均为 16 进制)。

(1)画出 $f(R_{i-1}, k_i)$ 函数原理图。

(2)求第一圈 S 盒的输出值。

(3)求 $f(R_0, K_1)$ 的值。

(4)求第一圈的输出值。

5.8　简述 AES 的基本变换及作用？

5.9　AES 算法定义的 $GF(2^8)$ 中两个元素的乘法运算是模二元域 $GF(2)$ 上的一个 8 次不可约多项式 $(M(x) = x^8 + x^4 + x^3 + x + 1)$ 的多项式乘法，请计算 $(5) \cdot (35)$，其中 5 和 35 均是 16 进制数。

5.10　设 DES 算法的 8 个 S 盒都为 S_1，且 R_0 = FFFFFFFF，K_1 = 555555555555，(均为 16 进制表示)，求 $F(R_0, K_1)$。

5.11　AES 算法中定义的面向 4 字节字的乘法运算是 $GF(2^8)$ 上多项式的模 $M(x)$ 乘法 $(M(x) = x^4 \oplus 1)$，试简要说明 $x$time( ) (x 乘法)可用字节的左循环移位来实现。

5.12　多输出函数 $g: Z_2^4 \rightarrow Z_2^4$ 定义为

输入	0	1	2	3	4	5	6	7	8	9	a	b	c	d	e	f
输出	c	8	b	2	3	f	e	4	1	a	7	d	5	0	6	9

试分析多输出函数 g 在输入差为 9 时，输出差的分布律。这里 Z_2^4 上的群运算定义为逐位模 2 加。

公钥密码为密码技术在计算机网络安全中的应用打开了新的窗口，也为计算机网络的发展提供了更强大的安全保障。虽然许多公开密钥密码既可以用于数据加密又可以用于数字签名，但是因为公开密钥密码的效率都比较低，因此目前公开密钥密码主要用于数字签名，或用于保护传统密码的密钥，而较少用于对数据加密。本章首先介绍公钥密码基本原理以及典型的公钥密码算法——RSA、Elgamal、椭圆曲线公钥密码算法及基于身份的公钥密码体制。

6.1 公钥密码原理

6.1.1 公钥密码产生背景

几千年来密码通信一直沿用传统的密码体制进行加、解密，但随着信息加密技术应用领域的扩大，尤其是从单纯的军事外交情报应用领域扩大到民用领域，传统密码体制在应用中暴露出越来越多的缺陷。

1. 密钥难共享

利用对称密码体制进行保密通信时，通信双方必须事先就密钥达成共识。因为通信双方必须通过安全信道共享密钥，或通过私人会面以交换密钥。如果需要发送消息给许多用户，就需要建立许多新的密钥，仅通过私人会面以共享密钥是不够的。因此，必须解决用对称密码施行保密通信中的密钥共享问题。

2. 密钥难管理

利用传统密码体制进行保密通信时，在一个有 n 个实体的网络中，每个都需要保存其余 $n-1$ 个实体的密钥，这就需要 $n(n-1)/2$ 各密钥和同样数目的保密信道。而当一个用户要加入到通信网络或一个用户要改变他的密钥时，n 或 $n-1$ 个新密钥必须通过同样数目的信道进行传输，这样密钥的分配、传送和管理就非常困难。

3. 签名和认证问题

对称密码体制可以对数据进行加、解密处理，提供数据的机密性，但因为由两个实体共享密钥，所以收方可以伪造原文，发方也可以否认所发消息，这使得在没有仲裁者的情况下不能直接提供认证和数字签名服务。而在网络通信发展中，认证和签名的需求是必不可少的，这就限制了对称密码体制的应用范围。

为此，人们希望能设计一种新的密码，从根本上克服传统密码在密钥上的困难，而且容易实现数字签名，从而适合计算机网络环境的各种应用。

6.1.2 公钥密码基本思想

20世纪70年代中期，斯坦福大学的研究生 Diffie 和教授 Hellman 一般性地研究了密码学，特别研究了密钥分发问题。他们提出了一个方案，由此能够通过公开信道建立一个共享密钥，即 Diffie-Hellman 密钥交换协议。Diffie 和 Hellman 在 1976 年发表了他们的结论，论文概述了公钥密码的思想，但并没有给出一个公钥密码算法。

公开密钥密码的基本思想是将传统密码的密钥 K 一分为二，分为加密钥 K_e，和解密钥 K_d，用加密钥 K_e 控制加密，用解密钥 K_d 控制解密，而且由计算复杂性确保由加密钥 K_e，在计算上不能推出解密钥 K_d，这样，即使是将 K_e 公开也不会暴露 K_d，也不会损害密码的安全。于是便可将 K_e 公开，而只对 K_d 保密，由于 K_e 是公开的。只有 K_d 是保密的，所以从根本上克服了传统密码在密钥分配的困难。

根据公开密钥密码的基本思想。可知一个公开密钥密码应当满足以下三个条件：

(1)解密算法 D 与加密算法 E 互逆，既对于所有明文 M 都有

$$D(E(M, K_e), K_d) = M \tag{6-1-1}$$

(2)在计算上不能由 K_e 求出 K_d。

(3)算法 E 和 D 都是高效的。

条件(1)是构成密码的基本条件，是传统密码和公开密钥密码都必须具备的起码条件。

条件(2)是公开密码的安全条件，是公开密钥密码的安全基础，而且这一条件是最难满足的。由于数学水平的原则，目前尚不能从数学上证明一个公开密钥密码完全满足这一条件，而只能证明它是不满足这一条件，这就是这一条件困难的根本原因。

条件(3)是公开密钥密码的工程条件。因为只是算法 E 和 D 都高效的，密码才能实际应用，否则，可能只有理论意义，而不能实际应用。

满足了这三个条件。便可构成一个公开密钥密码，这个密码可以确保数据的秘密性，进而，如果还要求确保数据的真实性。则还应该满足第四个条件。

(4)对于所有明文 M 都有

$$E(D(M, K_d), K_e) = M \tag{6-1-2}$$

条件(4)是公开密钥密码能够确保数据真实的基本条件。如果满足了条件(1)(2)(4)，同样可构成了一个公开密钥密码，这个密码可以确保数据的真实性。

如果同时满足以上四个条件，则公开密钥密码可以同时确保数据的秘密性和真实性。此时，对于所有的明文 M 都有

$$D(E(M, K_e), K_d) = E(D(M, K_d), K_e) = M \tag{6-1-3}$$

公开密钥密码从根本上克服了传统密码密钥分配上的困难，利用公开密钥密码进行保密通信需要成立一个密钥管理机构(KMC)，每个用户将自己的姓名、地址和公开的密钥等信息在 KMC 登记注册，将公钥记入共享的的公开密钥数据库 PKDB。KMC 负责密钥的管理，并且对用户是可信赖的。这样，用户利用公开密钥密码进行保密通信就像查电话号码簿一样方便，通信双方无须事先约定密钥，适合计算机网络应用。加上公开密钥密码实现数字签名容易，所以特别受欢迎。

公钥密码体制的设计原理与安全性还取决于该体制所依赖的加密函数的单向性。

定义 6.1 一个函数如果满足下列两个条件：

(1)对于 F 的定义域中的任何 X，可方便地求得 $Y = F(X)$。

(2)对于值域中的绝大多数 Y，通过运算很难得到相应的 X，使 $Y = F(X)$ 成立。

则函数称做单向函数。

所谓运算困难，实际上就是不能通过多项式复杂性来解决。单向函数在计算机口令系统

中是很有用的，在许多计算机系统中，各用户都有自己的口令，当用户想使用计算机时，输入对应口令，系统在口令文件中检查该口令是否合法，以决定该用户是否可以使用计算机。这种方案不太安全，因为任何能访问系统的人，均有可能从系统文件中发现某个用户 A 的口令 P_A，从而可假冒 A。

如果我们在系统中不存放 P_A，而代之以单向函数值 $F(P_A)$，则系统仍然能够验证用户的合法性，这只要对用户 A 提供的 P_A 进行计算得 $F(P_A)$，然后在存储表中比较 $F(P_A)$ 即可。但是在这种情况下，能访问该表的任何人(除 A 外)都不能求得 P_A，因为 F 的逆运算难以计算。

在密码学中，单向函数并不能用作编制密码，因为 F 的逆运算是很困难的，在计算上是不可行的，所以合法的接收者从密文 $C=F(M)$ 中不能求得明文 M。因此，我们要对单向函数进行改进，形成陷门函数，这样，就可以很方便地进行加、脱密运算了。

定义 6.2 一个函数如果满足下列两个条件：

(1)对于 F 的定义域的任何 X，可方便地求得 $Y=F(X)$。

(2)如果不知道函数 F 的构造函数，则对于值域中的绝大多数 Y，难以找到相应的 X，使 $Y=F(X)$ 成立；若知道有关函数 F 的构造特性，则可方便地求得 X，使 $Y=F(X)$ 成立。

则该函数称作陷门函数，构造函数亦称作陷门信息。

陷门函数可以用做公开密钥密码体制。是否掌握陷门信息成为是否能够脱密的关键，只要接收者将陷门信息保密起来，除他本人之外，其他人就无法还原密文。

自从 1976 年 W. Diffie 和 M. E. Hellman 教授提出公开密钥的新概念后，由于其具有优良的密码学特性和广阔的应用前景，很快便吸引了全世界的密码爱好者，他们提出了各种各样的公开密钥密码算法和应用方案。密码学进入了一个空前繁荣的阶段。然而，公开密钥密码的研究却非易事，尽管提出的算法很多，但是能经得起时间考验的却寥寥无几。经过二十几年的研究和发展，目前世界公认的比较安全的公开密钥密码有基于大合数因子分解困难性的 RSA 密码类和基于有限域上离散困难性的 ELGamal 密码类。其中，后者已被用于美国数字签名标准(DSS)。

6.1.3 公钥密码的工作方式

设 M 为明文，C 为密文，E 为公开密钥密码的加密算法，D 为解密算法。K_e 为公开的加密钥，K_d 为保密的解密钥，每个用户都分配一对密钥，而且所有用户的公开的加密密钥中 K_e 存入共享的公开密钥库 PKDB。

再设用户 A 要把数据 M 安全保密地传给用户 B，我们给出以下三种通信协议：

1. 确保数据的机密性

发方：

(1)在 PKDB 中查找 B 的公开的加密密钥 K_{eB}；

(2)A 用 K_{eB} 加密 M 得到 C；

(3)A 发 C 给 B。

收方：

(1)B 接收 C；

(2)B 用自己的保密的解密钥 K_{dB} 解密 C，得到明文 $M=D(C, K_{dB})$。

由于只有用户 B 才拥有保密的解密钥 K_{dB}，而且由公开的加密钥 K_{eB} 在计算上不能推出

保密的解密钥 K_{dB}，所以只有用户 B 才能获得明文 M，其他任何人都不能获得明文 M，从而确保了数据的秘密性。

然而，这一通信却不能确保数据的真实性。这是因为 PKDB 是共享的，任何人都可以查到 B 的公开的加密钥 K_{eB}，因此任何人都可以冒充 A 通过发假密文 $C' = E(M', K_{eB})$ 来发假数据 M' 给 B，而 B 不能发现。

为了确保数据的真实性可采用下面的通信协议。

2. 确保数据的真实性

发方：

(1) A 首先用自己的保密的解密钥 K_{dA} 解密 M，得到密文 C；

$$C = D(M, K_{dA})$$

(2) A 将 C 发送给 B。

收方：

(1) B 接收 C；

(2) B 查找 PKDB，查到 A 的公开的加密钥 K_{eA}。

(3) 用 K_{eA} 加密 C 得到 $M = E(C, K_{eA})$。

由于只有用户 A 才拥有保密的解密钥 K_{dA}，而且由公开的加密钥 K_{eA} 在计算上不能推出保密的解密钥 K_{dA}，所以只有用户 A 才能发送数据 M，其他任何人都不能冒充 A 发送数据 M，从而确保了数据的真实性。

然而，这一通信协议却不能确保数据的秘密性，这里因为 PKDB 是共享的，任何人都可以查到 A 的公开的加密钥 K_{eA}，因此任何人都可以获得数据 M。

3. 为了同时确保数据的秘密性和真实性，可将上两个协议结合起来，采用下面的通信协议。

发方：

(1) A 首先用自己的保密的解密钥 K_{dA} 解密 M，得到中间密文 S；

$$S = D(M, E_{dA})$$

(2) A 查 PKDB，查到 B 的公开的加密钥 K_{eB}。

(3) A 用 K_{eB} 加密 S 得到 C；

$$C = E(S, K_{eB})$$

(4) A 发 C 给 B。

收方：

(1) B 接收 C；

(2) B 用自己的保密的解密密钥 K_{dB} 解密 C，得到中间密文 $S = D(C, K_{dB})$；

(3) B 查 PKDB，查到 A 的公开的加密钥 K_{eA} 用 K_{eA} 加密 S 得到 $M = (S, K_{eA})$。

由于这一通信协议综合利用了上述两个通信协议，所以能够同时确保数据的秘密性和真实性。具体地，由于只有用户 A 才拥有保密的解密钥 K_{dA}，而且由公开的加密钥 K_{eA} 在计算上不能推出保密的解密钥 K_{dA}，所以只有用户 A 才能进行发方的第 (1) 步操作，才能发送数据 M，其他任何人都不能冒充 A 发送数据 M，从而确保了数据的真实性。又由于只有用户 B 才拥有保密的解密钥 K_{dB}，而且由公开的加密钥 K_{eB} 在计算上不能推出保密的解密钥 K_{dB}，所以只有用户 B 才能进行收方的第 (2) 步操作，才能获得明文 M，其他任何人都不能获得明文 M，从而确保了数据的秘密性。

6.2 RSA 公钥密码算法

1978 年，美国麻省理工学院的三名密码学者 R. L. Rivest，A. Shamir，L. M. Adleman 提出了一种基于大合数因子分解困难性的公开密钥密码，简称 RSA 密码。RSA 密码被誉为是一种风格幽雅的公开密钥密码。由于 RSA 密码，既可用于加密，又可用于数字签名，安全、易懂，因此 RSA 密码已成为目前应用最广泛的公开密钥密码。许多国家标准化组织，如 ISO，ITU 和 SWIFT 等都已接受 RSA 作为标准，Internet 网的 E-mail 保密系统 PGP 以及国际 VISA 和 MASTER 组织的电子商务协议（SET 协议）中都将 RSA 密码作为传送会话密钥和数字签名的标准。

6.2.1 RSA 算法简介

1. 双密钥生成

（1）随机地选择两个大素数 p 和 q，而且保密；

（2）计算 $n = pq$，将 n 公开；

（3）计算 $\varphi(n) = (p-1)(q-1)$ 对 $\varphi(n)$ 保密；

（4）随机地选取一个正整数 e，$1 < e < \varphi(n)$ 且 $(e, \varphi(n)) = 1$ 将 e 公开；

（5）根据 $ed = 1 \bmod \varphi(n)$，求出 d，并对 d 保密；

（6）公开加密钥 $k_e = (e, n)$ 而保密的解密钥 $k_d = (p, q, d, \varphi(n))$。

2. 加密运算

$$C = M^e \bmod n \tag{6-2-1}$$

3. 解密运算：

$$M = C^d \bmod n \tag{6-2-2}$$

RSA 算法之所以能实现正常脱密，是因为满足可逆性。

要证明加解密法可逆性，根据式(6-1-1)，即要证明：

$$M = C^d = (M^e)^d = M^{ed} \bmod n$$

因为 $ed = 1 \bmod \varphi(n)$，这说明 $ed = t\varphi(n) + 1$，其中 t 为某整数。所以

$$M^{ed} = M^{t\varphi(n)+1} \bmod n$$

因此要证明 $M^{ed} = M \bmod n$，只要证明

$$M^{t\varphi(n)+1} = M \bmod n$$

在 $(M, n) = 1$ 的情况下，根据数论知识，

$$M^{t\varphi(n)} = 1 \bmod n$$

于是有 $M^{t\varphi(n)+1} = M \bmod n$

在 $(M, n) \neq 1$ 的情况下，分两种情况：

（1）$M \in \{1, 2, 3, \cdots, n-1\}$。

因为 $n = pq$，p 和 q 为素数，$M \in \{1, 2, 3, \cdots, n-1\}$ 且 $(M, n) \neq 1$。这说明 M 必含 p 或 q 之一为其因子，而且不能同时包含着两者，否则将有 $M \geqslant n$，与 $M \in \{1, 2, 3, \cdots, n-1\}$ 矛盾。

不妨设 $M = ap$。

又因 q 为素数，且 M 不包含 q，故有 $(M, q) = 1$，于是有，

$$M^{\varphi(q)} = 1 \bmod q$$

进一步有,

$$M^{t(p-1)\varphi(q)} = 1 \bmod q$$

因为 q 是素数,$\varphi(q) = (q-1)$,所以 $t(p-1)\varphi(q) = t\varphi(n)$,所以有

$$M^{t\varphi(n)} = 1 \bmod q$$

于是,

$$M^{t\varphi(n)} = bq + 1,\quad 其中 b 为某整数。$$

两边同乘 M,

$$M^{t\varphi(n)+1} = bqM + M$$

因为 $M = ap$,故

$$M^{t\varphi(n)+1} = bqap + M = abn + M$$

取模 n 得,

$$M^{t\varphi(n)+1} = M \bmod n$$

(2)$M = 0$。

当 $M = 0$ 时,直接验证,可知命题成立。

另外,根据式(6-2-1)和式(6-2-2),

$$D(E(M)) = (M^e)^d = (M)^{ed} = (M^d)^e E(D(M)) \bmod n$$

所以根据式(6-1-3)可知,RSA 密码可同时确保数据的秘密性和数据的真实性。

6.2.2 RSA 算法的安全性

6.2.2.1 大合数因子分解难题

小合数的因子分解是容易的,然而大合数的因子分解却是十分困难的。关于大合数的因子分解的时间复杂度下限目前尚没有一般的结果。迄今为止的各种因子分解算法提示人们这一时间下限将不低于 $O(EXP(\ln N \ln \ln N)^{1/2})$。根据这一结论,只要合数足够大,进行因子分解是相当困难的。

密码分析者攻击 RSA 密码的关键点在于如何分解 n,若分解成功使 $n = pq$,则可以计算出 $\varphi(n) \equiv (p-1)(q-1)$,然后由公开的 e 通过 $ed \equiv 1 \bmod \varphi(n)$ 解出秘密的 d。

由此可见,只要能对 n 进行因子分解,便可攻破 RSA 密码,由此可得出,破译 RSA 密码的困难大于等于对 n 进行因子分解的困难性,目前尚不能证明两者是否能确切相等。因为不能确知除了对 n 进行因子分解的方法外,是否还有别的更简捷的破译方法。

因此,应用 RSA 密码应密切关注世界因子分解的进展。虽然大合数的因子分解是十分困难的,但是随着科学技术的发展,人们对大合数因子分解的能力在不断提高,而且分解所需的成本在不断下降。1994 年 4 月 2 日,由 40 多个国家的 600 多位科学家参加,通过因特网,历时 9 个月,成功地分解了 129 位的大合数,破译了 Rivest 等悬赏 100 美元的 RSA-129。1996 年 4 月 10 日又破译了 RSA-130。更令人惊喜的是,1992 年 2 月由美国、荷兰、法国、澳大利亚的数学家和计算机专家,通过互联网,历时 1 个月,成功地分解了 140 位的大合数,破译了 RSA-140。具体地,$n = 212$ 902 463 182 587 575 474 978 820 162 715 174 978 067 039 632 772 162 782 333 832 153 819 499 840 564 959 113 665 738 530 219 183 167 831 073 879 953 172 308 895 692 308 734 419 364 71 $= 339$ 871 742 302 843 855 453 012 362 761 387 583 563 398 649 596 959 742 049 092 930 277 147 9$\times 626$ 420 018 740 128 509 615 165 494 826 444

221 930 203 717 862 350 901 911 166 065 394 604 9。这是目前世界对 RSA 的最高水平的攻击，同时也代表着世界大合数因子分解能力的水平。现在，科学家们正向 512bit 的 RSA，即 RSA-154 发起冲击。我们期望这一冲击的成功。

因此，今天要应用 RSA 密码，应当采用足够大的整数 n。普遍认为，n 至应取 1024 位，最好取 2048 位。

大合数因子分解算法的研究是当前数论和密码学的一个十分活跃的领域。目前大合数因子分解的主要算法有 Pomerance 的二次筛法、Lenstra 的椭圆曲线分解算法和 Pollard 的数域筛法及广义数域筛法。要了解这些内容，请查阅有关文献。表 6.2.1 给出了采用广义数域筛法进行因子分解所需的计算资源。

表 6.2.1 因子分解所需的计算机资源

合数（位）	所需 MIPS 年
116	4×10^2
129	5×10^3
521	3×10^4
768	2×10^7
1024	3×10^{11}
2048	3×10^{20}

除了通过因子分解攻击 RSA 外，还有一些其他的攻击方法，但是都还不能对 RSA 构成有效威胁。因此完全可以认为，只要合理地选择参数，正确地使用，RSA 就是安全的。

6.2.2.2 RSA 算法参数选择

为了确保 RSA 密码的安全，RSA 的密码参数选取时需满足一定条件：

1. p 和 q 要足够大

根据目前的因子分解能力，应当选择 n 为 1024 位或 2048 位。这样，p 和 q 就应当选为 512 位或 1024 位左右。

2. p 和 q 应为强素数

定义 6.3 设 p 为素数，如果 p 满足下列 2 个条件，则称 p 为强素数或一级素数。

(1) 存在两个大素数 p_1 及 p_2，使得 $p_1|p-1$，$p_2|p+1$。

(2) 存在 4 个大素数 r_1，r_2，s_1，s_2，使得 $r_1|p_1-1$，$s_1|p_1+1$，$r_2|p_2-1$，$s_2|p_2+1$。

定义 6.3 中的"大"的数量级取决于素数 p 的用途，即取决于要抵抗哪一种攻击，而且这还是一个动态的概念，随着攻击能力的提高，"大"的数量级也应跟着增大。

3. p 和 q 的位数差不能太大也不能太小，一般为几比特

若 p 和 q 的位数差很小，因为 $n=pq$，所以可以估算 $(p+q)/2=n^{1/2}$。例如，设 $p=2$，$q=3$，$n=6$，$(p+q)/2=2.5$，而 $n^{1/2}=2.45$，完全可以用 $n^{1/2}$ 来估算 $(p+q)/2$。

又因为 $((p+q)/2)^2-n=((p-q)/2)^2$，所以在估算出 $(p+q)/2$ 的值后，便可计算出上式左边的值。因为假设 p 和 q 的位数差很小，所以上式左边的值很小。于是可以通过实验得出 $(p-q)/2$，进而求出 p 和 q。p 和 q 的位数差又不能相差很大，若很大，可通过尝试法，从小的素数用依次试验的方法分解 n。

例 6.1 假设 p 和 q 的差很小，令 $n = 164\ 009$，$n^{1/2} \approx 405$，于是可以估计 $(p+q)/2 = 405$。计算 $((p+q)/2)^2 - n = ((p-q)/2)^2 = 405^2 - n = 16 = 4^2$，进一步知道 $(p-q)/2 = 4$，于是可得 $p = 409$，$q = 401$。

4. 有时在给定的条件下，找到的 $d = e$，这样的密钥是不符合要求的，必须将 d 和 e 同时舍弃

例如，设 $p = 3$，$q = 7$，取 $e = 5$，则 $n = 3 \times 7 = 21$，$\varphi(n) = (3-1) \times (7-1) = 12$，满足条件

$$de \equiv 1 \pmod{\varphi(n)}$$

的 d 只有 5，此时 $d = e$，所以这样的密钥对是不符合要求的。

5. $(p-1)$ 和 $(q-1)$ 的最大公因子要小

在仅知密文攻击中，设攻击者截获了某个密文

$$C_1 = M^e \bmod n$$

攻击者进行迭代加密攻击，即令 $i = 2$，3，$\cdots$，依次计算式 (6-2-3)：

$$C_i = (C_{i-1})^e = (M)^{e^i} \bmod n \tag{6-2-3}$$

如果

$$e^i = 1 \bmod \varphi(n) \tag{6-2-4}$$

则必有

$$C_i = M \bmod n \tag{6-2-5}$$

于是，通过迭代加密获得明文，攻击成功。

如果满足 (6-2-4) 式的 i 值很小，则上述攻击计算很容易进行。根据式 (6-2-4) 和 Euler 定理，可知

$$\begin{aligned} i &= \varphi(\varphi(n)) = \varphi((p-1)(q-1)) \\ &= D\varphi(p-1)\varphi(q-1)/\varphi(D) \end{aligned} \tag{6-2-6}$$

其中，$D = ((p-1), (q-1))$ 为 $p-1$ 和 $q-1$ 的最大公因子。

由式 (6-2-6) 可知，D 越小，则 $\varphi(D)$ 就更小，从而使 i 值大。当 i 值足够大时，便可以抵抗这种攻击。因为 $p-1$ 和 $q-1$ 均为偶数，所以其有公因子 2。如果使其最大公因子为 2，便为理想情况。为此，可选择 p 和 q 为理想的强素数。

设 p 和 q 是理想的强素数，$p = 2a+1$，其中 a 为奇素数，$q = 2b+1$，其中 b 为奇素数。则 $D = 2$，$\phi(D) = 1$，根据式 (6-2-6)，

$$\begin{aligned} i &= \varphi(\varphi(n)) = \varphi((2a)(2b)) \\ &= 2\varphi(2a)\varphi(2b) = 2\varphi(a)\varphi(b) = 2(a-1)(b-1) \end{aligned}$$

例 6.2 设 $p = 17$，$q = 11$，$n = 17 \times 11 = 187$，$e = 7$，$M = 123$，则有

$$C_0 = M = 123$$

$$C_1 = (C_0)e = 123^7 \bmod 187 = 183$$

$$C_2 = (C_1)e = 183^7 \bmod 187 = 72$$

$$C_3 = (C_2)e = 72^7 \bmod 187 = 30$$

$$C_4 = (C_3)e = 30^7 \bmod 187 = 123 = M$$

$$C_5 = (C_4)e = 123^7 \bmod 187 = 183$$

可见在迭代加密过程中出现 $C_5 = C_1$，$C_4 = M$，周期 $t = 4$。$\varphi(n) = 160$，t 是 $\varphi(n)$ 的因子。

6. e 的选择

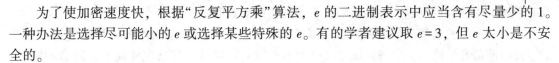

为了使加密速度快，根据"反复平方乘"算法，e 的二进制表示中应当含有尽量少的 1。一种办法是选择尽可能小的 e 或选择某些特殊的 e。有的学者建议取 $e=3$，但 e 太小是不安全的。

若 e 太小，对于小的明文 M，则有 $C=M^e<n$，加密运算未取模。于是直接对密文 C 开 e 次方，便可求出明文 M。

于是有的学者建议取 $e=2^{16}+1=65537$，其二进制表示中只有两个 1。它比 3 更安全，而且加密速度也很快。

7. d 的选择

与 e 的选择类似，为了使解密(数字签名)速度快，希望选用小的 d，但是 d 太小也是不好。当 d 小于 n 的 1/4 时，已有求出 d 的攻击方法。

8. 模数 n 的使用限制

对于给定的模数 n，满足 $e_i d_i \equiv 1 (\bmod n)$ 的加解密密钥对 (e_i, d_i) 很多，因此有人建议在通信中用同一个参数以节约存储空间，但可证明这对系统来说是有安全隐患的。

设 M 为明文，用户 A 的加密钥为 e_A，用户 B 的加密钥为 e_B，他们使用同一个模数 n。于是两个密文为

$$C_A = M^{e_A} \bmod n$$

$$C_B = M^{e_B} \bmod n$$

当 e_A 和 e_B 互素时，可利用 Euclidean 算法找出两个整数 r 和 s，满足

$$re_A + se_B = 1$$

于是 $C_A^r C_B^s = M \bmod n$。

6.3 ELGamal 公钥密码算法

ELGamal 密码是除了 RSA 密码之外最有代表性的公开密钥密码。RSA 密码建立在大整数因子分解的困难性之上，而 ELGamal 密码建立在离散对数的困难性之上。大整数因子分解和离散对数问题是目前公认的较好的单向函数。因而 RSA 密码和 ELGamal 密码是目前公认的安全的公开密钥密码，著名的美国数字签名标准 DSS，采用 ELGamal 密码的一种变形。

6.3.1 有限域上的离散对数问题

在一个有限域 $\mathrm{GF}(p)$(p 为一个大素数)上的离散对数问题可叙述为：给定一个素数 p 和 $\mathrm{GF}(p)$ 上的一个本原元 g，对于 $y \in \mathrm{GF}(p) \setminus \{0\}$，找到唯一的整数 x，$0 \le x \le p-2$，使得 $y = g^x \bmod p$ 成立。通常用 $\log_g y$ 来表示 x。一般地，如果仔细选择 p，那么认为该问题是困难的，即在计算上是不可行的。特别是目前还没有找到计算离散对数问题的多项式时间算法。换言之，对适当的大素数 p，模 p 指数运算是一个单向函数。

有限域共有素域 $\mathrm{Z}/(p)$ 和非素域 $\mathrm{GF}(p^n)$ 两种形式，其中 p 是素数。前者可用模 p 剩余类环中的运算实现，后者可借助 $\mathrm{Z}/(p)$ 上的一个不可约多项式，通过建立 p 元 n 维向量与 $n-1$ 次多项式之间的一一对应关系，利用多项式的加法和乘法实现。

一般地，设 F 是一个有限域，已知 F 中的元素 a 和 b，求解整数 x，使得

$$a^x = b$$

高等学校信息安全专业规划教材

在有限域 F 中成立的问题，称为有限域 F 上的离散对数问题。

素域 Z/p 上的离散对数的求解难度和非素域 $GF(p^n)$ 上的离散对数的求解难度是不一样的。按目前最好的算法，求解素域 $Z/(p)$ 上的离散对数的计算复杂度要高于求解非素域 $GF(p^n)$ 上离散对数的计算复杂度，因此，在利用有限域上的离散对数问题时，多将有限域选为素域 $Z/(p)$。

从 x 计算 b 是容易的，至多需要 $2 \times \log_2 p$ 次乘法运算，可是从 b 计算 x 就困难很多，利用目前最好的算法，对于选择的 p 将至少需用 $p^{1/2}$ 次以上的运算，只要 p 足够大，求解离散对数问题是相当困难的，可见，离散对数问题具有较好的单向性。

由于离散对数问题具有较好的单向性，所以离散对数问题在公钥密码学中得到广泛应用，除了 ELGamal 密码外，Diffie-Hellman 密钥分配协议和美国数字签名标准算法 DSA 等也是建立在离散对数问题之上的。

6.3.2　ELGamal 公钥密码算法

ELGamal 改进了 Diffie 和 Hellman 的基于离散对数的密钥分配协议，提出了基于离散对数的公开密钥密码和数字签名体制。下面介绍 ELGamal 公钥密码算法。

(1)系统参数生成：设 p 是一素数，满足 Z_p 中离散对数问题是难解的，a 是 Z_p^* 中的本原元，选取 $d \in [0, p-1]$，计算 $y \equiv a^d (\bmod p)$，则

私钥：$k_2 = d$。

公钥：$k_1 = (a, y, p)$。

(2)加密变换：对于待加密消息，随机选取数 $k \in [0, p-1]$，则密文为

$$E_{k1}(m, k) = (y_1, y_2)，其中，y_1 = a^k，y_2 = my^k (\bmod p)。$$

(3)解密变换：消息接收者收到密文 (y_1, y_2) 后，解密得明文为

$$m = D_{k_2}(y_1, y_2) = y_2 (y_1^d)^{-1} (\bmod p)。$$

解密的正确性可证明如下：

$$y_2 (y_1^d)^{-1} = my^k (a^{-kd}) = ma^{kd} a^{-kd} = m (\bmod p)。$$

例 6.3　设 $p = 2579$，取 $a = 2$，秘密密钥 $d = 765$，计算公开钥 $y = 2^{765} \bmod 2579 = 949$。再取明文 M = 1299，随机数 $k = 853$，则 $y_1 = 2^{853} \bmod 2579 = 435$，$y_2 = 1299 \times 949^{853} \bmod 2579 = 2369$。所以密文为 $(y_1, y_2) = (435, 2396)$。解密时计算 $M = 2396 \times (435^{765})^{-1} \bmod 2579 = 1299$。从而还原出明文。

在 ELGamal 公钥密码体制中，只利用了有限域的乘法群的性质，即只使用了乘法运算和求乘法逆的运算，并没有用到加法运算。同时，算法加密不同的明文时均需选用一个随机参数，采取了一次一密的加密思想，因此，明文空间中的一个明文可对应于密文空间中的多个不同密文。加密不同明文分组时应选用独立的随机数 k，但密文 c 不仅依赖于明文 m，而且还依赖于秘密选取的随机数 k，但秘密的解密密钥 x 可较长时间保持不变。

6.3.3　ELGamal 算法安全性分析

由于 ELGamal 密码安全性建立在 $GF(p)$ 离散对数的困难之上，而目前尚无求解 $GF(p)$ 离散对数的有效算法，所以在 p 足够大时 ELGamal 密码是安全的，为了安全，p 应为 150 位以上的十进制数，$p-1$ 应有大素因子。

此外，为了安全加密和签名所使用的 k 必须是一次性的。这是因为，如果使用的 k 不是一次性的，时间长了就可能被攻击获得。又因 y 是公开密钥，攻击者自然知道。于是攻击者就可以计算出 y^k，进而利用 Euclid 算法求出 y^{-k}。又因为攻击者可以获得密文 y_2，于是可通过计算 $y^{-k}y_2$ 得到明文 m。另外，设用同一个 k 加密两个不同的明文 m 和 m'，相应的密文为 (y_1, y_2) 和 (y_1', y_2')。因为 $y_2/y_2' = m/m'$，如果攻击者知道 m，则很容易求出 m'。

自公钥密码思想诞生依赖，人们提出了各种各样的公钥密码算法，除 RSA 算法及 ELGamal 算法外，比较有名的还有 Rabin 算法、Merkle-Hellman 背包算法、McEliece 算法、ECC 算法及基于身份的公钥密码算法等。

6.4 椭圆曲线公钥密码算法

人们对椭圆曲线的研究已有 100 多年的历史，而椭圆曲线密码（ECC）是 Koblitz 和 Miller 于 20 世纪 80 年代提出的。ELGamal 密码是建立在有限域 GF(p) 之上的。其中，p 是一个大素数，这是因为有限域 GF(p) 的乘法群中的离散对数问题是难解的。受此启发，在其他任何离散对数问题难解的群中，研究发现，有限域 GF(p) 上的椭圆曲线上的一些点构成了交换群，而且离散对数问题是难解的，于是可在此群上定义 ELGamal 密码，并称为椭圆曲线密码。目前，椭圆曲线密码已成为除了 RSA 密码之外呼声最高的密码之一，它的密钥短、签名短，软件实现规模小、硬件实现电路省电。普遍认为，160 位长的椭圆曲线密码的安全标准化组织相当于 1024 位的 RSA 密码，而且运算速度也较快，正因为如此，一些国际标准化组织已经把椭圆曲线密码作为新的信息安全标准，如 IEEE P1363/D4、ANSI F9.62、ANSIF9.63 等标准，分别规范了椭圆曲线密码在 Internet 协议安全、电子商务、Web 服务器、空间通信、移动通信、智能卡等方面的应用。

6.4.1 椭圆曲线

设 p 是大于 3 的素数，且 $4a^3 + 27b^2 \neq 0 \bmod p$，称曲线
$$y^2 = x^3 + ax + b, \ a, b \in GF(p) \tag{6-4-1}$$
为 GF(p) 上的椭圆曲线。

由椭圆曲线可得到一个同余方程：
$$y^2 = x^3 + ax + b \bmod p \tag{6-4-2}$$
其解为一个二元组 (x, y)，$x, y \in GF(p)$，将此二元组描画到椭圆曲线上便为一个点，于是又称其为解点。

为了利用解点构成交换群，需要引进一个 0 元素，并定义如下加法运算：

(1) 引进一个无穷远点 $O(\infty, \infty)$ 简记为 0，作为 0 元素。
$$O(\infty, \infty) + O(\infty, \infty) = 0 + 0 = 0 \tag{6-4-3}$$
并定义对于所有的解点 $P(x, y)$，
$$P(x, y) + 0 = 0 + P(x, y) = P(x, y) \tag{6-4-4}$$

(2) 设 $P(x_1, y_1)$ 和 $Q(x_2, y_2)$ 是解点，如果 $x_1 = x_2$ 且 $y_1 = -y_2$ 则
$$P(x_1, y_1) + Q(x_2, y_2) = 0 \tag{6-4-5}$$
这说明对于任何解点 $R(x, y)$ 的逆就是 $R(x, -y)$。

(3) 设 $P(x_1, y_1) \neq Q(x_2, y_2)$，且 P 和 Q 不互逆，则

高等学校信息安全专业规划教材

$$P(x_1, y_1) + Q(x_2, y_2) = R(x_3, y_3)$$

其中

$$x_3 = \lambda^2 - x_1 - x_2$$
$$y_3 = \lambda(x_1 - x_3) - y_1$$
$$\lambda = (y_2 - y_1)/(x_2 - x_1)$$

(4)当 $P(x_1, y_1) = Q(x_2, y_2)$ 时，

$$P(x_1, y_1) + Q(x_2, y_2) = 2P(x_1, y_1) = R(x_3, y_3)$$

其中

$$x_3 = \lambda_2 - 2x_1$$
$$y_3 = \lambda(x_1 - x_3) - y_1$$
$$\lambda = (3x_1^2 + a)/(2y_1) \tag{6-4-6}$$

容易验证，如上定义的集合 E 和加法运算构成加法交换群。

椭圆曲线及其解点的加法运算的几何意义如图 6.4.1 所示。

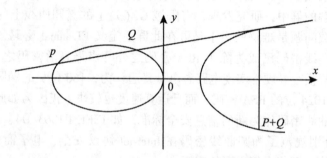

图 6.4.1 椭图曲线及其点的相加

设 $p(x_1, y_1)$ 和 $Q(x_2, y_2)$ 是椭圆曲线上的两个点，则连接 $p(x_1, y_1)$ 和 $Q(x_2, y_2)$ 的直线与椭圆的另一交点关于横轴的对称点即为 $p(x_1, y_1) + Q(x_2, y_2)$ 点。

例 6.4 取 $p = 11$，椭圆曲线 $y^2 = x^3 + x + 6$，由于 p 较小，使 $GF(p)$ 也较小。故可以利用穷举的方法根据式 6-4-2 求出所有解点，穷举法过程如表 6.4.1 所示

表 6.4.1 **椭圆曲线 $y^2 = x^3 + x + 6$ 的解点**

x	$y^2 = x^3 + x + 6 \bmod 11$	是否模 11 平方剩余	y
0	6	No	
1	8	No	
2	5	Yes	4, 7
3	3	Yes	5, 6
4	8	No	
5	4	Yes	2, 9
6	8	No	
7	4	Yes	2, 9

x	$y^2 = x^3 + x + 6 \bmod 11$	是否模 11 平方剩余	y
8	9	Yes	3, 8
9	7	No	
10	4	Yes	2, 9

（1）根据表 6.4.1 可知全部解点集为：

{(2，4)，(2，7)，(3，5)，(3，6)，(5，2)，(5，9)，(7，2)，(7，9)，(8，3)，(8，8)，(10，2)，(10，9)}。再加上无穷远点 $O(0，0)$，共 13 个点构成一个加法交换群。

（2）由于群的元素个数为 13，而 13 为素数，所以此群是循环群，而且任何一个非 0 元素都是生成元。

（3）由于是加法群，n 个元素 G 相加，$G+G+G+\cdots+G=nG$。我们取 $G=(2，7)$ 为生成元，具体计算加法表如下：

$$2G=(2，7)+(2，7)=(5，2)，$$

这是因为

$$\lambda=(3\times 2^2+1)(2\times 7)^{-1}\bmod 11=2\times 3^{-1}\bmod 11=2\times 4\bmod 11=8。$$

于是

$$x_3=8^2-2-2\bmod 11=5，\quad y_3=8(2-5)\bmod 11=2$$

最后得：
$$G=(2，7)，\quad 2G=(5，2)$$
$$3G=(8，3)，\quad 4G=(10，2)$$
$$5G=(3，6)，\quad 6G=(7，9)$$
$$7G=(7，2)，\quad 8G=(3，5)$$
$$9G=(10，9)，\quad 10G=(8，8)$$
$$11G=(5，9)，\quad 12G=(2，4)$$

例 6.5 $p=5$ 的一些椭圆曲线的解点数（包含无穷远点）如表 6.4.2 所示。

式（6-4-1）给出了 $GF(p)$ 上的椭圆曲线，除此之外，还有定义在 $GF(2^m)$ 上的椭圆曲线。这两种椭圆曲线都可以构成安全的椭圆曲线密码。

当 p 较小，$GF(p)$ 也较小时，可以利用穷举的方法求出所有解点，但是，对于一般情况要确切计算椭圆曲线解点数 N 的准确值比较困难。研究表明，N 满足以下不等式

$$p+1-2p^{1/2}\leqslant N\leqslant p+1+2p^{1/2} \tag{6-4-7}$$

表 6.4.2 给出了 $p=5$ 时一些椭圆曲线的解点数。

表 6.4.2　　　　　　　$p=5$ 的一些椭圆曲线的解点数

椭圆曲线	解点数	椭圆曲线	解点数
$y^2=x^3+2x$	2	$y^2=x^3+4x+2$	3
$y^2=x^3+x$	4	$y^2=x^3+3x+2$	5
$y^2=x^3+1$	6	$y^2=x^3+2x+2$	7

高等学校信息安全专业规划教材

续表

椭圆曲线	解点数	椭圆曲线	解点数
$y^2 = x^3 + 4x$	8	$y^2 = x^3 + x + 1$	9
$y^2 = x^3 + 3x$	10		

6.4.2 椭圆曲线密码算法

我们已经知道，ELGamal 密码建立在有限域 $GF(p)$ 的乘法群的离散对数问题的困难之上，而椭圆曲线密码建立在椭圆曲线群的离散对数问题的困难性之上。两者的主要区别是其离散对数问题依赖的群不同，因此两者有许多相似之处。

1. 椭圆曲线群上的离散对数问题

在例 6.4 中椭圆曲线上的解点所构成的交换群恰好是循环群，但是一般并不一定。于是我们希望从中找出一个循环子群 E_1。可以证明当循环子群 E_1 的阶 $| E_1 |$ 是足够大的素数时，这个循环子群中的离散对数问题是困难的。

设 P 和 Q 是椭圆曲线上的两个解点，k 为一正整数，对于给定的 P 和 k，计算 $kP=Q$ 是容易的，但若已知 P 和 Q 点，要计算出 t 则是困难的。这便是椭圆曲线群上的离散对数问题，简记 ECDLP（Elliptic Curve Discrete Logarithm Problem）。

除了几类特殊的椭圆曲线外，对于一般 ECDLP 目前尚没有找到有效的求解方法。基于椭圆曲线离散对数困难性的密码，称为椭圆曲线密码。据此，诸如 ELGamal 密码、Diffie-Hellman 密钥分配协议，美国数字签名标准 DSS 等许多基于离散对数问题的密码体制都可以在椭圆曲线群上实现。我们称这一类椭圆曲线密码为 ELGamal 型椭圆曲线密码。下面我们讨论 ELGamal 型椭圆曲线密码。

2. ELGamal 型椭圆曲线密码

在 SEC1 的椭圆曲线密码标准（草案）中规定，一个椭圆曲线密码由下面六元组所描述：

$$T = \langle p, a, b, G, n, h \rangle \tag{6-4-8}$$

其中，p 为大于 3 素数，p 确定了有限域 $GF(p)$；元素 $a, b \in GF(p)$，a 和 b 确定了椭圆曲线；G 为循环子群 E_1 的生成元；n 为素数且为生成元 G 的阶，G 和 n 确定了循环子群 E_1；$h = |E|/n$，并称为余因子，h 将交换群 E 和循环子群联系起来。

用户的私钥定义为一个随机数 d，

$$d \in \{0, 1, 2, \cdots, n-1\} \tag{6-4-9}$$

用户的公开钥定义为 Q 点，

$$Q = dG \tag{6-4-10}$$

首先根据式(6-4-8)建立椭圆曲线密码的基础结构，为构造具体的密码体制奠定基础。这里包括选择一个素数 p，从而确定有限域 $GF(p)$，选择元素 $a, b \in GF(p)$，从而确定一条 $GF(p)$ 上的椭圆曲线；选择一个大素数 n，并确定一个阶为 n 的基点。参数 p, a, b, n, G 是公开的。

根据式(6-4-9)，随机地选择一个整数 d，作为私钥。

再根据(6-4-10)确定出用户的公开密钥 Q。

设要加密的明文数据为 M，将 M 划分为一些较小的数据块，$M = [m_1, m_2, \cdots, m_t]$，

其中 $0 \le m_i \le n$。设用户 A 要将数据 m_i 加密发送给用户 B，其加解密进程如下。

加密过程：

（1）用户 A 去查公钥库 PKDB，查到用户 B 的公开钥 Q_B。

（2）用户 A 选择一个随机数 k，且 $k \in \{0, 1, 2, \cdots n - 1\}$。

（3）用户 A 计算点 X_1：$(x_1, y_1) = kG$。

（4）用户 A 计算点 X_2：$(x_2, y_2) = kQ_B$，如果分量 $x_2 = 0$，则转（2）。

（5）用户 A 计算 $C = m_i x_2 \bmod n$。

（6）用户 A 发送加密数据 (X_1, C) 给用户 B。

解密过程：

（1）用户 B 用自己的私钥 d_B 求出点 x_2：
$$d_B X_1 = d_B(kG) = k(d_B G) = kQ_B = X_2 : (x_2, y_2)。$$

（2）C 解密，得到明文数据 $m_i = C x_2^{-1} \bmod n$。

类似地，可以构成其他椭圆曲线密码。

3. SM2 椭圆曲线公钥密码算法

SM2 椭圆曲线公钥密码算法是我国商用公钥密码标准。SM2 椭圆曲线公钥密码算法分为四个部分：总则、数字签名算法、密钥交换协议；公钥密码算法。

SM2 椭圆曲线公钥密码算法推荐使用素数域 256 位椭圆曲线。

椭圆曲线方程：$y^2 = x^3 + ax + b$。

曲线参数为：

p = FFFFFFFE FFFFFFFF FFFFFFFF FFFFFFFF FFFFFFFF 00000000 FFFFFFFF FFFFFFFF

a = FFFFFFFE FFFFFFFF FFFFFFFF FFFFFFFF FFFFFFFF 00000000 FFFFFFFF FFFFFFFC

b = 28E9FA9E 9D9F5E34 4D5A9E4B CF6509A7 E39789F5 15AB8F92 DDBCBD41 4D940E93

n = FFFFFFFE FFFFFFFF FFFFFFFF FFFFFFFF 7203DF6B 21C6052B 53BBF409 39D54123

G_x = 32C4AE2C 1F198119 5F990446 6A39C994 8FE30BBF F2660BE1 715A4589 334C74C7

G_y = BC3736A2 F4F6779C 59BDCEE3 6B692153 D0A9877C C62A4740 02DF32E5 2139F0A0

（1）密钥对生成。

密钥对生成函数需要调用密码杂凑函数。设密码杂凑函数为 $H_v()$，其输出是长度恰为 v 比特的杂凑值。密钥派生函数 $KDF(Z, klen)$。

输入：比特串 Z，整数 $klen$（表示要获得的密钥数据的比特长度，要求该值小于 $(2^{32} - 1)$ v）。

输出：长度为 $klen$ 的密钥数据比特串 K。

a. 初始化一个 32 比特构成的计数器 $ct = 0x00000001$；

b. 对 i 从 1 到 $\lceil klen/v \rceil$ 计算 $H_{a_i} = H_v(Z \parallel ct)$；

c. 若 $klen/v$ 是整数，令 $Ha!_{\lceil klen/v \rceil} = Ha_{\lceil klen/v \rceil}$，否则令 $Ha!_{\lceil klen/v \rceil}$ 为 $Ha_{\lceil klen/v \rceil}$ 最左边的 $(klen - (v \times \lfloor klen/v \rfloor))$ 比特；

d. 令 $K = H_{a_1} \parallel H_{a_2} \parallel \cdots \parallel H_{a_{\lceil klen/v \rceil - 1}} \parallel Ha!_{\lceil klen/v \rceil}$

（2）加密算法。

a. 产生随机数 $k \in [1, n-1]$；

b. 计算椭圆曲线点 $C_1 = [k]G = (x_1, y_1)$；

c. 计算椭圆曲线点 $S = [h]P_B$；

d. 若 $S = O$，则报错，若 $S \neq O$，则计算 $[k]P_B = (x_2, y_2)$；

e. 计算 $t = KDF(x_2 \parallel y_2, klen)$；

f. 若 t 为零，则重复 (1)-(5) 步；否则，计算 $C_2 = M \oplus t$；

g. 计算 $C_3 = \text{Hash}(x_2 \parallel M \parallel y_2)$。

输出密文 $C = C_1 \parallel C_2 \parallel C_3$。

3. 解密算法

a. 从密文中取出 C_1；

b. 若 C_1 不满足曲线方程，则报错并退出；否则，计算椭圆曲线点 $S = [h]C_1$；

c. 若 $S = 0$，则报错并退出；否则，计算 $[d_B]C_1 = (x_2, y_2)$；

d. 计算 $t = KDF(x_2 \parallel y_2, klen)$；

e. 若 t 为全 0，则报错并退出；否则，计算 $M' = C_2 \oplus t$；

f. 计算 $u = \text{Hash}(x_2 \parallel M' \parallel y_2)$；

g. 若 $u = C_3$，则输出明文 M'；否则，报错并退出。

4. 椭圆曲线密码的实现

以上我们介绍了椭圆曲线密码的基本概念和基本原理。由于椭圆曲线密码所依据的数学基础比较复杂，因而使得具体实现也比较困难。这种困难主要表现在安全椭圆曲线的产生和倍点运算等方面。为了密码体制的安全，要求所用的椭圆曲线满足一些安全准则，而产生这样的安全曲线比较复杂。为了密码体制能够实用，其加解密运算必须高效，这就要求有高效的倍点和其他运算算法。由于椭圆曲线群中的运算本身比较复杂，所以当所用的有限域和子群 E_1 较大时还也是比较困难的。

尽管椭圆曲线密码的工程实现是比较困难的。但是，目前已经找到比较有效的实现方法。椭圆曲线密码已经趋向实际应用。

5. 椭圆曲线密码的安全性

椭圆曲线密码的安全性是建立在椭圆曲线离散对数问题的困难之上的。目前求解椭圆曲线离散对数问题最好算法是分布式 Pollard$-p$ 方法，其计算复杂性为 $O((\pi n/2)^{1/2}/m)$，其中 n 是群的阶的最大素因子，m 是该分布算法所使用的 CPU 的个数。可见素数 p 和 n 足够大时，椭圆曲线密码是安全的。这就是要求椭圆曲线解点群的阶要有大素数因子的根本原因，在理想情况下群的阶本身就是一个素数。

另外，为了确保椭圆曲线密码的安全，应当避免使用弱的椭圆曲线。所谓弱的椭圆曲线主要是指超奇异椭圆曲线和"反常(anomalous)"椭圆曲线。

普遍认为，密钥长 160 位的椭圆曲线密码的安全性相当于密钥长为 1024 位的 RSA 密码。由式(6-4-6)~(6-4-9)可知，椭圆曲线密码的基本运算可以比 RSA 密码的基本运算复杂得多，正是因为如此，所以椭圆曲线密码的密钥可以比 RSA 的密钥短。密钥越长，自然越安全，但是技术实现也就越困难，效率也就越低。一般认为。在目前的技术水平下采用 160~200 位密钥的椭圆曲线，其安全性就够了。

由于椭圆曲线密码的密钥位数短，在硬件实现中电路的规模小、省电。因此椭圆曲线密码特别适于在航空、航天、卫星及智能卡中应用。

6.5 基于身份的公钥密码体制

6.5.1 基于身份密码体制简介

1984 年，Shamir 引入了基于身份加密（identity-based encryption）的概念，用另一种方法解决了公钥授权问题。他的想法是确保用户的公钥与其身份是直接关联的，以省去授权的步骤。即用户的公钥直接来源于公共可知的信息，它们对用户而言是唯一的、不可否认的。根据具体应用情况，这些信息由用户的（数字）标识来表示，可以是用户的姓名、身份证号、电话号码、Email 地址、IP 地址以及其他可能的个人信息或这些信息的组合。用户的公钥对所有知道其身份的人是可读的，从而信息的发送方无须访问任何证书机构或可信第三方就能得到接收方的公钥。

在公钥密码系统中，密钥对是通过用户随机选择一个私钥然后通过单向函数计算出公钥。基于身份的密码学系统中，密钥对是用不同方法产生的。首先，公钥由用户的标识唯一确定，私钥则需要从公钥计算产生。因此，私钥的生成不可以由用户自己产生，因为如果某个用户可以生成自己的私钥，那他就可以生成其他人的私钥，因此，我们需要私钥生成器（PKG，Private Key Generator）来生成用户的私钥，PKG 通过主密钥生成用户的私钥，PKG 通过计算公钥和主密钥的单向函数来得到用户私钥。与主密钥相对应的公开信息就是系统参数。

例如，当用户 Alice 向 Bob 发送邮件时，假设 Bob 的邮箱为/bob@ hotmail. com/，则 Alice 直接用公开字符串 bob@ hotmail. com 加密信息即可，无须从认证证书管理机构获得 Bob 的公钥证书。Bob 收到密文时，与第三方 PKG 联系，通过认证后，得到自己的私钥，从而可以解密信息。这样做可以大大简化邮件系统中的密钥管理，从而使公钥密码的应用变得极为方便。

目前，基于身份的方案包括基于身份的加密体制、可鉴别身份的加密和签密体制、签名体制、密钥协商体制、鉴别体制、门限密码体制和层次密码体制等。

一个基于身份的密码体制由四个随机算法构成。

1. 初始化（Setup）：给定安全参数 k，输出系统参数 params 和主密钥，系统参数包括消息空间 M，密文空间 C。系统参数是公开的，而主密钥只有 PKG 知道。

2. 密钥提取（Extract）：输入系统参数 $params$，主密钥和任意 ID $\in \{0, 1\}^*$，输出私钥 d，其中 ID 为用户公钥，d 为相应私钥，提取算法由给定的公钥生成私钥 d。

3. 加密（Encrypt）：输入系统参数 $params$、ID 以及 $m \in M$，输出密文 $c \in C$。

4. 解密（Decrypt）：输入系统参数 $params$、ID、私钥 d 以及 $c \in C$，输出 $m \in M$。

这些算法必须满足一致性条件，即当 d 为由提取算法产生的相对于 ID 的私钥时，对任意 $m \in M$，有

$$\text{Decrypt}(params, \text{ID}, c, d) = m$$

其中，$m = \text{Encrypt}(params, \text{ID}, m)$。

IBE 方案要求密钥产生算法和加密算法都是单向的。密钥产生算法的单向性就是说已知任何一对密钥，任何一个攻击者求出主密钥的可能性几乎是可以忽略的。

高等学校信息安全专业规划教材

6.5.2 BF-IBE 方案

椭圆曲线密码体制的研究与应用极大地促进了基于身份的密码体制的研究。Boneh 和 Franklin 在 2001 年美国密码学年会上提出了一个基于身份的加密方案，它是建立在椭圆曲线上双线性配对函数的特性上的。

定义 6.4 令 G_1 和 G_2 为两个阶为素数 q 的循环群，P 为 G_1 的生成元，如果映射 e：$G_1 \times G_1 \rightarrow G_2$ 满足如下性质，则称 e 为双线性映射：

（1）可计算性：给定 P，$Q \in G_1$，存在一个多项式时间算法计算 $e(P, Q) \in G_2$；

（2）双线性性：对任意 P，$Q \in G_1$，a，$b \in Z_P$，有 $e(aP, bQ) = e(P, Q)^{ab}$；

（3）非退化性：存在 $P \in G_1$，使得 $e(P, P) \neq 1$。

此时，称 G_1 为双线性群，如果其中的群运算以及双线性映射都是可以有效计算的。其中，映射 e 是对称的，因为

$$e(P^a, P^b) = e(P, P)^{ab} = e(P^b, P^a)$$

在加法群 G_1 上，有如下一些数学难题：

（1）离散对数难题（DLP）：对 P，$Q \in G_1$，找到一个整数 $n \in Z_p^*$，使 $Q = nP$ 成立；

（2）Diffie-Hellman 判定问题（DDHP, Decisional Diffie-Hellman Problem）：对于 a，b，$c \in Z_p^*$，给定 P，aP，bP，$cP \in G_1$，判定 $c = ab \bmod p$ 是否成立；

（3）Diffie-Hellman 计算问题（CDHP, Computational Diffie-Hellman Problem）：对于 a，$b \in Z_p^*$，给定 P，aP，$bP \in G_1$，计算 abp。

下面介绍 BF-IBE 方案。

1. 设置

给定安全参数 $k \in Z^+$，设置算法如下：

（1）由输入的 k 值生成一个素数 q，两个 q 阶群 G_1 和 G_2，一个可接受的双线性映射 $\hat{e}$：$G_1 \times G_1 \rightarrow G_2$。随机选择生成元 $P \in G_1$；

（2）取随机数 $s \in Z_q^*$，令 $P_{pub} = sP$；

（3）选择两个 Hash 函数 H_1：$\{0, 1\}^n \rightarrow G_1^*$，$H_2$：$G^2 \rightarrow \{0, 1\}^n$。安全性分析 H_1，H_2 将视为随机预言机。消息空间 $M = \{0, 1\}^n$，密文空间 $C = G_1^* * \{0, 1\}^n$，系统参数 $params = <q, G_1, G_2, \hat{e}, n, P, P_{pub}, H_1, H_2>$，主密钥 master-key $= s \in Z_q^*$。

2. 析出

给定字符串 $ID \in \{0, 1\}$，算法如下：

（1）计算 $Q_{ID} = H_1(ID) \in G_1^*$；

（2）取私钥 $d_{ID} = sQ_{ID}$，其中 s 为主密钥。

3. 加密

利用公钥 ID 加密消息 $M \in M$，步骤如下：

（1）计算 $Q_{ID} = H_1(ID) \in G_1^*$；

（2）随机选择 $r \in Z_q^*$；

（3）求密文：

$$C = < rP, M \oplus H2(g_{ID}^r) >，\text{其中}, g_{ID} = \hat{e}(Q_{ID}, P_{pub}) \in G_2^*。$$

4. 解密

令由公钥 ID 加密的密文 $C = <U, V> \in C$，要用私钥 $d_{ID} \in G_1^*$ 解密 C，只需计算：$V \oplus H_2(\hat{e}(d_{ID}, U)) = M$。

5. 验证

由可验证的双线性映射的性质知道，$\hat{e}(d_{ID}, U) = \hat{e}(Q_{ID}, P)^{sr} = \hat{e}(Q_{ID}, P_{pub})^r = g_{ID}^r$。

习　题　6

6.1　为什么要引入非对称密码体制？

6.2　对公钥密码体制的要求是什么？

6.3　RSA 算法的理论基础是什么？

6.4　设通信双方使用 RSA 加密体制，接收方的公开密钥是 (5, 35)，接收到的密文是 10，求明文。

6.5　在 RSA 体制中，某给定用户的公钥 $e = 31$，$n = 3599$，试求该用户的私钥。

6.6　使用快速模幂算法求解 $2^{13} \bmod 77$。

6.7　设用户 A 选取 $p = 11$ 和 $q = 7$ 作为模数为 $N = pq$ 的 RSA 公钥体制的两个素数，选取 $e_A = 7$ 作为公钥。请给出用户 A 的私钥，并验证 3 是不是用户 A 对报文摘要 5 的签名。

6.8　在 ELGamal 公钥密码体制中，设素数 $p = 71$，本原根 $g = 7$，

（1）如果接收方 B 的公钥是 $y_B = 3$，发送方 A 选择的随机整数 $k = 2$，则求明文 $M = 30$ 所对应的密文。

（2）如果 A 选择另一个随机整数 k，使得明文 $M = 30$ 加密后的密文是 $C = (59, C_2)$，则求 C_2。

6.9　设 $p = 11$，E 是由

$$y^2 = x^3 + x + 6 \pmod{11}$$

所确定的有限域 Z_{11} 上的椭圆曲线。设生成元 $G = (2, 7)$，接收方 A 的私钥，试求

（1）A 的公钥 P_A。

（2）发送方 B 欲发送消息 $P_m = (10, 9)$，选择随机数 $k = 3$，求密文 C_m。

（3）写出接收方 A 从密文 C_m 恢复明文 P_m 的过程。

6.10　设 p 和 q 是两个不同的素数，$n = pq$，$m \in Z_m$，则对任意非负整数 k 有

$$m^{k\varphi(n)+1} \equiv m \pmod{n}$$

第7章 认　证

认证和加密的区别在于：加密用以确保数据的机密性，阻止对手的被动攻击，如截取、窃听等；而认证用以确保报文发送者和接收者的真实性以及报文的完整性，阻止对手的主动攻击，如冒充、篡改、重播等。

认证包括消息认证(message authenitication)和身份认证(identification)。身份认证是让验证者相信示证者就是其所声称的那个实体的过程。

消息认证是指一个"用户"检验它所收到的消息是否遭到第三方篡改，包括信源认证、信宿认证、消息完整性认证和时间性认证。

认证的基本思想是通过验证称谓者(人或事)的一个或多个参数的真实性和有效性，来达到验证称谓者是否名符其实的目的，认证原理如图7.0.1所示。在理想情况下，要求验证的参数和被认证的对象之间存在一一对应的关系。

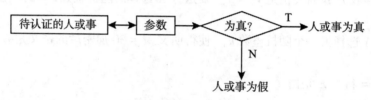

图 7.0.1　认证原理

本章重点介绍用于消息完整性认证性认证的密码技术，包括消息认证码 MAC 及 Hash 函数。

7.1　身份认证

一个身份认证系统包括申请者、验证者和攻击者三个主体。根据验证者是否可信把身份认证分为两类，在验证者可信条件下只需要验证攻击者冒充，而在验证者不可信条件下还需要防止验证者利用验证过程获得的信息以便今后冒充申请者。因此，严格意义上的身份认证分为身份证实和身份识别(identification)。前者是"你是否你声称的你"的问题，后者是"我是否知道你是谁"的问题。

理论上讲，身份认证依靠以下三种基本途径或它们的组合来实现：所知、所有和所是。基于所知认证的实质是基于双方共享的某一秘密。传统的基于所有认证是通过证件或信物，当前通信系统中基于所有进行身份认证的主要方式是使用数字证书。基于生物特征的认证由于代价较大且难以实现，应用还不是很广泛。

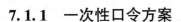

7.1.1 一次性口令方案

利用所知进行身份认证的传统方法是口令，用户输入自己的名字和口令用于证明自己的身份，计算机系统通过验证口令来识别用户是否合法。

利用口令来证明和识别用户的身份，虽然方法简单并且易于实现，但是安全性很低。首先，因为口令通常长度不是很长，攻击者很容易通过穷举搜索获取用户的口令；其次，口令在保存和传送过程中有泄露的危险；再次，由于口令是固定的，通过重放攻击很容易冒充成功。

为此，可在验证端存储口令杂凑值而不是口令明文，用以防止验证端泄露口令，对应验证口令时先杂凑再验证。其次，还可以用口令杂凑值而不是口令明文进行传送和验证，用以防止口令泄露。

但是以上改进都不能抵抗重放攻击，为抵抗重放攻击，提出了一次性口令方案，典型的Lamport方案如下：

(1) 双方选择一个合适的单向函数 f，约定口令使用次数为 n；

(2) 用户在 f 的定义域内选择随机值 x；

(3) 登记在验证端的初始验证值为 $P^n = f(x)$；

(4) 进行第 $i(1 \leq i \leq n)$ 次验证时，用户提交 $P_i = f^{n-i}(x)$；

(5) 验证端通过进行验证，并将验证值 P 更新为 P_i。

以上一次性方案虽然能抵抗重放攻击，但是代价较高，而且需要处理好同步问题，并不实用。为了抗重放攻击，身份认证方案一般采用交互证明的方式。

在实现上，为了便于记忆复杂口令和实现口令动态变化，高安全等级的身份认证常采用基于硬件的令牌实现。令牌通常是智能卡或 U 盘等设备，自身具有一定存储计算能力，可以存储复杂口令并进行口令变换。

7.1.2 零知识证明

设 P 是示证者，V 是验证者，P 可通过两种方法向 V 证明他知道某种秘密信息。一种方法是 P 向 V 说出该信息，但这样 V 也就知道了该秘密。另一种方法是采用交互证明方法，它以某种有效的数学方法，使 V 确信 P 知道该秘密，而 P 又不泄露其秘密，这即是所谓的零知识证明。

Jean-Jacques Quisquater 和 Louis Guillou 用一个关于洞穴的故事来解释零知识。洞穴如图7.1.1 所示，洞穴里 C 和 D 之间有一道密门，只有知道咒语的人才能打开该密门。

P 想对 V 证明他知道咒语，但不想泄露之，那么 P 使 V 确信的过程如下：

(1) V 站在 A 点；

(2) P 进入洞穴中的 C 点或 D 点；

(3) P 进入洞穴后，V 走到 B 点；

(4) V 要 P：①从左边出来；或②从右边出来；

(5) P 按要求实现(必要时 P 用咒语打开密门)；

(6) P 和 V 重复(1)～(5) n 次。

若 P 不知道咒语，则在协议的每一轮中他只有 50% 的机会成功，所以他成功欺骗 V 的概率为 50%。经过 n 轮后，P 成功欺骗 V 的概率为 2^{-n}。当 n 等于 16 时，P 成功欺骗 V 的概

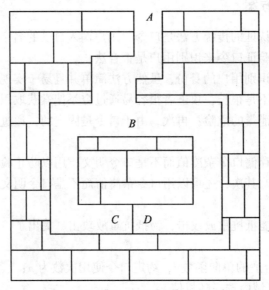

图 7.1.1 零知识洞穴

率只有 65536 分之一。

此洞穴问题可以转换数学问题，V 通过与 P 交互作用验证 P 是否确定知道解决某个难题的秘密信息。

下面介绍基于离散对数的零知识证明算法。P 欲向 V 证明他知道满足 $A^x \equiv B(\bmod p)$ 的 x，其中 p 是素数，x 是与 $p-1$ 互素的随机数。A，B 和 p 是公开的，x 是保密的。P 在不泄露 x 的情况下向 V 证明他知道 x 的过程如下：

（1）P 产生 t 个随机数 r_1，r_2，$\cdots$，$r_t (r_i < p,\ 1 \leq i \leq t)$；

（2）P 计算 $h_i = A^{r_i} \bmod p$，并将 h_i 发送给 $V(1 \leq i \leq t)$；

（3）P 和 V 执行硬币抛掷协议，产生 t 个位：b_1，b_2，$\cdots$，b_t；

（4）对 $1 \leq i \leq t$；

① 若 $b_i = 0$，则 P 将 r_i 发送给 V；

② 若 $b_i = 1$，则 P 将 $s_i = (r_i - r_j) \bmod (p-1)$ 发送给 V，其中，j 是满足 $b_j = 1$ 的最小整数。

（5）对 $1 \leq i \leq t$，

① 若 $b_i = 0$，则 V 验证 $A^{r_i} = h_i (\bmod p)$；

② 若 $b_i = 1$，则 V 验证 $A^{s_i} = h_i h_j^{-1} (\bmod p)$；

（6）P 将 $z = (x - r_j) \bmod (p-1)$ 发送给 V；

（7）V 进一步验证 $A^z \equiv B h_i^{-1} (\bmod p)$。

这里 P 欺诈成功的概率为 2^{-t}。

Chaum 提出一种改进的离散对数零知识证明算法：

（1）P 选择随机数 $r(<p-1)$，计算 $h = A^r \bmod p$，并将 h 发送给 V；

（2）V 发送一随机位 b 给 P；

（3）P 计算 $s = r + bx \bmod (p-1)$，并发送给 V；

(4) V 验证 $A^s \equiv hB^b$；

(5) 重复 (1)~(4) t 次。

P 欺诈成功的概率为 2^{-t}。

使用零知识证明来作为身份证明最先是由 Uriel Feige，Amos Fiat 和 AdiShamir 提出的。通过使用零知识证明，示证者证明他知道其私钥，并由此证明其身份。Feige-Giat-Shamir 身份认证方案是最著名的身份零知识证明方案。

1. 简化的 Feige-Giat-Shamir 身份认证方案

可信赖的仲裁方随机选择一个模数 n，n 为两个大素数之积。在实际中，n 至少为 512 位或长达 1 024 位。

为了产生 P 的公钥和私钥，仲裁方产生随机数 v，使 v 满足 $x^2 \equiv v(\bmod\ n)$ 有解，且 $v^{-1} \bmod n$ 存在。以 v 作为 P 的公钥，以满足 $s \equiv \mathrm{sqrt}(v^{-1})(\bmod\ n)$ 的最小的 s 作为 P 的私钥。P 向 V 证明其身份的协议如下：

(1) P 选取随机数 $r(<n)$，计算 $x=r^2(\bmod\ n)$，并将 x 发送给 V；

(2) V 发送一随机位 b 给 P；

(3) 若 $b=0$，则 P 将 r 发送给 V；

若 $b=1$，则 P 将 $y=r \times s(\bmod\ n)$ 发送给 V；

(4) 若 $b=0$，则 V 验证 $x \equiv r^2(\bmod\ n)$，证实 P 知道 $\mathrm{sqrt}(x)$；

若 $b=1$，则 V 验证 $x \equiv y^2 \times v(\bmod\ n)$，以证实 P 知道 $\mathrm{sqrt}(v^{-1})$

该协议是单论认证。P 和 V 可重复该协议 t 次，直至 V 确信 P 知道 s。

攻击者可以从两个方面对该协议进行攻击：

(1) P 欺骗 V 或攻击者 X 假冒 P 以欺骗 V。

P 或攻击者 X 不知道 s，但他仍可选取 r，并发送 $x=r^2(\bmod\ n)$ 给 V。然后，V 发送 b 给 P 或 X。当 $b=0$ 时，则 P 或 X 可通过 V 的检测而使 V 受骗；当 $b=1$ 时，则 V 可发现 P 或 X 不知道 s。这样 V 受骗的概率为 $1/2$，因而 V 连续 t 次受骗的概率仅为 2^{-t}。

要避免上述情形，P 不能重复使用 r，否则 V 可在第 (2) 步发给 P 另一随机位。这样 V 可获得 P 的两种应答，因而 V 可以从中计算出 s，并假冒 P。

2. Feige-Giat-Shamir 身份认证方案

和前面一样，可信赖的仲裁方随机选择一个模数 n，n 为两大素数之积。为了产生 P 的公钥和私钥，仲裁方选取 k 个不同的数 v_1，v_2，$\cdots$，v_k，v_i 满足 $x^2 \equiv v_i(\bmod\ n)$ 有解，且 $v_i^{-1} \bmod n$ 存在。以 v_1，v_2，$\cdots$，v_k 作为 P 的公钥，计算满足 $s_i \equiv \mathrm{sqrt}(v_i^{-1})(\bmod\ n)$ 的最小的 s_i，以 s_1，s_2，$\cdots$，s_k 作为 P 的私钥。P 向 V 证明其身份的协议如下：

(1) P 选取随机数 $r(<n)$，计算 $x=r^2(\bmod\ n)$，并将 x 发送给 V；

(2) V 将一个 k 位随机二进制串 b_1，b_2，$\cdots$，b_k 发送给以 P；

(3) P 将 $y=r \times (S_1^{b1} \times S_2^{b2} \times \cdots \times S_k^{bk})(\bmod\ n)$ 发送给 V；

(4) V 验证 $x \equiv y^2 \times (v_1^{b1} \times v_2^{b2} \times \cdots \times v_k^{bk})(\bmod\ n)$。

P 和 V 可重复该协议 t 次，直至 V 确信 P 知道 s_1，s_2，$\cdots$，s_k，此时 P 欺骗 V 的概率为 2^{-kt}。

例如，$n=35(=5 \times 7)$。计算平方剩余：

1：$x^2 = 1 \bmod 35$，解 $x=1$，6，29 或 34；

4：$x^2 = 1 \bmod 35$，解 $x = 2$，12，23 或 33；

9：$x^2 = 9 \bmod 35$，解 $x = 3$，17，18 或 32；

11：$x^2 = 11 \bmod 35$，解 $x = 9$，16，19 或 26；

14：$x^2 = 14 \bmod 35$，解 $x = 7$ 或 28；

15：$x^2 = 15 \bmod 35$，解 $x = 15$ 或 20；

16：$x^2 = 16 \bmod 35$，解 $x = 4$，11，24 或 31；

21：$x^2 = 21 \bmod 35$，解 $x = 14$ 或 21；

25：$x^2 = 25 \bmod 35$，解 $x = 5$ 或 30；

29：$x^2 = 29 \bmod 35$，解 $x = 8$，13，22 或 27；

30：$x^2 = 30 \bmod 35$，解 $x = 10$ 或 25。

当 v 为 14，15，21，25 或 30 时，v^{-1} 不存在；当 v 为 1，4，9，11，16 或 29 时，v^{-1} 分别为 1，9，4，16，11 或 29，相应的 s 分别为 1，3，2，4，9 或 8。

若选 $k = 4$，则 P 可用 $\{4, 11, 16, 29\}$ 作为公钥，相应的 $\{3, 4, 9, 8\}$ 作为私钥。该协议执行过程如下：

（1）P 选取随机数 16，计算 $162 (\bmod 35) = 11$，并发送给 V；

（2）V 将一个 k 位随机二进制串 $\{1, 1, 0, 1\}$ 发送给 P；

（3）P 计算 $16 \times (3^1 \times 4^1 \times 9^0 \times 8^1)(\bmod 35) = 31$，并发送给 V；

（4）V 验证 $31^2 \times (4^1 \times 11^1 \times 16^0 \times 29^1)(\bmod 35) = 11$。

P 和 V 可重复该协议，直至 V 确信 P 为止。当 n 较小时，则无安全性可言；当 n 为 512 位以上，则 V 不可能知道 P 的私钥，只能相信 P 拥有该私钥。

3. Guillou-Quisquater 身份认证方案

Feige-Fiat-Shamir 算法是第一个实用的基于身份证明的算法。它通过增加迭代次数和每次迭代中认证的次数，将所需的计算量减至最小。

假设 P 欲向 V 证明其身份。设 A 的身份证明为 J（如由卡的名称、有效期、银行账号和其他应用所需的信息组成的数据串）。模数 n 是两个秘密的素数之积，v 是指数，n 和 v 是公开的。私钥 B 满足 $JB^v \equiv 1 (\bmod n)$。

P 必须使 V 确信他知道 B 以证明 J 确是其身份证明。P 将其身份证明 J 发送给 V，向 V 证明 J 确实是 P 的身份证明的协议如下：

（1）P 选取随机整数 $r (1 \leqslant r \leqslant n-1)$，计算 $T = r^v \bmod n$，并将 T 发送给 V；

（2）V 选取随机整数 $d (0 \leqslant r \leqslant v-1)$，并发送给 P；

（3）P 计算 $D = rB^d \bmod n$，并发送给 V；

（4）V 验证 $T \equiv D^v J^d \bmod n$。

4. Schorr 身份认证方案 Schorr 提出的算法是 Feige-Fiat-Shamir 和 Guillou-Quisquater 算法的一种变型，它的安全性基于离散对数的困难性，该方法可以通过预计算来降低实时计算量，其所需传送的数据量也会减少许多，特别适用于计算能力有限的应用。

首先选取两个素数 p 和 q，且 $q \mid (p-1)$，然后选择满足 $a^q \equiv 1 \bmod p$ 的 $a (a \neq 1)$。p，q 和 a 是公开的，并为一组用户所共用。

选择随机数 $s (s < q)$ 作为私钥，将 $v = a^{-s} (\bmod p)$ 作为公钥。P 向 V 证明他拥有密钥 s 的过程如下：

（1）P 选定随机数 $r (1 \leqslant r \leqslant q^{-1})$，计算 $x = a^r \bmod p$，并将 x 发送给 V；

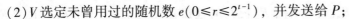

（2）V 选定未曾用过的随机数 $e(0 \leqslant r \leqslant 2^{t-1})$，并发送给 P；

（3）P 计算 $y=(r+se) \bmod n$，并将 y 发送给 V；

（4）V 验证 $x \equiv a^y v^e \bmod p$。

该方法的安全性基于 t。破解该算法的难度约为 2^t。

7.2 消息认证

为了确保通信安全，在正式传送报文之前，应首先认证是否在意定的站点之间进行，这一过程称为站点认证。这种站点认证是通过验证加密的数据能否成功地在两个站点间进行传送来实现的。

7.2.1 站点认证

1. 单向认证

我们称通信一方对另一方的认证为单向认证，设 A，B 是意定的两个站点，A 是发送方，B 是接收方。若采用传统密码，则 A 认证 B 是否为其意定通信站点的过程如下（假定 A，B 共享保密的会话密钥 K_S）：

（1）A→B：$E(R_A, K_S)$

（2）B→A：$E(f(R_A), K_S)$

A 首先产生一个随机数 R_A，用密钥 K_S 对其加密后发送给 B，同时 A 对 R_A 施加某函数变换 f 得到 $f(R_A)$，其中 f 是某公开的简单函数 f（如对 R_A 的某些位求反）。

B 收到报文后，用他们共享的会话密钥 K_S 对其解密得到 R_A，对其施加函数变换 f，并用 K_S 对 $f(R_A)$ 加密后发送给 A。

A 收到后再用 K_S 对其收到的报文解密，并与其原先计算的 $f(R_A)$ 比较。若两者相等，则 A 认为 B 是其意定的通信站点，便可开始报文通信；否则，A 认为 B 不是其意定的通信站点，于是终止与 B 的通信。

若采用公开密钥密码，A 认证 B 是不是其意定通信站点的过程如下（假定 A，B 的公钥为 K_{eA} 和 K_{eB}，私钥分别为 K_{dA} 和 K_{dB}）：

（1）A→B：R_A

（2）B→A：$D(R_A, K_{dB})$

A 首先产生随机数 R_A，并发送给 B。B 收到后用其私钥 K_{dB} 对收到的报文签名，然后，再发送给 A。这样 A 就可以用 B 的公钥 K_{eB} 验证 B 是否为其意定的站点。

接收方 B 也可用同样的方法认证 A 是否为其意定的通信站点。

2. 双向认证

我们称通信双方同时对其另一方的认证为双向认证或相互认证。若利用传统密码，则 A 和 B 相互认证对方是否为意定的通信站点的过程如下：

（1）A→B：$E(R_A, K_S)$

（2）B→A：$E(R_A \| R_B, K_S)$

（3）A→B：$E(R_B, K_S)$

A 首先产生一个随机数 R_A，用他们共享的密钥 K_S 对其加密后发送给 B。

B 收到报文后，用他们共享的密钥 K_S 对其解密得到 R_A。B 也产生一个随机数 R_B，并将

高等学校信息安全专业规划教材

其连接在 R_A 之后，得到 $R_A \parallel R_B$（符号 $R_A \parallel R_B$ 表示 R_B 连接在 R_A 之后）。B 用 K_S 对 $R_A \parallel R_B$ 加密后发送给 A。

A 再用 K_S 对其收到报文解密得到 R_A，并与自己原先的 R_A 比较。若它与其原先的 R_A 相等，则 A 认为 B 是其意定的通信站点。

B 也用 K_S 对在步骤(3)中收到的报文解密得到 R_B，并与自己原先的 R_B 比较。若它与其原先的 R_B 相等，则 B 认为 A 是其意定的通信站点。

若采用公开密钥密码，A 和 B 相互认证对方是否为其意定通信站点的过程如下：

(1) A→B：R_A

(2) B→A：$D(R_A \parallel R_B, K_{dB})$

(3) A→B：$D(R_B, K_{dA})$

A 首先产生随机数 R_A 并发送给 B，

B 也产生随机数 R_B 且将 R_B 连接在 R_A 之后，得到 $R_A \parallel R_B$ 并用其私钥 k_{dB} 对 $R_A \parallel R_B$ 签名后发送给 A。

A 恢复出 R_A 和 R_B，并将恢复出的 R_A 与原来的 R_A 进行比较，若相等，则 A 认为 B 是其意定的通信站点，A 再用其私钥 K_{dB} 对恢复出的 R_B 签名后发送给 B。

B 用 A 的公钥 k_{eA} 从步骤(3)收到的报文中恢复出 R_B，若它与其原先的 R_B 相等，则 B 认为 A 是其意定的通信站点。

7.2.2 报文认证

经过站点认证后，收发双方便可进行报文通信。但在网络环境中，攻击者可进行以下攻击：

(1) 冒充发送方发送一条报文；

(2) 冒充接收方发送收到或未收到报文的应答；

(3) 插入、删除或修改报文的内容；

(4) 修改报文顺序(插入报文、删除报文或重排序报文)以及延时或重播报文。

因此，报文认证必须使通信方能够验证每份报文的发送方、接收方、内容和时间性的真实性和完整性。也就是说，通信方能够确定。

(1) 报文是意定的发送方发出的；

(2) 报文传送给意定的接收方；

(3) 报文内容有无篡改或发生错误；

(4) 报文按确定的顺序接收。

本节重点介绍报文源认证、报文宿认证以及报文时间性认证，报文内容认证将在后续章节中重点介绍。

7.2.2.1 报文源认证

若采用传统密码，则报文源的认证可通过收发双方共享的保密的数据加密密钥来实现。设 A 为报文的发送方，简称为源；B 为报文的接收方，简称为宿。A 和 B 共享保密的密钥 K_S。A 的标识为 ID_A，要发送的报文为 M，那么 B 认证 A 的过程如下：

$$A{\rightarrow}B：E(\mathrm{ID}_A \parallel M, K_S)$$

为了使 B 能认证 A，A 在发送给 B 的每份报文中都增加标识 ID_A，然后用 K_S 加密并发给 B。

B 收到报文后用 K_S 解密，若解密所得的发送方标识与 ID_A 相同，则 B 认为报文是 A 发来的。

若采用公开密钥密码，则报文源的认证将变得十分简单。只要发送方对每一报文进行数字签名，接收方验证签名即可：

$$A \rightarrow B: \ D(ID_A \parallel M, K_{dA})$$

7.2.2.2 报文宿认证

只要将报文源的认证方法稍加修改便可使报文的接收方能够认证自己是否是意定的接收方。这只要在以密钥为基础的认证方案的每份报文中加入接收方标识符 ID_B：

$$A \rightarrow B: \ E(ID_B \parallel M, K_S)$$

若采用公开密钥密码，报文宿的认证也将变得十分简单。只要发送方对每份报文用 B 的公开的加密密钥进行加密即可。只有 B 才能用其保密的解密密钥还原报文，因此，若还原的报文是正确的，则 B 便确认自己是意定的接收方：

$$A \rightarrow B: \ E(ID_B \parallel M, K_{eB})$$

下面举例说明对报文源和宿的认证。在通信中，通信双方常需要交换会话密钥，下面的例子都利用密钥分配中心(KDC)同时实现密钥分配和认证。假定 KDC 与 A 和 B 分别共享保密的秘密钥 K_A 和 K_B，A 与 B 的标识分别为 ID_A 和 ID_B。

1. Wide-Mouth Frog 协议

(1) $A \rightarrow KDC$： $ID_A \parallel E(T_A \parallel ID_B \parallel K_S, K_A)$

(2) $KDC \rightarrow B$： $E(T_B \parallel ID_A \parallel K_S, K_B)$

A 首先用 K_A 对时间戳 T_A（关于时间戳的讨论见后）、B 的标识 ID_B 和密钥 K_S 加密，并连同 A 的标识 ID_A 一起发送给 KDC。

因为 ID_A 是明文，KDC 知道是 A 发来的，于是用 K_A 解密，得到 $T_A \parallel ID_B \parallel K_S$。因此 KDC 知道 A 要与 B 通信，欲交换的会话密钥为 K_S，然后 KDC 用 K_B 对时间戳 T_B，A 的标识 ID_A 和会话密钥 K_S 加密后发送给 B。

由于 K_B 为 KDC 和 B 所共享，所以除 KDC 外只有 B 能解密出 ID_A 和 K_S，从而 B 知道 A 想与之通信且会话密钥为 K_S。

在这种方法中，认证的可靠性建立在 KDC 的可信性之上。A 相信 KDC 会按其要求将报文发送给 B，所以 A 认证其接收方为 B；B 相信 KDC 只会将与之有关的报文发送给他，所以 B 认证其发送方为 A。

该协议假设 A 有能力产生好的会话密钥，但实际上很难达到真随机性。可见该协议对通信方的要求非常高。

2. Yahalom 协议

(1) $A \rightarrow B$： $ID_A \parallel R_A$

(2) $B \rightarrow KDC$： $ID_B \parallel E(ID_A \parallel R_A \parallel R_B, K_B)$

(3) $KDC \rightarrow A$： $E(ID_B \parallel K_S \parallel R_A \parallel R_B, K_A)$ $\parallel E(ID_A \parallel K_S, K_B)$

(4) $A \rightarrow B$： $E(ID_A \parallel K_S, K_B)$ $\parallel E(R_B, K_S)$

A 先将其标识 ID_A 和其产生的随机数 R_A 发送给 B，表示 A 欲与 B 通信。

B 收到报文后，用 K_B 意定的发送方标识 ID_A、随机数 R_A 和 B 产生的随机数 R_B 加密后发送给 KDC，以申请会话密钥。

KDC 用 K_A 对标识 ID_B、会话密钥 K_S、随机数 R_A 和 R_B 加密，用 K_B 对标识 ID_A 和会话密钥

高等学校信息安全专业规划教材

K_S加密，并一起发送给 A。

因为 A 拥有 K_A，所以 A 能对报文解密得出 ID_B，K_S，R_A 和 R_B。若解密所得的随机数 R_A 与 A 在步骤(1)中产生的随机数相同，则 A 认为 B 是其通信对方，然后 A 用 K_S 对 R_B 加密，并连同从 KDC 收到的 $E(ID_A \parallel K_S，K_B)$ 一起发送 B。

因为 B 拥有 K_B，所以 B 可解密出 ID_A 和 K_S，进而解密 $E(R_B，K_S)$ 得出 R_B，若解密得出的 R_B 与 B 在步骤②产生的随机数相同，则 B 认为 A 是其通信对方。

这样 A 与 B 均确信各自都在与对方通信，并且双方均获得了会话密钥 K_S。

电子邮件应用中广泛使用了加密，其特点是不必通信双方同时在线联系。发送方只需将邮件发送到收方的邮箱中，而接收方可在任何需要的时候读取邮件。在此类应用中，报文的头必须是明文形式，以便由简单邮件传输协议(SMTP)或 X.400 存储—转发邮件协议来进行处理。但是，我们通常希望对方发送的邮件加密，并且只有收方能够解密报文。其次，接收方希望保证报文来自意定的发送方，即需要对报文源的认证。

设 A 欲发送邮件 M 给 B，若采用传统密码，则可知如下实现 B 对 A 的认证：

(1) $A \rightarrow KDC$：$ID_A \parallel ID_B \parallel R_A$；

(2) $KDC \rightarrow A$：$E(K_S \parallel ID_B \parallel R_A \parallel E(K_S \parallel ID_A，K_B)，K_A)$；

(3) $A \rightarrow B$：$E(K_S \parallel ID_A，K_B) \parallel E(M，K_S)$。

因为只有 B 能解密出 K_S 和 ID_A，并进一步解密出 M，所以这种方法确保只有意定的接收方能读取报文，并确保发送方是 A，从而实现了会话密钥 K_S 的交换和对发送方的认证。

若采用公开密钥密码，则只要发送方对每份报文进行签名，接收方验证签名即可。例如：

$$A \rightarrow B：E(M \parallel D(H(M)，K_{dA})，K_{eB})$$

这里 H 是 Hash 函数(关于 Hash 函数的讨论见后)。因为只有 B 解密出 M，所以只有意定的接收方 B 能读取报文。因为 A 已对报文签名 $D(H(M)，k_{dA})$，所以 A 以后不能否认发送过报文 M。

7.2.2.3 报文时间性认证

报文的时间性即指报文的顺序性。报文时间性的认证是使接收方在收到一份报文后能够确认报文是否保持正确的顺序、有无断漏和重复。实现报文时间性的认证简单的方法有：

1. 序列号

发送方在每条报文后附加上序列号，接收方只有在序列号正确时才接收报文。但这种方法要求每一通信方都必须记录与其通信的最后序列号。

2. 时间戳

发送方在第 i 份报文中加入时间参数 T_i，接收方只需验证 T_i 的顺序是否合理，便可确认报文的顺序是否正确。仅当报文包含时间戳并且在接收方看来这个时间戳与其所认为的当前时间足够接近时，接收方才认为收到的报文是新报文。在简单情况下，时间戳可以是日期时间值 TOD_1，TOD_2，$\cdots$，TOD_n。日期时间值取为年、月、日、时、分、秒即可，TOD_i 为发送第 i 份报文时的时间。这种方法要求通信各方的时钟应保持同步，因此它需要某种协议保持通信各方的同步。为了能够处理网络错误，该协议必须能够容错，并且还应能抗恶意攻击；另外，如果通信一方时钟机制出错而使同步失效，那么攻击者攻击成功的可能性就会增大，因此任何基于时间戳的程序应有足够短的时限以使攻击的可能性最小，同时由于各种不可预知的网络延时，不可能保持各分布时钟精确同步，因此任何基于时间戳的程序都应有足够长的时限以适应网络延时。

3. 随机数/响应

每当 A 要发报文给 B 时，A 先通知 B，B 动态地产生一个随机数 R_B，并发送给 A。A 将 R_B 加入报文中，加密后发给 B。B 收到报文后解密还原 R_B，若解密所得 R_B 正确，便确认报文的顺序是正确的。显然这种方法适合于全双工通信，但不适合于无连接的应用，因为它要求在传输之前必须先握手。

攻击者将所截获的报文在原密钥使用期内重新注入到通信线路中进行捣乱、欺骗接收方的行为称为重播攻击。报文的时间认证可抗重播攻击。

下面给出几个抗重播攻击的密码协议，协议是日常生活中经常使用的概念，所谓协议，就是指两个或两个以上参与者为完成某项特定任务而执行的一系列步骤，密码协议则需要综合运用密码技术。

1. Needlan-Schroeder 协议

该协议的目的是要保证将会话密钥 K_S 安全地分配给 A 和 B。假定 A，B 和 KDC 分别共享秘密钥 K_A 和 K_B。

（1）A→KDC：$ID_A \parallel ID_B \parallel R_A$

（2）KDC→A：$E(K_S \parallel ID_B \parallel R_A \parallel E(K_S \parallel ID_A, K_B), K_A)$

（3）A→B：$E(K_S \parallel ID_A, K_B)$

（4）B→A：$E(R_B, K_S)$

（5）A→B：$E(f(R_B), K_S)$

这里使用 R_A，R_B 和 $f(R_B)$ 是为了防止重播攻击，即攻击者可能记录下旧报文，以后再播这些报文，如攻击者可截获第（3）步中的报文并重播之。第（2）步中的 R_A 可使 A 相信他收到的来自 KDC 的报文是新报文。第（4）和（5）步是为了防止重播攻击，若 B 在第（5）步中解密出的 $f(R_B)$ 与由原来的 R_B 计算的结果相同，则 B 可确信他收到的是新报文。

尽管有第（4）和（5）步的握手，但该协议仍有安全漏洞，若攻击者已知某旧会话密钥，则他可重播第（3）步中的报文以假冒 A 和 B 通信。假定攻击者 X 已知一个旧会话密钥 K_S 且截获第（3）步中的报文，则他就可以冒充 A：

（1）X→B：$E(K_S \parallel ID_A, K_B)$

（2）B→"A"：$E(R_B, K_S)$

（3）X→B：$E(f(R_B), K_S)$

这样 X 可使 B 相信他正在与"A"通信。若在第（2）和（3）步中使用时间戳则可抗上述攻击。

（1）A→KDC：$ID_A \parallel ID_B$

（2）KDC→A：$E(K_S ID_B TE(K_S ID_A T, K_B), K_A)$

（3）A→B：$E(K_S ID_A T, K_B)$

（4）B→A：$E(R_B, K_S)$

（5）A→B：$E(f(R_B), K_S)$

时间戳 T 使 A 和 B 确信该会话密钥是刚刚产生的，这样 A 和 B 均可知本次交换的是新会话密钥。A 和 B 通过检验下式来验证及时性：

$$|Clock-T| < \Delta t_1 + \Delta t_2$$

其中，Δt_1 是 KDC 的时钟与 A 或 B 的本地时钟正常误差的估计值，Δt_2 是预计的网络延

高等学校信息安全专业规划教材

时。每个节点可以根据某标准的参考源设置其时钟。由于时间戳受密钥的保护，所以即使攻击者知道旧会话密钥，也不能成功地重播报文，因为 B 可以根据报文的及时性检测出第(3)步中的重播报文。

这种方法的缺陷是依赖于时钟，而这些时钟需在整个网络上保持同步，但是，分布的时钟不可能完全同步。若发送方的时钟超前于接收方的时钟，那么攻击者就可以截获报文，并在报文内的时间戳为接收方当前时钟时重播报文。这种攻击称为抑制—重播攻击(suppress-replay attack)。

解决抑制—重播攻击的一种方法是，要求通信各方必须根据 KDC 的时钟周期性地校验其时钟。另一种方法是建立在使用临时交互号的握手协议之上，它不要求时钟同步，并且接收方选择的临时交互号对发送方而言是不可预知的，所以不易受抑制—重播攻击。

2. Neuman-stubblebine 协议

(1) A→B：$ID_A \parallel R_A$

(2) B→KDC：$ID_B \parallel R_B \parallel E(ID_A \parallel R_A \parallel T_B, K_B)$

(3) KDC→A：$E(ID_B \parallel R_A \parallel K_S \parallel T_B, K_A) \parallel E(ID_A \parallel K_S \parallel T_B, K_B) \parallel R_B$

(4) A→B：$E(ID_A \parallel K_S \parallel T_B, K_B) \parallel E(R_S, K_S)$

A 产生临时交互号 R_A，并将其标识和 R_A 以明文的形式发送给 B。

B 向 KDC 申请一个会话密钥。B 将其标识和临时交互号 R_B 以及用 B 和 KDC 共享的秘密钥 K_B 加密后的信息发送给 KDC，用于请求 KDC 给 A 发证书，它指定了证书接收方、证书的有效期和收到的 A 的临时交互号。

KDC 用其与 A 共享的秘密钥 K_A 对 ID_B，R_A，K_S 和 T_B 加密，用其与 B 共享的秘密钥 K_B 对 ID_A，K_S 和 T_B 加密后，连同 B 的临时交互号一起发送给 A。A 解密出 $ID_B \parallel R_A \parallel K_S \parallel T_B$，则可验证 B 曾收到过 A 最初发出的报文(因 ID_B)，可知该报文不是重播的报文(因 R_A)，并可从中得出会话密钥 K_S 及其使用时限 T_B。$E(ID_A \parallel K_S \parallel T_B, K_B)$ 可用做 A 进行后续认证的一张"证明书"。

A 用会话密钥对 R_B 加密后，连同证明书一起发送给 B。B 可由该证明书求得会话密钥，从而得出 R_B。用会话密钥对 B 的临时交互号加密可保证该报文是来自 A 的非重播报文。

上述协议提供了 A 和 B 通过会话密钥进行通信的安全有效手段。该协议使 A 拥有可用于对 B 进行后续认证的密钥，避免了与认证服务器的重复联系。假定 A 和 B 用上述协议建立并结束了一个会话，并且在该协议所建立的时限内 A 希望与 B 进行新的会话，则可使用下述协议：

(1) A→B：$E(ID_A \parallel K_s \parallel T_B, K_B) \parallel R'_A$

(2) B→A：$R'_B \parallel E(R'_A, K_S)$

(3) A→B：$E(R'_B, K_s)$

B 在步骤(1)收到报文后，可以验证证明书是否失效，新产生的 R'_A 和 R'_B 使双方确信没有重播攻击。这里 T_B 指的是对于 B 的时钟的时间，因为 B 只校验自身产生的时间戳，所以并不要求时钟同步。

3. Woo-Lam 协议

(1) A→KDC：$ID_A \parallel ID_B$

(2) KDC→A：$D(ID_B \parallel K_{eB}, K_{dKDC})$

(3) A→B：$E(R_A \parallel ID_A, K_{eB})$

(4) B → KDC：$ID_B \parallel ID_A \parallel E(R_A, K_{eKDC})$

(5) KDC → B：$D(ID_A \parallel K_{eA}, K_{dKDC}) \parallel E(D(R_A \parallel K_S \parallel ID_B, K_{dKDC}), K_{eB})$

(6) B → A：$E(D(R_A \parallel K_S \parallel ID_B, K_{dKDC} \parallel R_B, K_{eA})$

(7) A → B：$E(R_B, K_S)$

A 告诉 KDC 他想与 B 建立安全连接(步骤(1))；KDC 将 B 的公钥证书的副本返回给 A(步骤(2))；A 通过 B 的公钥告诉 B 他想与之通信，并同时将临时交互号 R_A 发送给 B(步骤(3))；B 向 KDC 索要 A 的公钥证书并请求会话密钥(步骤(4))；KDC 将 A 的公钥证书的副本和加密后的 $\{R_A, K_S, ID_B\}$ 一起返回给 B(步骤(5))。这条报文说明，K_S 是 KDC 为 B 产生的与 R_A 有关的秘密钥。K_S 和 R_A 使 B 确信 K_S 是新会话密钥。用 KDC 的私钥对三元组 $\{R_A, K_S, ID_B\}$ 签名使得 B 可以验证该三元组确实发自 KDC。由于是用 B 的公钥对三元组加密，因此其他各方均不能利用该三元组与 A 建立假冒连接。B 用 A 的公钥对 $D(R_A \parallel K_S \parallel ID_A \parallel ID_B, K_{dKDC})$ 和 B 产生 R_B 加密后发送给 A(步骤(6))。A 先解密得出会话密钥 K_S，然后用 K_S 对 R_B 加密后发送给 B(步骤(7))这样可使 B 确信 A 已经知道了会话密钥。

注意，由于步骤(5)和(6)中包含了 A 的标识 ID_A，临时交互号 R_A 仅在 A 所产生的所有临时交互号中唯一，因此 $\{ID_A, R_A\}$ 唯一标识了 A 的连接请求。

7.3 消息认证码

以消息认证码 MAC 为例，消息认证码是消息内容和密钥的公开函数，其输出是固定长度的短数据块：

$$MAC = C(M, K) \tag{7-3-1}$$

假定通信双方共享密钥 K，通过验证 MAC 与 M 的匹配关系来鉴别信息传递过程中完整性是否遭到破坏。

若发送方 A 向接收方 B 发送报文 M，则 A 计算 MAC，并将报文 M 和 MAC 发送给接收方：

$$A → B：M \parallel MAC$$

接收方收到报文后，用相同的密钥 K 进行相同的计算得出新的 MAC，并将其与接收到的 MAC 进行比较，若二者相等。则接收方相信报文未被修改，且接收方可以相信报文来自意定的发送方。

从理论上讲，对不同的 M，产生的报文认证码 MAC 不同，因为若 $M_1 \neq M_2$，而 $MAC_1 = C(M_1) = C(M_2) = MAC_2$，则攻击者可将 M_1 篡改为 M_2，而不被接收方发现。换言之，C 应与 M 的每一位相关。否则，若 C 与 M 中某位无关，则攻击者可篡改该位而不会被发现。但是，要使函数 C 具备上述性质，将要求报文认证码 MAC 至少和报文 M 一样，这是不现实的。因此，实际应用时要求函数 C 具备以下性质：

(1)对已知 M_1 和 $C(M_1, K)$ 构造满足 $C(M_2, K) = C(M_1, K)$ 的报文 M_2 在计算上是不可行的；

(2)$C(M, K)$ 应是均匀分布的，即对任何随机选择的报文 M_1 和 M_2，$C(M_1, K) = C(M_2, K)$ 的概率是 2^{-n}，其中 n 是 MAC 的位数。

(3)设 M_2 是 M_1 的某个已知的变换，即 $M_2 = f(M_1)$，如 f 逆转 M_1 的一位或多位，那么

$C(M_1, K) = C(M_2, K)$ 的概率是 2^{-n}。

性质 1 是为了阻止攻击者构造出与给定的 MAC 匹配的新报文，性质 2 是为了阻止基于选择明文的穷举攻击，也就是说，攻击者可以访问 MAC 函数，对报文产生 MAC，这样攻击者就可以对各种报文计算 MAC，直至找到与给定 MAC 相同的的报文为止。如果 MAC 函数具有均匀分布的特征，那么用穷举方法平时需要 2^{n-1} 步才能找到具有给定 MAC 的报文，性质 3 要求认证算法对报文各部分的依赖应是相同的，否则，攻击者在已知 M 和 $C(M, K)$ 时，可以对 M 的某些已知的"弱点"处进行修改，然后计算 MAC，这样有可能更早得出具有给定 MAC 的新报文。

值得注意的是，MAC 算法不要求可逆性，而加密算法必须是可逆的；与加密相比，认证函数更不易被攻破；由于收发双方共享密钥，因此 MAC 不能提供数字签名功能。

基于 DES 的 MAC 算法是目前使用最广泛的 MAC 算法之一，可以满足上面提出的要求，它采用 DES 运算的密文反馈链接（CBC）方式，需认证的数据被分成大小为 64 位的分组 $D_1 \| D_2 \| \cdots \| D_N$ 若最后分组不足 64 位，则在后填 0 至成 64 位的分组，图 6.2 给出了认证码（MAC）的计算过程。

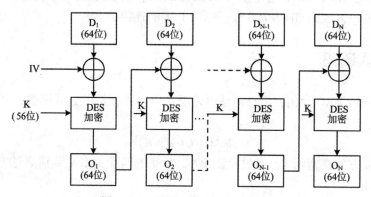

图 7.3.1 基于 DES 的 MAC 算法

其中，$O_1 = \mathrm{DES}(D_1, K)$；

$O_i = \mathrm{DES}(D_i \oplus O_{i-1}, K)(2 \leqslant i \leqslant N)$；

IV 为初始向量，此处取 0；

K 为密钥。

消息认证码 MAC 可以是整个分组 O_N，也可以是 O_N 最左边的 M 位，其中 $16 \leqslant M \leqslant 64$。根据图 7.3.1 MAC 算法的原理，我们很容易用其他强的分组密码，如 AES 产生 MAC。

7.4　Hash 函数

7.4.1　Hash 函数性质

Hash 函数将任意长的报文 M 映射为定长的 Hash 码 H，其形式为：
$$h = \mathrm{H}(M) \tag{7-4-1}$$
Hash 码也称报文摘要，它是报文每一位的函数，它具有错误检测能力，即改变报文的任何一位或多位，都会导致 Hash 码的改变，发送方将 Hash 码附于要发送的报文之后发送接收方，接收方通过重新计算 Hash 码来认证报文。Hash 函数在密码学中有广泛的应用背景，可应用于数字签名及伪随机数产生。

Merkle 提出了安全 Hash 函数的一般结构。如图 6.3 所示，它是一种迭代结构。目前所使用的大多数 hash 函数，如 MD5，SHA-1 和 RIPEMD-160 等均具有这种结构。它将输入报文分为 $L-1$ 个大小为 b 位的分组。若第 $L-1$ 个分组不足 b 位，则将其填充，然后，再附加上一个表示输入的总长度分组。由于输入中包含长度，所以攻击者必须找出具有相同 Hash 码且长度相等的两条报文，或者找出两条长度不等但加入报文长度后 Hash 码相同的报文，从而增加了攻击的难度。

Hash 函数可归纳如下：

$$CV_0 = IV = n \text{ 位初始值}$$
$$CV_i = f(CV_{i-1}, M_{i-1}) \qquad 1 \leqslant i \leqslant L$$
$$H(M) = CV_L$$

其中，Hash 函数的输入为报文 M，它由分组 M_0，M_1，M_2，…，M_{L-1} 组成，函数 f 的输入是前一步中得出 n 位结果(称为链接变量)和一个 b 位分组，输出为一个 n 位分组，通常 $b>n$，所以 f 称为压缩函数。

Hash 函数建立在压缩函数的基础上，许多研究者认为，如果压缩函数具有抗碰撞能力。那么迭代 Hash 函数也具有碰撞能力(其逆不一定为真)。因此，设计安全 Hash 函数，重要的是要设计具有抗碰撞能力的压缩函数，并且该压缩函数的输入是定长的。

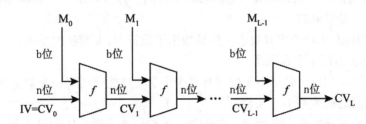

IV = 初始值；CV_i = 链接变量；M_i = 第 i 个输入分组；f = 压缩函数；L = 分组数

n = Hash 码长度；B = 输入分组的长度

图 7.4.1 安全 Hash 函数的一般结构

Hash 函数的目的就是要产生文件、报文或其他数据加密的"指纹"，Hash 函数要能够用于报文认证，它必须可应用于任意大小的数据块并产生足够定长的输出，对任何给定的 x，用硬件和软件均比较容易实现。除此以外，Hash 函数还应满足下列性质：

(1)单向性：对任何给定的 Hash 码 h，找到满足 $H(x) = h$ 的 x 在计算上是不可行的。

(2)抗弱碰撞性：对任何给定的分组 x，找到满足 $y \neq x$ 且 $H(x) = H(y)$ 的 y 在计算上是不可行的。

(3)抗强碰撞性：找到任何满足 $H(x) = H(y)$ 的偶对 (x, y) 在计算上是不可行的。

单向性是指由 Hash 码不能得出相应的报文。在上述讨论中，虽然秘密值 S 本身并不传送，但若 Hash 函数不是单向的，则攻击者可以获得该秘密值。攻击者可以截获传递的报文 M 和 Hash 码 $C = H(M \| S)$，然后求出 Hash 函数的逆，从而得出 $M \| S = H^{-1}(C)$，然后从 M

和 $M \parallel S$ 即可得出 S。

抗弱碰撞性可确保不能找到与给定报文具有相同的 Hash 码的另一报文，因此通过对 Hash 码加密来防止伪造，如果该性质不成立，那么攻击者可以截获一条报文 M 及其加密的 Hash 码 $E(\mathrm{H}(M), K)$，由报文 M 产生 $\mathrm{H}(M)$，然后找报文 M' 使得 $\mathrm{H}(M') = \mathrm{H}(M)$，这样攻击者可用 M' 取代 M。

要设计同时满足以上要求的 Hash 函数不是一件容易的事，M. Bellare 和 P. Rogaway 引入了随机预言模型提供了一个"理想的"Hash 函数的数学模型。在这个模型中，随机从 $F^{X,Y}$ 中选出一个 Hash 函数 $h: X \rightarrow Y$，仅允许预言器访问函数 h。这意味着不会给出一个公式或算法来计算函数 h 的值，因此，计算 $h(x)$ 的唯一方法就是访问预言器。

随机预言模型是一个很强的函数，它具有以下三个性质，即确定性、有效性和均匀输出性。这是 Hash 函数某种理想化的安全模型。这可以想象称为一个巨大的关于随机数的书中查询 $h(x)$ 的值，对于每个 x，有一个完全随机的值 $h(x)$ 与之对应，它是一种虚构的函数，因为显示中不存在如此强大的计算机。真实环境中的 Hash 函数仅以某种精度仿真随机预言模型的行为，使它们之间的差异是一个可以忽略的量。随机预言模型的提出对于要获得可证安全的抵抗主动攻击的加密体制来说是必不可少的，在公钥密码系统中有着广泛应用。

7.4.2　Hash 函数的安全性

由上述 Hash 函数性质可知，抗弱碰撞的 Hash 函数是在给定 m 下，考察与这个特定 m 的无碰撞性；而抗强碰撞性的 Hash 函数是考察任意两个元素的无碰撞性。因此，如果一个 Hash 函数是抗强碰撞的，则该函数一定是抗弱碰撞的，并且如果一个 Hash 函数是抗强碰撞的，则该函数一定是单向的。

下面介绍对 Hash 函数的生日攻击，生日攻击不设计 Hash 算法的结构，可用于攻击任何 Hash 函数。生日攻击源于生日问题。

生日问题之一：在一个教室中至少应有多少个学生才能使得有一个学生和另一个已确定的学生的生日相同的概率不小于 0.5？

因为除已确定的学生外，其他学生中任意一个与已确定学生同生日的概率为 $1/365$，而不与已确定的学生同生日的概率为 $364/365$，所以如果教室里有 t 个学生，则 $(t-1)$ 个学生都不与已确定学生同生日的概率为 $(364/365)^{t-1}$，因此，这 $t-1$ 个学生中至少有一个与已确定的学生同生日的概率为

$$p = 1 - (364/365)^{t-1}$$

要使 $p \geq 0.5$，只要 $(364/365)^{t-1} \leq 0.5$，不难计算，$t \geq 183$。

生日问题之二：在一个教室中至少应有多少各学生才能使得两个学生的生日在同一天的概率不小于 0.5？

易知 t 个人的生日都不在同一天的概率为

$$\left(1 - \frac{1}{365}\right)\left(1 - \frac{2}{365}\right)\cdots\left(1 - \frac{t-1}{365}\right)$$

因此，至少有两个学生同生日的概率为

$$p = 1 - \prod_{i=1}^{t-1}\left(1 - \frac{i}{365}\right)$$

当 x 是一个比较小的实数时，$1 - x \cong e^{-x}$，而

$$e^{-x} = 1 - x + \frac{x^2}{2!} - \frac{x^3}{3!} + \cdots$$

故

$$\prod_{i=1}^{t-1}\left(1 - \frac{i}{365}\right) \cong \prod_{i=1}^{t-1} e^{-\frac{i}{365}} = e^{-\frac{t(t-1)}{2 \times 365}}$$

由 $p = 1 - e^{-\frac{t(t-1)}{2 \times 365}}$ 可得 $e^{\frac{t(t-1)}{2 \times 365}} = \dfrac{1}{(1-p)^2}$，两边取对数可得

$$t^2 - t = 365 \ln \frac{1}{(1-p)^2}$$

取 $p = 0.5$，$t \approx 22.3$，因此，在一个教室中至少有 23 名学生，才能使得至少有两个学生生日在同一天的概率大于 0.5，若 t 取 100，则 $p \approx 0.9999997$，将该问题称为生日悖论。

抗弱碰撞的 Hash 函数正是基于类似于生日问题一的攻击而定义的，而抗强碰撞的 Hash 函数则是基于类似于生日问题之二的攻击而定义的。如果使用的 Hash 码函数值为 64 位，那么所需代价仅为 2^{32}，这意味着安全消息摘要的长度应有一个下界，现今最流行的 SHA-1 和 RIPEMD-160 的 Hash 码都是 160 位，而 MD5 的 Hash 码是 128 位。下面介绍一个重要的 hash 函数 SHA-1。

7.4.3　Hash 函数标准 SHA-1

安全 Hash 算法(SHA)是由美国标准与技术研究所(NIST)设计并于 1993 公布(FIPS PUB 180)的，1995 年又公布了 FIPS PUB 180-1，通常称之为 SHA-1 其输入为长度小于 2^{64} 位的报文，输出为 160 的报文摘要，该算法对输入按 512 位进行分组，并以分组为单位进行处理。

SHA-1 算法步骤如下：

(1)步骤 1：填充报文。填充报文的目的使报文长度与 448 模 512 同余(即长度 p448mod512)。若报文本身已经满足上述长度要求，仍然需要进行填充(例如，若报文长度为 448 位，则仍需要填充 512 位使长度为 960 位)因此填充位数在 1~512 之间。填充方法是在报文后附加一个 1 和若干个 0，然后附上表示填充前报文长度的 64 位数据(最高有效位在前)。

(2)步骤 2：初始化缓冲区。Hash 函数的中间结果和最终结果保存于 160 位的缓冲区中，缓冲区由 5 个 32 位的寄存器(A，B，C，D，E)组成，将这些寄存器初始化为下列 32 位的整数(十六进制值)：

A：6 7 4 5 2 3 0 1

B：E F C D A B 8 9

C：9 8 B A D C F E

D：1 0 3 2 5 4 7 6

E：C 3 D 2 E 1 F 0

其中，A，B，D 和 D 的值与 MD5 中使用的值相同，但其存储方式与 MD5 中不同。在 SHA-1 中，字节的最高有效字节存于低地址字节位置，即如下存储(十六进制值)：

A：6 7 4 5 2 3 0 1

B：E F C D A B 8 9

C：9 8 B A D C F E

高等学校信息安全专业规划教材

$$D: 1\ 0\ 3\ 2\ 5\ 4\ 7\ 6$$
$$E: C\ 3\ D\ 2\ E\ 1\ F\ 0$$

(3)步骤3：执行算法主循环，每次循环处理一个512位的分组，故循环次数为填充后报文的分组数，见图7.4.2，其中，$H_{\mathrm{SHA-1}}$压缩函数模块。

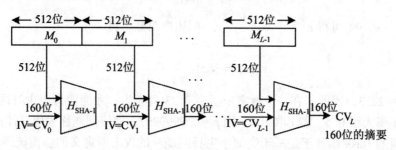

图7.4.2　利用SHA-1算法产生报文摘要

算法的核心是压缩函数，见图7.4.3。它由四轮运算组成，四轮运算结构相同，每轮的输入是当前要处理的512位的分组(M_q)和160位缓冲区ABCDE的内容，每轮使用的逻辑函数不同。分别为f_1，f_2，f_3和f_4，第四轮的输出与第一轮的输入相加得到压缩函数的输出。

(4)步骤4：输出。所有的 L 个512位的分组处理完后，第 L 个分组的输出即是160位的报文摘要。

SHA-1的处理过程可归纳如下：

$$CV_0 = IV$$
$$CV_{q+1}(0) = CV_q(0) + A_q$$
$$CV_{q+1}(1) = CV_q(1) + B_q$$
$$CV_{q+1}(2) = CV_q(2) + C_q$$
$$CV_{q+1}(3) = CV_q(3) + D_q$$
$$CV_{q+1}(4) = CV_q(4) + E_q$$
$$MD = CV_L$$

其中，IV = 缓冲区ABCDE的初值；

A_q，B_q，C_q，D_q，E_q = 处理 q 个报文分组时最后一轮的输出；

+ = 模 2^{32} 加法；

L = 报文中分组的个数(包括填充位和长度域)；

CV_q = 第 q 个链接变量；

MD = 报文摘要。

下面我们详细讨论每轮处理512位分组的过程，SHA-1中每轮要对缓冲区ABCDE进行20步迭代，因此压缩函数共有80步。每步迭代如图7.4.4所示。

也就是说，每步具有下述形式：

A，B，C，D，$E \leftarrow (E + f_t(B, C, D)) + (A <<< 5) + W_t + K_t)$，$A$，$(B <<< 30)$，$C$，$D$

其中，

A，B，C，D，E = 缓冲区的5个字；

t = 步骤编号，$0 \leqslant t \leqslant 79$；

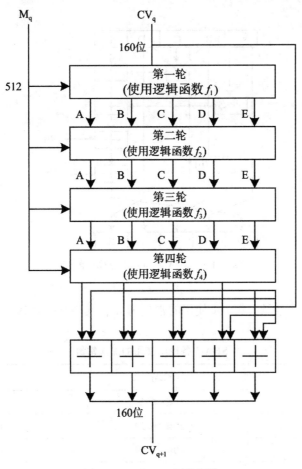

图 7.4.3　SHA-1 压缩函数

$f_t(B，C，D)$ = 第 t 步使用的基本逻辑函数；

$<<<s$ = 32 位的变量循环左移 S 位；

W_t = 从当前分组导出的 32 位的字；

K_t = 加法常量；

+ = 模 2^{32} 加法。

　　每轮使用一个逻辑函数，其输入均为三个 32 位的字，输出为一个 32 位的字，它们执行位逻辑运算，其定义见表 7.4.1 分别为：

表 7.4.1　　　　　　　　　　　　**SHA-1 中的逻辑函数**

步骤	函数名称	函数值
$0 \leqslant t \leqslant 19$	$f_1 = f_t(B，C，D)$	$(B \wedge C) \vee (\neg\, B \wedge D)$
$20 \leqslant t \leqslant 39$	$f_2 = f_t(B，C，D)$	$B \oplus C \oplus D$
$40 \leqslant t \leqslant 59$	$f_3 = f_t(B，C，D)$	$(B \wedge C) \vee (B \wedge D) \vee (C \wedge D)$
$60 \leqslant t \leqslant 69$	$f_4 = f_t(B，C，D)$	$B \oplus C \oplus D$

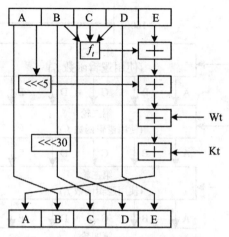

图 7.4.4　SHA-1 的基本操作(单步)

每轮使用一个加法常量,第 t 步使用的常量为 K_t,其中 $0 \leqslant t \leqslant 79$。其定义见表 7.4.2。

表 7.4.2　　　　　　　　　　　　　SHA-1 各轮中使用的加法常量

轮数	步骤编号 t	加法常量 K_t
第一轮	$0 \leqslant t \leqslant 19$	5A827999
第二轮	$20 \leqslant t \leqslant 39$	6ED9EBA1
第三轮	$40 \leqslant t \leqslant 59$	8F1BBCDC
第四轮	$60 \leqslant t \leqslant 69$	CA62C1D6

每步使用从 512 位的报文分组导出一个 32 位的字。因为共有 80 步,所以要将 16 个 32 位的字(M_0 至 M_{15})扩展为 80 个 32 位的字(W_0 至 W_{79})。其扩展过程为:

$$W_t = M_t \qquad\qquad\qquad\quad 若 0 \leqslant t \leqslant 15$$
$$W_t = (W_{t-16} \oplus W_{t-14} \oplus W_{t-8} \oplus W_{t-3}) <<< 1 \qquad 若 16 \leqslant t \leqslant 79 \qquad (7\text{-}4\text{-}2)$$

前 16 步迭代中 W_t 的值等于报文分组的第 t 个字,其余 64 步迭代中 W_t 等于前面某四个 W_t 值异或后循环左移一位的结果,SHA-1 将报文分组的 16 个字扩展为 80 个字供压缩函数使用,这种大量冗余使被压缩的报文分组相互独立,所以对给定的报文,找出具有相同压缩结果的报文会非常复杂。

2004 年,Joux 找出了 SHA-0 的碰撞,他的攻击方法需要 2^{51} 次运算。同年,Biham 等找出了 40 步的 SHA-1 的碰撞。2005 年,山东大学王小云等提出了对 SHA-1 的碰撞搜索攻击,该方法用于攻击完全版的 SHA-0 时,所需的运算次数小于 2^{39};攻击 58 步的 SHA-1 时,所需的运算次数少于 2^{33}。他们还分析指出,用他们的方法攻击 70 步的 SHA-1 时,所需的运算次数少于 2^{50};而攻击 80 步的 SHA-1 时,所需的运算次数小于 2^{69}。

7.4.4　SMS3 密码杂凑算法

2010 年,国家密码管理局发布了 SMS3 密码杂凑算法,并于 2012 年批准 SMS3 为密码行业标准。

对长度为 $l(l < 2^{64})$ 比特的消息 m，SM3 杂凑算法经过填充和迭代压缩，生成杂凑长度为 256 比特。首先给出 SMS3 的术语及参数定义。

大端(big-endian)：数据在内存中的一种表示格式，规定左边为高有效位，右边为低有效位。数的高阶字节放在存储器的低地址，数的低阶字节放在存储器的高地址。

字：长度为 32bit 的串。

初始值 IV = 7380166f4914b2b9172442d7da8a0600a96f30bc163138aae38dee4db0fb0e4e

$$常量\ T_j = \begin{cases} 79cc4519 & 0 \leqslant j \leqslant 15 \\ 7a879d8a & 16 \leqslant j \leqslant 63 \end{cases}$$

布尔函数

$$FF_j(X, Y, Z) = \begin{cases} X \oplus Y \oplus Z & 0 \leqslant j \leqslant 15 \\ (X \wedge Y) \vee (X \wedge Z) \vee (Y \wedge Z) & 16 \leqslant j \leqslant 63 \end{cases}$$

$$GG_j(X, Y, Z) = \begin{cases} X \oplus Y \oplus Z & 0 \leqslant j \leqslant 15 \\ (X \wedge Y) \vee (\neg X \wedge Z) & 16 \leqslant j \leqslant 63 \end{cases}$$

式中 X, Y, Z 为字。

置换函数

$$P_0(X) = X \oplus (X <<< 9) \oplus (X <<< 17)$$
$$P_1(X) = X \oplus (X <<< 15) \oplus (X <<< 23)$$

步骤 1　填充

假设消息 m 的长度为 l 比特，首先将比特"1"添加到消息的末尾，再添加 k 个"0"。k 是满足 l+1+k = 448mod512 的最小的非负整数。然后再添加一个 64 位比特串，该比特是长度 l 的二进制表示。填充后的消息 m′ 的比特长度为 512 的倍数。

例如：对消息 01100001 01100010 01100011，其长度为 1 = 24，经填充得到比特串：

$$\underbrace{011000010110001001100011}\ \overbrace{00\cdots00}^{423比特}\ \underbrace{\overbrace{00\cdots011000}^{64比特}}_{1的二进制表示}$$

步骤 2　迭代压缩

将填充后的消息 m′ 按 512 比特进行分组：$m' = B^{(0)}B^{(1)}\cdots B^{(n-1)}$

其中 n = $(l+k+65)/512$

对 m′ 按下列方式迭代：

FORi=0 TO n−1

　　$V^{(i+1)} = CF(V^{(i)}, B^{(i)})$

ENDFOR

其中 CF 是压缩函数，$V^{(0)}$ 为 256 比特初始值 IV，$B^{(i)}$ 为填充后的消息分组，迭代压缩的结果为 $V^{(n)}$。

令 A，B，C，D，E，F，G，H 为字寄存器，$SS1$，$SS2$，$TT1$，$TT2$ 为中间变量，压缩函数 $V^{i+1} = CF(V^{(i)}, B^{(i)})$，$0 \leqslant i \leqslant n - 1$。计算过程描述如下：

$ABCDEFGH \leftarrow V^{(i)}$

FOR j=0 TO 63

$SS1 \leftarrow ((A <<< 12) + E + (T_j <<< j)) <<< 7$

$SS2 \leftarrow SS1 \oplus (A <<< 12)$

高等学校信息安全专业规划教材

$$TT1 \leftarrow FF_j(A, B, C) + D + SS2 + W'_j$$
$$TT2 \leftarrow GG_j(E, F, G) + H + SS1 + W_j$$
$$D \leftarrow C$$
$$C \leftarrow B \lll 9$$
$$B \leftarrow A$$
$$A \leftarrow TT1$$
$$G \leftarrow F \lll 19$$
$$F \leftarrow E$$
$$E \leftarrow P_0(TT2)$$
ENDFOR
$$V^{(i+1)} \leftarrow ABCDEFGH \oplus V^{(i)}$$

其中，字的存储为大端(big-endian)格式。

步骤3　消息扩展

将消息分组 $B^{(i)}$ 按以下方法扩展生成132个字 W_0, W_1, $\cdots$, W_{67}, W'_0, W'_1, $\cdots$, W'_{63}，用于压缩函数 CF：

(1)将消息分组 $B^{(i)}$ 划分为16个字 W_0, W_1, $\cdots$, W_{15}。

(2)FOR $j = 16$ TO 67
$$W_j \leftarrow P_1(W_{j-16} \oplus (W_{j-3} \lll 15)) \oplus (W_{j-13} \lll 7) \oplus W_{j-6}$$
ENDFOR

(3)FOR $j = 0$ TO 63
$$W'_j = W_j \oplus W_{j+4}$$
ENDFOR

输出256比特的杂凑值 $ABCDEFGH \leftarrow V^{(n)}$。

除了提出SMS3杂凑算法外，近5年来，我国学者在杂凑算法的设计与分析方面也取得了突破性成果。吴文玲等人设计了轻量级杂凑函数LHash，LHash具有灵活可调的参数，可在安全性、速度、实现代价等指标之间进行有效折中，此外，在对SHA-3竞选候选算法评估上也取得了一些研究成果。

7.5　基于Hash函数的消息认证码HMAC

MAC反映了传统上构造MAC最为普遍使用的方法，即基于分组密码的构造方法。但近年来研究构造MAC的兴趣已经转移到基于Hash函数的消息认证码的构造，即HMAC，这是因为Hash函数的软件实现快于分组密码、Hash函数的源代码来源广泛且Hash函数没有出口限制，而分组密码即使用于MAC也有出口限制。

杂凑函数并不是为MAC而设计的，由于Hash函数不使用密钥，因此不能直接用于MAC。目前，已提出了很多将Hash函数应用于构造MAC的方法，其中HMAC就是其中之一。HMAC发表在RFC2104中，目前已经作为IP安全中强制实行的MAC，同时也被一些Internet协议如SSL使用。

RFC2014给出了HMAC的设计目标：

(1)无须修改地使用现有的杂凑函数；

（2）当出现或获得更快的或更安全的 Hash 函数时，对算法中嵌入的 Hash 函数要能轻易地进行替换；

（3）保持 Hash 函数的原有性能，不会导致算法性能的降低；

（4）使用和处理密钥的方式简单；

（5）基于嵌入 Hash 函数的合理假设，认证机制的强度具有可分析性。

前两个目标对 HMAC 的普及很重要。HMAC 将杂凑函数看做是一个"黑盒"，其优点为：第一，一个已有的 Hash 函数实现可以作为 HMAC 实现中的一个模块，在这种方式下，大量的 HMAC 程序代码能够预先打包，无需修改就可使用。第二，如果想在一个 HMAC 实现中替换一个给定的 Hash 函数，那么所要做的工作就是用新的 Hash 函数模块替换现有的杂凑函数模块。更为重要的是，如果嵌入的 Hash 函数已经不够安全，那么可简单用更安全的 Hash 函数来替换嵌入的 Hash 函数，使 HMAC 保持原有的安全性。

图 7.5.1 给出了 HMAC 的算法结构。

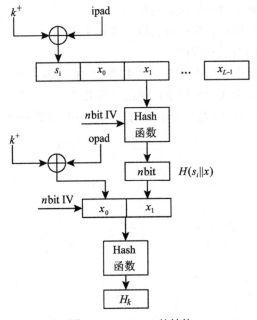

图 7.5.1 HMAC 的结构

假设分组长度为 b 比特，图中符号说明如下：

（1）k 是该认证码要求的密钥长度，k^+ 是在 k 的左边填充 0，使得 k^+ 的比特长度为 b 比特；

（2）ipad 是由 8 比特数据 00110110 重复 $b/8$ 次得到的 b 比特数据；opad 是由 8 比特数据 01011010 重复 $b/8$ 次得到的 b 比特数据；

（3）IV 是 Hash 函数的 n 比特初始值；

（4）x_0，x_1，…，x_{L-1} 是要处理消息的 L 个 b 比特分组（MD 强化后的消息）；

（5）s_i 是 b 比特的 k^+ 和 ipad 按位异或得到的 b 比特数据；s_0 是 b 比特的 k^+ 和 opad 按位异或得到的 b 比特数据。

（6）h^+是由 n 比特的 $H(s_i \parallel x)$ 填充得到的 b 比特数据，填充方法与 k^+ 相同。

HMAC 的实现流程如下：

（1）将 k^+ 与 ipad 按位异或得到的 b 比特数据作为 Hash 函数的第一各分组，经过 Hash 运算得到 n 比特的 Hash 值 $H(s_i \parallel x)$；

（2）对消息 $(k^+ \oplus \text{opad}) \parallel h^+$ 再进行 Hash 运算，得到 n 比特 Hash 值 H_k。

为了提高实现效率，可以进行两个预计算：$H(\text{IV}, k^+ \oplus \text{ipad})$ 和 $H(\text{IV}, k^+ \oplus \text{opad})$，这两个计算结果将代替杂凑函数的初始值 IV。采用这种方式，对 Hash 函数的处理只增加了一个 h^+ 的 Hash 运算过程，这种实现方式特别适合在密钥不需变动情况下短报文的 HMAC 计算，对于长报文，HMAC 的执行时间近似等于嵌入的 Hash 函数的执行时间。

习 题 7

7.1　认证的基本思想是什么？

7.2　认证与加密、数字签名的区别有哪些？

7.3　什么是随机预言模型？随机预言模型存在吗？

7.4　报文内容认证的方法有哪些？

7.5　哈希函数应满足哪些基本性质，其主要应用有哪些？

7.6　分组密码的工作模式中可用于认证的有哪几种？

7.7　设 Hash 函数输出空间大小为 2^{160}，找到该 Hash 函数一个碰撞概率大于 1/2 所需要的计算量是多少？

第8章 数字签名

在日常的工作和生活中，许多事务的处理需要当事者签名。例如，签订协议与合同，批复各种文件，到银行取款等。签名起到确认、核准、生效和负责等多种作用。

我们可以将签名看做证明当事者身份和数据真实性的一种信息，具有不同的形式。在传统的以书面文件为基础的事务处理中，采用书面签名的形式，如印章、手印等。书面签名具有一定法律效力。在以计算机文件为基础的现代事务处理中，应采用电子形式的签名，即数字签名。

数字签名是现代信息安全的核心技术之一，也是密码学的重要研究领域。在过去的30年里，数字签名技术得到了非常大的发展，从单纯实现消息完整性和签名者身份验证，发展到具有各种各样特殊功能，如代理签名、群签名、盲签名等。它所使用的数学难题包括大合数因子分解难题、有限域上离散对数难题、椭圆曲线离散对数难题等，数字签名的研究进展代表了公钥密码学的研究进展，充分体现了现代密码学精确而灵活的特点。

本章介绍数字签名原理、典型数字签名方案以及特殊作用数字签名。

8.1 数字签名原理

数字签名与手写签名虽然都属于签名，但仍存在较大区别。首先，二者载体不同，传统签名的载体一般是纸质的，而数字签名的载体具有电磁形式；其次，传统签名与文件有共同载体，签名与文件通过纸张这一物理载体绑定，不可分割，具有唯一性，不可复制性。而在数字签名中，签名与电子文件一样，均表现为0，1信号。其副本与原签名无任何区别，并可任意复制；此外，二者的验证方法也存在不同，对传统签名的验证主要通过与一个真实的签名的比对进行，即通过笔迹来鉴别签名的真伪，由于数字签名可以任意复制，决定了数字签名的验证方法与手写签名存在不同。但无论是手写签名还是数字签名，都应满足以下性质：

(1) 签名应与文件是一个不可分割的整体，具有绑定性，可以防止签名被分割后替换文件或替换签名等形式的伪造；

(2) 签名者事后不能否认自己的签名；

(3) 接收者能够验证签名，且可唯一地产生签名，防止其他任何人伪造签名；

(4) 当双方关于签名的真伪发生争执事，能够通过公正的仲裁者通过验证签名来确认其真伪。

为满足数字签名上述性质，多基于公钥密码算法实现数字签名。许多国际标准化组织都采用公开密钥密码数字签名作为数字签名标准。例如，1994年颁布的美国数字签名标准DSS采用的是基于ElGamal公开密钥密码的数字签名，2000年美国政府又将RSA和椭圆曲线密码引入数字签名标准DSS，进一步充实了DSS的算法。著名的国际安全电子交易标准

SET 协议也采用 RSA 密码数字签名和椭圆曲线密码数字签名。

一个数字签名方案由两部分组成：产生签名和验证签名。具体可由满足以下条件的五元组(M, S, K, SIG, VER)来描述：

(1)M 是所有可能消息组成的一个有限集合。

(2)S 是所有可能签名值组成的一个有限集合。

(3)K 是所有可能签名及验证密钥组成的一个有限集合，即密钥空间。

(4)产生密名算法为 SIG，则有

$$SIG(M, K) = S \qquad (8\text{-}1\text{-}1)$$

(5)验证签名算法为 VER，给定一个消息以及与其对应的签名(m, sigk(m))，验证算法根据签名是否真实输出"真"或"假"。即

$$VER(S, K) = \begin{cases} \text{真}, & \text{当 } S = SIG(M, K) \\ \text{假}, & \text{当 } S \neq SIG(M, K) \end{cases} \qquad (8\text{-}1\text{-}2)$$

本质上，签名算法是一个由密钥控制的函数，对任意一个消息 m，一个签名密钥 k，签名算法产生一个签名 $S = SIG_k(m)$，签名算法是可以公开的，但是签名密钥是保密的，任何不知道签名密钥的人不可能产生正确的签名，从而不能伪造有效签名。验证算法也是公开的，任何人均能通过签名者的公开信息验证签名。

在数字签名中还有几个有待解决的问题。第一，验证签名的过程中，验证者 B 需要用到明文 M，因为 B 事先并不知道明文 M，那么 B 怎样判定签名是否正确的呢？第二，怎样阻止 B 或 A 用 A 以前发给 B 的签名数据，或用 A 发给其他人的签名数据来冒充当前 A 发给 B 的签名数据呢？仅仅靠签名本身并不能解决这些问题。

对于这两个问题，只要合理设计明文的数据格式便可以解决。一种可行的明文数据格式如下：

发方标识符	收方标识符	报文序号	时间	数据正文	纠检错码

图 8.1.1 待签消息数据格式图

形式上可将 A 发给 B 的第 i 份报文表示为：

$$M = \langle A,\ B,\ I,\ T,\ DATA,\ CRC \rangle \qquad (8\text{-}1\text{-}3)$$

进一步将附加报头数据记为

$$H = \langle A,\ B,\ I \rangle \qquad (8\text{-}1\text{-}4)$$

于是，A 以 $\langle H, Sig(M, K_{dA}) \rangle$ 为最终报文发给 B，其中，H 为明文形式。由于以明文形式加入了发方标识符、收方标识符、报文序号、时间等附加信息，就使得任何人一眼就可识破 B 或 A 用 A 以前发给 B 的签名报文，或用 A 发给其他人的签名报文来伪造冒充当前 A 发给 B 的签名报文的伪造或抵赖行为。其次，B 收到 A 的签名报文后，只要用 A 的公开密钥验证签名并恢复出正确的附加信息 $H = \langle A, B, I \rangle$，便可断定 M 明文是否正确，而附加 $H = <A, B, I>$ 的正确与否 B 是知道的。设验证签名时恢复出的附加信息为 $H = <A^*, B^*, I^*>$，而接收到的报头数据为 $H = <A, B, I>$，当且仅当 $A^* = A$ 且 $B^* = B$ 且 $I^* = I$ 时我们认定恢复出正确的附加信息 $H = <A, B, I>$。

可以根据附加信息 $H = <A, B, I>$ 的正确性来判断明文 M 的正确性的依据是以下事实。

设附加信息 $H=<A，B，I>$ 的二进制长度为 l，再设所用的公开密钥密码具有良好的随机性，即明文和密钥中的每一位对密文中的每一位的影响是随机独立的。这样，用 A 的公开密钥 K_{eA} 之外的任何密钥对 A 的签名 S_A 进行验证，或者用包括 K_{eA} 在内的任一密钥对假签名 S'_A 进行验证，而恢复出正确的附加信息 $H=\langle A，B，I \rangle$ 的概率 $\leqslant 2^{-l}$。因此，根据附加信息 $H=\langle A，B，I \rangle$ 的正确性来判断明文的正确性的错判概率

$$p_e \leqslant 2^{-l} \tag{8-1-5}$$

而 l 是设计参数，当 l 足够大时这一概率是极小的。另外，明文中的时间信息应有合理的取值范围，超出合理的取值范围便知道明文是不正确的。明文中的数据正文显然应有正确的语义，如果发现语义有错误，则知道明文是不正确的。根据明文中的纠错码也可判别明文的正确与否。因此，在实际签名通信中，结合时间、语义和纠错码进行综合判断可使错判的概率更小。

注意，在实际应用中为了缩短签名的长度、提高签名的速度，而且为了更安全，常对信息的摘要进行签名，这时要用 $\text{HASH}(M)$ 代替 M，而且数据格式也要结合实际认真设计。

8.2　典型数字签名方案

8.2.1　RSA 数字签名方案

并不是所有公钥密码算法均可应用于数字签名，只有当其加密变换与解密变换是可交换的互逆变换时，才可将该公钥密码算法应用于数字签名。显然，RSA 算法满足以上性质，可应用于数字签名：

$$D(E(M)) = (M^e)^d = M^{ed} = (M^d)^e = E(D(M)) \bmod n$$

因此，利用 RSA 密码可以同时实现数字签名和数据加密，同时确保数据的机密性和真实性。

设 M 为明文，$K_{eA}=(e，n)$ 是 A 的公钥，$K_{dA}=(d，p，q，\varphi(n))$ 是 A 的私钥。则 A 对 M 的签名过程：

$$S_A = D(H(M)，K_{dA}) = (H(M)^d) \bmod n \tag{8-2-1}$$

S_A 便是 A 对 M 的签名。

验证签名的过程：

$$VER_{K_{eA}}(M，S_A) = true \Leftrightarrow H(M) = (H(M)^d)^e \bmod n \tag{8-2-2}$$

由于 K_{e_A} 是公开的，因此任何人均可验证签名的正确性，由于 K_{d_A} 是保密的，因而其他人无法伪造签名，签名者也无法否认签名。与 RSA 加密算法一样，RSA 数字签名方案的安全性也是基于大合数因子分解难题，即成功伪造签名的困难程度不亚于成功分解大合数。

PGP(Pretty Good Privacy) 是一种基于 Internet 的保密电子邮件软件系统。它能够提供邮件加密、数字签名、认证、数据压缩和密钥管理功能。由于它功能强大，使用方便，所以在 Windows，Unix 和 MASHINTOSH 平台上得到广泛应用。

PGP 采用 ZIP 压缩算法对邮件数据进行压缩，采用 IDEA 对压缩后的数据进行加密，采用 MD5 HASH 函数对邮件数据进行散列处理，采用 RSA 对邮件数据的 HASH 值进行数字签名，采用支持公钥证书的密钥管理。为了安全，PGP 采用了先签名后加密的数字签名方案。

PGP 巧妙地将公钥密码 RSA 和 IDEA 传统密码结合起来，兼顾了安全和效率。支持公钥证书的密钥管理使 PGP 系统更安全方便。PGP 还有相当的灵活性，对于传统密码支持

IDEA，3DES，公钥密码支持 RSA，Diffie-Hellman 密钥协议，HASH 函数支持 MD5，SHA。这些明显的技术特色使 PGP 成为 Internet 环境最著名的保密电子邮件软件系统。

PGP 采用 1024 位的 RSA，128 位的 IDEA、128 位的 MD5、Diffie-Hellman 密钥交换协议、公钥证书，因此 PGP 是安全的。如果采用 160 位的 SHA，则 PGP 将更安全。

PGP 的发送过程如图 8.2.1 所示：

(1)邮件数据 M 经 MD5 进行散列处理，形成数据摘要；

(2)用发送者的 RSA 私钥 K_d 对摘要进行数字签名，以确保真实性；

(3)将邮件数据与数字签名拼接：数据在前，签名在后；

(4)用 ZIP 对拼接后的数据进行压缩，以便于存储和传输；

(5)用 IDEA 对压缩后的数据进行加密，加密密钥为 K，以确保数据的机密性；

(6)用接收者的 RSA 公钥 K_e 加密 IDEA 的密钥 K；

(7)将经 RSA 加密的 IDEA 密钥与经 IDEA 加密的数据拼接：数据在前，密钥在后；

(8)将加密数据进行 BASE 64 变化，变化成 ASCII 码。因为许多 E-mail 系统只支持 ASCII 码数据。

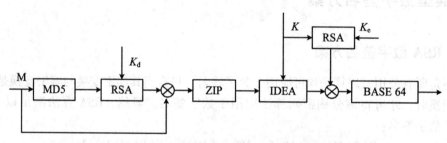

图 8.2.1　PGP 的发送过程

RSA 的数字签名简单，但要实际应用还要注意许多问题，以下是对 RSA 签名方案的主要攻击。

1. 一般攻击

由于 RSA 密码的加密运算和解密运算具有相同的形式，都是模幂运算。设 e 和 n 是用户 A 的公开密钥，所以任何人都可以获得并使用 e 和 n。攻击者随意选择一个数据 Y，并用 A 的公开密钥计算 $X = (Y)^e \bmod n$，于是便可以用 Y 伪造 A 的签名。因为 Y 是 A 对 X 的一个有效签名。

这种攻击实际上的成功率是不高的。因为对于随意选择的 Y，通过加密运算后得到的 X 具有正确语义的概率是很小的。

可以通过认真设计数据格式或采用 HASH 函数与数字签名相结合的方法阻止这种攻击。

2. 利用已有的签名进行攻击

假设攻击者想要伪造 A 对 M_3 的签名，他很容易找到另外两个数据 M_1 和 M_2，使得

$$M_3 = M_1 M_2 \bmod n$$

他设法让 A 分别对 M_1 和 M_2 进行签名：

$$S_1 = (M_1)^d \bmod n$$

$$S_2 = (M_2)^d \bmod n$$

于是攻击者就可以用 S_1 和 S_2 计算出 A 对 M_3 的签名 S_3：

$$(S_1 S_2) \bmod n = ((M_1)^d (M_2)^d) \bmod n = (M_3)^d \bmod n = S_3$$

应对这种攻击的方法是用户不要轻易地对其他人提供的随机数据进行签名。更有效的方法是不直接对数据签名，而是对数据的 HASH 值签名。

3. 利用签名进行攻击获得明文

设攻击者截获了密文 C，$C = M^e \bmod n$，他想求出明文 M。于是，他选择一个小的随机数 r，并计算

$$x = r^e \bmod n$$
$$y = xC \bmod n$$
$$t = r^{-1} \bmod n$$

因为 $x = r^e \bmod n$，所以 $x^d = (r^e)^d \bmod n$，$r = x^d \bmod n$。然后攻击者设法让发送者对 y 签名，于是攻击者又获得

$$S = y^d \bmod n$$

攻击者计算

$$tS \bmod n = r^{-1} y^d \bmod n = r^{-1} x^d C^d \bmod n = C^d \bmod n = M$$

于是，攻击者获得了明文 M。

对付这种攻击的方法也是用户不要轻易地对其他人提供的随机数据进行签名。最好是不直接对数据签名，而是对数据的 HASH 值签名。

4. 对先加密后签名方案的攻击

我们已经介绍了先签名后加密的数字签名方案，这一方案不仅可以同时确保数据的真实性和秘密性，而且还可以抵抗对数字签名的攻击。

假设用户 A 采用先加密后签名的方案把 M 发送给用户 B，则他先用 B 的公开密钥 e_B 对 M 加密，然后用自己的私钥 d_A 签名。再设 A 的模为 n_A，B 的模为 n_B，于是 A 发送如下的数据给 B：

$$((M)^{e_B} \bmod n_B)^{d_A} \bmod n_A \tag{8-2-3}$$

如果 B 是不诚实的，则他可以用 M_1 抵赖 M，而 A 无法争辩。因为 n_B 是 B 的模，所以 B 知道 n_B 的因子分解，于是他就能计算模 n_B 的离散对数，即他就能找出满足 $(M_1)^x = M \bmod n_B$ 的 x。然后他公布他的新公开密钥为 $x e_B$。这时，他就可以宣布他收到的是 M_1 而不是 M。

A 无法争辩的原因在于式(8-2-4)成立。

$$((M_1)^{x e_B} \bmod n_B)^{d_A} \bmod n_A = ((M)^{e_B} \bmod n_B)^{d_A} \bmod n_A \tag{8-2-4}$$

为了对付这种攻击，发送者应当在发送的数据中加入时间戳，从而可证明是用 e_B 对 M 加密而不是用新公开密钥 x_{e_B} 对 M_1 加密。另一种对付这种攻击的方法是经过 HASH 处理后再签名。

但以下情况例外。

例 8.1 设在 RSA 密码系统中，用户 A 的模数为 $N_A = 13 \times 17 = 221$，其公钥为 $e_A = 29$，用户 B 的模数 $N_B = 11 \times 7 = 77$，其公钥为 $e_B = 7$，用户 A 想对消息 $m = 100$ 既签名又加密后发送给用户 B，试给出具体实现方法。

用户 A 的操作步骤如下：

(1) 计算出 $d_A = 5$，对消息 $m = 100$ 签名为：$y = 100^5 \bmod 221 = 172$。

(2) 对 y 加密得：$c = 172^7 \bmod 77 = 39$。

（3）用户 B 收到 c 后，利用自己的私钥 $d_B = 43$ 解密得到 $y' = 39^{43} \bmod 77 = 18$。

（4）再用 A 的公钥对其进行验证得 $m' = 18^{29} \bmod 221 = 81$。$m \neq m'$，与实际不符。

出现这种情况的根本原因在于第（2）步中 $N_A > N_B$，导致取模后结果不一致。

为解决这一问题，需先做模数小的那方对应的运算，即先做加密运算，再做签名运算，但攻击者可通过假冒信源对这一方案实施攻击。另一种解决方法是系统中的每个用户采用两个模数：一个用于加密；另一个用于签名。并且保证所有用户的签名模数都小于其他用户的加密模数。这样，任意一个用户若需要对某个消息进行既签名又加密时，均可先对消息签名，然后再对消息加密。

8.2.2 ELGamal 数字签名方案

ELGamal 密码既可以用于加密又可以实现数字签名，ELGamal 签名方案的数学基础是基于 Z_p^* 上离散对数问题的难解性。

1. 系统参数

设 p 是一素数，满足 Z_p 中离散对数问题是难解的，a 是 Z_p^* 中的本原元，选取 $x \in [0, p-1]$，计算 $y \equiv a^x (\bmod p)$，则私钥为 x，公钥为 (a, y, p)。

2. 产生签名

设用户 A 要对明文消息 m 签名，$0 \leq m \leq p-1$，其签名过程如下：

（1）用户 A 随机地选择一个整数 k，$1 < k < p-1$，且 $(k, p-1) = 1$；

（2）计算 $$r = a^k \bmod p \qquad (8\text{-}2\text{-}5)$$

（3）$$s = (m - xr)k^{-1} \bmod (p-1) \qquad (8\text{-}2\text{-}6)$$

（4）取 (r, s) 为 m 的签名，并以 (m, r, s) 的形式发给用户 B。

3. 验证签名

用户 B 验证 $a^m = y^r r^s \bmod p$，是否成立，若成立，则签名为真；否则，签名为假。签名体制的正确性可验证如下：

$$y^r r^s = a^{rx} a^{ks} = a^{rx+m-rx} = a^m \bmod p。$$

ELGamal 数字签名的安全性分析及讨论：

（1）对于一个数字签名方案，其安全性基本要求是防伪造攻击，即任何不知道签名密钥的人均不能伪造一个合法签名通过验证。在 ELGamal 签名方案中，设一个攻击者希望成功伪造一个数字签名通过验证，他随机选择一个随机数 k，计算出 $r = g^k \bmod p$，为获得对应的 $s = k^{-1}(m-xr) \bmod (p-1)$，他必须计算离散对数 $\log_r(g^m y^{-r})$。

（2）对于随机数 k，应注意两方面的情况：首先，k 不能泄露，因为如果知道 k 的话，那么计算 $x = (m - sk)r^{-1} \bmod (p-1)$ 是容易的。

（3）随机数 k 不能重复使用，假设签名者对 m_1 和 m_2 使用同一随机数签名，设 (m_1, r, s_1) 和 (m_2, r, s_2) 是利用同一随机数产生的两个签名值，则：

$$\begin{cases} s_1 = k^{-1}(m_1 - xr) \bmod (p-1) \\ s_2 = k^{-1}(m_2 - xr) \bmod (p-1) \end{cases}$$

由此得：

$$k = (m_1 - m_2)(s_1 - s_2)^{-1} \bmod (p-1)$$

当求出 k 后，可进一步求出私钥 x，从而成功伪造签名。

（4）由于验证算法只是核实等式 $a^m = y^r r^s \bmod p$ 是否成立，故可考虑通过伪造使该等式成立的签名(r, s)来攻击此方案。下面提出一种攻击方法，攻击者选择两随机数 u 和 w，满足 $0 \leqslant u \leqslant p-2$，$0 \leqslant w \leqslant p-2$，且 $(w, p-2) = 1$。计算

$$r = a^u y^{-w} \bmod p, \quad s = rw^{-1} \bmod (p-1), \quad m = us$$

由以上三式得 $y^r r^s = y^r (a^u y^{-w})^s = y^r a^{us} y^{-ws} = y^r a^{us} y^{-r} = a^{us} = a^m \bmod p$。

因此(r, s)为 m 的合法签名。这种方法虽能产生有效的伪造签名，但是在没有解决离散对数问题时，攻击者是不能对任意消息进行成功的伪造签名的。因此这不意味着 ELGamal 数字签名方案受到很大的威胁。为了抵抗这种所有签名体制都存在的类似的攻击方法，一般采用单向 Hash 函数与签名方案相结合的方法。

ELGamal 签名的一个重要特点是其签名的效率较高，只需要进行一次模幂运算、一次 Euclid 求逆运算、两次模乘运算，且模指数运算可线下预先进行，因此其签名在线计算时间只需要两次模乘运算。其另一优势是系统中多个用户可使用相同的大素数 p 和生成元 g，而不会造成像 RSA 密码系统中由于多个用户共模导致的安全威胁。

由于利用 ELGamal 密码实现数字签名安全方便，故常应用于数字签名中，表 8.2.1 给出了 18 种利用 ELGamal 密码实现数字签名的变形算法。其中是 x 用户的私钥，k 是随机数，a 是一个模 p 的本原元，m 是要签名的信息，r 和 s 是签名的两个分量。

表 8.2.1 　　　　　　　　**18 种 ELGamal 密码实现数字签名的变形算法**

编号	签名算法	验证算法
1	$mx = rk+s \bmod p-1$	$y^m = r^r a^r \bmod p$
2	$mx = sk+r \bmod p-1$	$y^m = r^s a^r \bmod p$
3	$rx = mk+s \bmod p-1$	$y^r = r^m a^s \bmod p$
4	$rx = sk+m \bmod p-1$	$y^r = r^s a^m \bmod p$
5	$sx = rk+m \bmod p-1$	$y^s = r^r a^m \bmod p$
6	$sx = rk+r \bmod p-1$	$y^s = r^m a^r \bmod p$
7	$rmx = k+s \bmod p-1$	$y^{rm} = ra^s \bmod p$
8	$x = mrk+s \bmod p-1$	$y = r^{rm} a^s \bmod p$
9	$sx = k+mr \bmod p-1$	$y^s = ra^{mr} \bmod p$
10	$x = sk+rm \bmod p-1$	$y = r^s a^{rm} \bmod p$
11	$rmx = sk+1 \bmod p-1$	$y^{rm} = r^s a \bmod p$
12	$sx = rmk+1 \bmod p-1$	$y^s = r^{rm} a \bmod p$
13	$(r+m)x = k+s \bmod p-1$	$y^{r+m} = ra^s \bmod p$
14	$x = (m+r)k+s \bmod p-1$	$y = r^{r+m} a^s \bmod p$
15	$sx = k+(m+r) \bmod p-1$	$y^s = ra^{m+r} \bmod p$
16	$x = sk+(r+m) \bmod p-1$	$y = r^s a^{m+r} \bmod p$
17	$(r+m)x = sk+1 \bmod p-1$	$y^{r+m} = r^s a \bmod p$
18	$sx = (r+m)k+1 \bmod p-1$	$y^s = r^{r+m} a \bmod p$

其中，第四个方程就是原始的 ELGamal 数字签名算法，美国数字签名标准（DSS）的签名算法 DSA 是它的一种变形（引入了一个模参数 q）。通过类似的方法，其余 17 种变形也都能

转化为 DSA 型签名算法。

例 6.2 取 $p=11$，生成元 $\alpha=2$，私钥 $x=8$。计算公钥

$$y=\alpha^x \bmod p=2^8 \bmod 11=3$$

取明文 $m=5$，随机数 $k=9$，因为 $(9, 11)=1$，所以 $k=9$ 时是合理的。计算

$$r=\alpha^k \bmod p=2^9 \bmod 11=6$$

再利用 Euclidean 算法从下式求出 s，

$$M=(sk+x_A r) \bmod p-1$$
$$5=(9s+8\times6) \bmod 10$$
$$s=3$$

于是签名 $(r, s)=(6, 3)$。

为了验证签名，需要验证 $\alpha^M=y_A^r r^s \bmod p$，是否成立。为此计算

$$\alpha^M=2^5 \bmod 11=32 \bmod 11=10$$
$$y_A^r r^s \bmod p=3^6\times6^3 \bmod 11=729\times216 \bmod 11$$
$$=157464 \bmod 11=10$$

通过签名验证，签名是真实的。

8.2.3　数字签名标准 DSS

1994 年，美国政府颁布了数字签名标准 DSS(Digital Signature Standard)，这标志着数字签名已得到政府的支持。和当年推出 DES 时一样，DSS 一提出便引起了一场激烈的争论。反对派的代表人物是 MIT 的 Rivest 和 Stsndford 的 Hellman 教授。反对的意见主要认为，DSS 的密钥太短，效率不如 RSA 高，不能实现数据加密，并怀疑 NIST 在 DSS 中留有"后门"。尽管争论十分激烈，最终美国政府还是颁布了 DSS。针对 DSS 密钥太短的缺点，美国政府将 DSS 的密钥从原来的 512 位提高到 512~1024 位，从而使 DSS 的安全性大大增强。从 DSS 颁布至今尚未发现 DSS 有明显缺陷。目前，DSS 的应用已十分广泛，并被一些国际标准化组织采纳作为标准。2000 年 1 月，美国政府将 RSA 的椭圆曲线密码引入数字签名标准 DSS，进一步丰富了 DSS 的算法。美国的一些州已经通过了相关法律，正式承认数字签名的法律意义。这是数字签名得到法律支持的一个重要标志。可以预计，从此以后 DSS 数字签名标准将得到广泛的应用。

1. 算法参数

DSS 的签名算法称为 DSA，DSA 使用以下参数：

(1) p 为素数，要求 $2^{L-1}<p<2^L$，其中 $512\leqslant L\leqslant1024$ 且 L 为 64 的倍数，即

$$L=512+64j, \ j=0, \ 1, \ 2, \ \cdots, \ 8。$$

(2) q 为一个素数，它是 $(p-1)$ 的因子，$2^{159}<q<2^{160}$。

(3) $g=h^{(p-1)/q} \bmod p$，其中 $1<h<p-1$，且满足使 $h^{(p-1)/q} \bmod p>1$。

(4) x 为一随机数，$0<x<q$。

(5) $y=g^x \bmod p$。

(6) k 为一随机数，$0<k<g$。

这里参数 p，q，g 可以公开，且可为一组用户公用。x 和 y 分别为一个用户的私钥和公开钥。所有这些参数可在一定时间内固定。参数 x 和 k 用于产生签名，必须保密。参数 k 必须对每一签名都重新产生，且每一签名使用不同的 k。

2. 签名的产生

对数据 M 的签名为数 r 和 s，它们分别由以下计算产生：

$$r = (g^k \bmod p) \bmod q \qquad (8\text{-}2\text{-}7)$$

$$s = (k^{-1}(\text{SHA}(M) + xr)) \bmod q \qquad (8\text{-}2\text{-}8)$$

其中，k^{-1} 为 k 的乘法逆元素，即 $k\,k^{-1} = 1 \bmod q$，且 $0 < k^{-1} < q$。SHA 是安全 HASH 函数，它从数据 M 抽出其摘要 $\text{SHA}(M)$，$\text{SHA}(M)$ 为一个 160 位的二进制数字串。

应该检验计算所得的 r 和 s 是否为零，若 $r = 0$ 或 $s = 0$，则重新产生 k，并重新计算产生签名 r 和 s。

最后，把签名 r 和 s 附在数据 M 后面发给接收者，DSS 签名构成如图 8.2.2 所示：

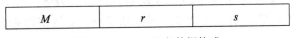

| M | r | s |

图 8.2.2　DSS 签名数据构成

3. 验证签名

为了验证签名，要使用参数 p，q，g 以及用户的公开密钥 y 和其标识符。

令 Mp，rp，sp 分别为接收到的 M，r 和 s。

(1) 检验是否有 $0 < rp < q$，$0 < sp < q$，若其中之一不成立，则签名为假。

(2) 计算：

$$\omega = (sP^{-1}) \bmod q \qquad (8\text{-}2\text{-}9)$$

$$u_1 = (\text{SHA}(Mp)w) \bmod q \qquad (8\text{-}2\text{-}10)$$

$$u_2 = ((rp)w) \bmod q \qquad (8\text{-}2\text{-}11)$$

$$\nu = ((g)^{u_1}(y)^{u_2} \bmod p) \bmod q \qquad (8\text{-}2\text{-}12)$$

若 $\nu = rp$，则签名为真，否则签名为假或数据被篡改。

8.2.4　利用椭圆曲线密码算法实现数字签名

利用椭圆曲线密码可以很方便地实现数字签名。下面给出基于椭圆曲线密码实现 ELGamal 数字签名方案。

一个椭圆曲线密码由下面的六元组所描述：

$$\text{T} = (p,\ a,\ b,\ G,\ n,\ h)$$

其中，p 为大于 3 的素数，p 确定了有限域 $\text{GF}(p)$；元素 a，$b \in \text{GF}(p)$，a 和 b 确定了椭圆曲线；G 为循环子群 E_1 的生成元，n 为素数且为生成元 G 的阶，G 和 n 确定了循环子群 E_1。d 为用户的私钥。用户的公开钥为 Q 点，$Q = dG$，m 为消息，$\text{HASH}(m)$ 是 m 的摘要。

1. 产生签名

(1) 选择一个随机数 k，$k \in \{0,\ 1,\ 2,\ \cdots,\ n-1\}$；

(2) 计算点 $R(x_R,\ y_R) = kG$，并记 $r = x_R$；

(3) 利用保密的解密钥 d 计算数 $s = (\text{HASH}(m) - dr)k^{-1} \bmod n$；

(4) 以 $(r,\ s)$ 作为消息的 m 签名，并以 $(m,\ r,\ s)$ 的形式传输或存储。

2. 验证签名

(1) 计算 $s^{-1} \bmod n$；

（2）利用公开的加密钥 Q 计算 $U(x_U,\ y_U)=s^{-1}(\mathrm{HASH}(m)G-rQ)$；

（3）如果 $x_U=r$，则 $(r,\ s)$ 是用户 A 对 m 的签名。

证明：因为 $s=(\mathrm{HASH}(m)-dr)k^{-1}\bmod n$，

故

$$s^{-1}=(\mathrm{HASH}(m)-dr)^{-1}k\bmod n,$$

且

$$U(x_U,\ y_U)=(\mathrm{HASH}(m)-dr)^{-1}k[\mathrm{HASH}(m)G-rQ]=(\mathrm{HASH}(m)-dr)^{-1}R[\mathrm{HASH}(m)-dr]=R_{\circ}$$

除了用椭圆曲线密码实现上述 ELGamal 数字签名方案以外，对于表 8.2.1 中的 18 种 ELGamal 变形签名算法都可用椭圆曲线密码来实现。其验证算法如表 8.2.2 所示。

2000 年美国政府已将椭圆曲线密码引入数字签名标准 DSS。由于椭圆曲线密码具有安全、密钥短、软硬件实现节省资源等特点，所以基于椭圆曲线密码的数字签名的应用将会越来越多。

表 8.2.2　　　　　　**18 种 ELGamal 变形签名算法的椭圆曲线密码实现**

编号	验 证 算 法
1	$(r^{-1}m\bmod p-1)Q-(r^{-1}s\bmod p-1)P=(x_e,\ y_e)$
2	$(s^{-1}m\bmod p-1)Q-(s^{-1}r\bmod p-1)P=(x_e,\ y_e)$
3	$(m^{-1}r\bmod p-1)Q-(m^{-1}s\bmod p-1)P=(x_e,\ y_e)$
4	$(s^{-1}r\bmod p-1)Q-(s^{-1}m\bmod p-1)P=(x_e,\ y_e)$
5	$(r^{-1}s\bmod p-1)Q-(r^{-1}m\bmod p-1)P=(x_e,\ y_e)$
6	$(m^{-1}s\bmod p-1)Q-(m^{-1}r\bmod p-1)P=(x_e,\ y_e)$
7	$(rm\bmod p-1)Q-(s\bmod p-1)P=(x_e,\ y_e)$
8	$((rm)^{-1}\bmod p-1)Q-((rm)^{-1}s\bmod p-1)P=(x_e,\ y_e)$
9	$(s\bmod p-1)Q-(mr\bmod p-1)P=(x_e,\ y_e)$
10	$(s^{-1}r\bmod p-1)Q-(s^{-1}rm\bmod p-1)P=(x_e,\ y_e)$
11	$(s^{-1}r\bmod p-1)Q-(s^{-1}\bmod p-1)P=(x_e,\ y_e)$
12	$((mr)^{-1}s\bmod p-1)Q-((mr)^{-1}\bmod p-1)P=(x_e,\ y_e)$
13	$((r+m)^{-1}\bmod p-1)Q-(s\bmod p-1)P=(x_e,\ y_e)$
14	$((m+r)^{-1}\bmod p-1)Q-((m+r)^{-1}s\bmod p-1)P=(x_e,\ y_e)$
15	$(s\bmod p-1)Q-((m+r)\bmod p-1)P=(x_e,\ y_e)$
16	$(s^{-1}\bmod p-1)Q-(s^{-1}(r+m)\bmod p-1)P=(x_e,\ y_e)$
17	$(s^{-1}(r+m)\bmod p-1)Q-(s^{-1}\bmod p-1)P=(x_e,\ y_e)$
18	$((m+r)^{-1}s\bmod p-1)Q-((m+r)^{-1}\bmod p-1)P=(x_e,\ y_e)$

8.3 特殊作用数字签名

在某些应用中采用经典数字签名方案不能满足具体应用需求，这时需要使用具有特殊作用的数字签名方案。本节介绍几种特殊作用的数字签名方案及其具体应用。

8.3.1 盲签名

在普通数字签名中，签名者需先知道数据的内容后才实施签名，这是通常的办公事务所需要的。但有时却需要某个人对某数据签名，而又不能让他知道数据的内容，称这种签名为盲签名(Blind Signature)。

盲签名与普通签名相比有两个显著的特点：

(1)签名者不知道所签署的数据内容；

(2)在签名被接收者泄露后，签名者不能追踪签名。

为了满足以上两个条件，接收者首先将待签数据进行变换，把变换后盲数据发给签名者，经签名者签名后再发给接收者。接收者对签名再进行盲变换。得出的便是签名对原数据的盲签名。这样便满足了条件(1)。要满足条件(2)，必须使签名者事后看到盲签名时不能与盲数据联系起来。这通常是依靠某种协议来实现的。

盲签名的原理可用图 8.3.1 来表示。

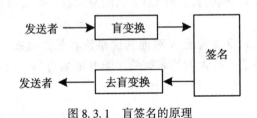

图 8.3.1 盲签名的原理

D. Chaum 首先提出盲签名的概念，设计出具体的盲签名方案，并取得专利。

D. Chaum 形象地将盲签名比喻成在信封上签名，明文好比书信的内容，为了不使签名者看到明文，给信纸加一个具有复写能力的信封，这一过程称为盲化过程。经过盲化的文件。别人是不能读的。而在盲化后的文件上签名，好比是使用硬笔在信封上签名。虽然是在信封上签名，但因信封具有复写能力，所以签名也会签到信封内的信纸上。

D. Chaum 利用 RSA 算法构成了第一个盲签名算法。下面介绍这一方案。

设用户 A 要把消息 M 发给 B，进行盲签名，e 是 B 的公开的加密钥，d 是 B 的保密的解密钥。

(1)A 对消息 M 进行盲化处理，他随机选择盲化整数 k，$1<k<M$，并计算

$$T = Mk^e \bmod n \tag{8-3-1}$$

(2)A 把 T 发给 B。

(3)B 对 T 签名：

$$T^d = (Mk^e)^d \bmod n \tag{8-3-2}$$

(4)B 把他对 T 的签名发给 A。

(5)A 通过计算得到 B 对 M 的签名。

$$s = T^d/k \bmod n = M^d \bmod n \tag{8-3-3}$$

这一方案的正确性可简单证明如下：

因为 $T^d = (Mk^e)^d = M^dk \bmod n$，所以 $T^d/k = M^d \bmod n$，而这恰好是 B 对消息 M 的签名。

盲签名在某种程度上保护了参与者的利益，但不幸的是盲签名的匿名性可能被犯罪分子所滥用。为了阻止这种滥用，人们又引入了公平盲签名的概念。公平盲签名比盲签名增加了一个特性，即建立一个可信中心，通过可信中心的授权，签名者可追踪签名。

盲签名在电子商务和电子政务系统中有着广泛的应用前景。以其在电子选举中的应用为例来说明盲签名是如何实现的。

设选民 B 不想让选举管理中心 A 知道其选票内容，但选票又必须经过管理中心 A 签名以确认身份后才能生效。因此，B 填好选票 v 后，对选票 v 进行盲变换 T 得到 $T(v)$，然后签名得到 $s = \text{sign}_B(T(v))$。B 将 $(I(B), T(v), s)$ 发送给 A，其中，$I(B)$ 为选民 B 的身份信息。当选举管理中心 A 收到 $(I(B), T(v), s)$ 后，检查如下内容：

(1)B 有无权利参加选举，若 B 无权参加选举，则不对 B 的选票签名；否则，检查(2)；

(2)B 是否申请过对选票进行签名，若已经申请过，则不对 B 的选票签名；否则，检查(3)；

(3)s 是不是选票 $T(v)$ 的有效签名，若不是，则不对 B 的选票 $T(v)$ 签名；否则，对 B 的选票签名得 $s' = \text{sign}_A(T(v))$，并把 s' 发送给选民 B。

最后选举管理中心 A 宣布获得他对选票签名的总人数，并公布包括 $(I(B), T(v), s)$ 的一张表。

投票之前，每个选民 B 都要验证 A 对他的选票签名是否有效。若无效，则要重新向 A 申请对自己的选票进行签名；若 A 的签名有效，则 B 匿名将 (s', v) 发送给计票站。

8.3.2　不可否认签名

普通数字签名可以容易地进行复制，这对于公开声明、宣传广告等需要广泛散发的文件来说是方便和有益的。但是对于软件等需要保护知识产权的电子出版物来说，却不希望容易地进行复制，否则其知识产权和经济利益将受到危害。例如，软件开发者可以利用不可否认签名对他们的软件进行保护，使得只有授权用户才能验证签名并得到软件开发者的售后服务，而非法复制者不能验证签名，从而不能得到软件的售后服务。

不可否认签名与普通数字签名最本质的不同在于：对于不可否认签名，在得不到签名者配合的情况下其他人不能正确进行签名验证，从而可以防止非法复制和扩散签名者所签署的文件。这对于保护软件等电子出版物的知识产权有积极意义，以下是一个不可否认签名方案。

1. 签名算法

(1)参数生成。

q 和 p 是大素数，p 是安全素数，即 $p = 2q+1$，有限域 $GF(p)$ 的乘法群 Z_p^* 中的离散对数问题是困难的。a 是 Z_p^* 中的一个 q 阶元素，k 是 Z_p^* 中的一个元素，$1 \le k \le q-1$，$\beta = a^k \bmod p$。

参数以 a 和 p 可以公开，β 为用户的公开钥，以 k 为用户的秘密钥。要由 β 计算出 k 是求解有限域的离散对数问题，这是极困难的。

（2）签名算法。

设待签名的消息为 M，$1 \leq M \leq q-1$，则用户的签名为：

$$S = SIG(M, k) = M^k \bmod p \qquad (8\text{-}3\text{-}4)$$

签名者把签名 S 发送给接收者。

2. 验证算法

（1）接收者接收签名 S。

（2）接收者选择随机数 e_1，e_2，$1 \leq e_1$，$e_2 \leq p-1$。

（3）接收者计算 c，并把 c 发送给签名者。

$$c = S^{e_1} \beta^{e_2} \bmod p \qquad (8\text{-}3\text{-}5)$$

（4）签名者计算，

$$b = k^{-1} \bmod q \qquad (8\text{-}3\text{-}6)$$

$$d = c^b \bmod p \qquad (8\text{-}3\text{-}7)$$

并把 d 发送给接收者。

（5）当且仅当

$$d = M^{e_1} a^{e_2} \bmod p \qquad (8\text{-}3\text{-}8)$$

接收者认为 S 是一个真实的签名。

关于上述验证算法的合理性可简单证明如下：

$$d = c^b \bmod p = (S^{e_1})^b (\beta^{e_2})^b \bmod p \qquad (8\text{-}3\text{-}9)$$

因为 $\beta = a^k \bmod p$，$b = a^{-1} \bmod q$，所以有 $\beta^b = a \bmod p$。又因为 $S = M^k \bmod p$，所以又有 $S^b = M \bmod p$。把它们代入(8-3-9)式可得

$$d = M^{e_1} a^{e_2} \bmod p$$

因为上述签名验证过程的第（3）和第（4）步需要签名者进行，所以没有签名者的参与，就不能验证签名的真伪。这正是不可否认签名的主要特点之一。

现在我们简单说明，攻击者不能伪造签名而使接收者上当。假设攻击者在知道消息 M 而不知道签名者的秘密钥 k 的情况下，伪造一个假签名 s'。那么以 s' 执行验证协议而使接收者认可的概率有多大呢？再假设在执行验证协议时，攻击者能够冒充签名者接收和发送消息，则这一问题变为攻击者成功猜测秘密钥 k 的概率，因为 $1 \leq k \leq q-1$，所以猜测成功的概率为 $1/(q-1)$，加上其他因素，伪造签名而使接收者认可的概率 $\leq 1/(q-1)$。

3. 否认协议

对于不可否认签名，如果签名者不配合，则不能正确进行签名验证；于是，不诚实的签名者，便有可能在对他不利时拒绝配合验证签名。为了避免这类事件，不可否认签名除了普遍签名中的签名产生算法、验证签名算法外，还需要另一重要组成部分：否认协议（Disavowal Prptocol）。签名者可利用协议执行否认协议向公众证明某一文件签名是假的，反过来，如果签名者不执行否认协议，就表明签名是真实的。为了防止签名者否认自己的签名，必须执行否认协议。

（1）接收者选择随机数 e_1，e_2，$1 \leq e_1$，$e_2 \leq p-1$。

（2）接收者计算 c，并把 c 发送给签名者：

$$c = s^{e_1} \beta^{e_2} \bmod p$$

（3）签名者计算

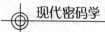

$$b = k^{-1} \bmod q$$
$$d = c^b \bmod p$$

并把 d 发送给签名者

(4)接收者验证 $d = M^{e_1} d^{e_2} \bmod p$。

(5)接收者选择随机数 f_1，f_2，$1 \leqslant f_1$，$f_2 \leqslant p - 1$。

(6)接收者计算 $C = s^{f_1} \beta^{f_2} \bmod p$，并发送给签名者。

(7)接收者计算 $D = c^b \bmod p$，并发送给签名者。

(8)接收者验证 $D = M^{f_1} a^{f_2} \bmod p$。

(9)接收者宣布 S 为假，当且仅当

$$(da^{-e_2})^{f_1} = (Da^{-f_2})^{e_1} \bmod p \tag{8-3-10}$$

上述否认协议的(1)~(4)步，实际上就是签名的验证协议，(5)~(8)步为否认进行数据准备，第(9)步进行综合判断。

关于式(8-3-10)的合理性可证明如下：由 $d = c^b \bmod p$，$c = s^{e_1} \beta^{e_2} \bmod p$ 和 $\beta = a^k \bmod p$ 有

$$(da^{-e_2})^{f_1} = ((s^{e_1} \beta^{e_2})^b a^{-e_2})^{f_1} \bmod p = s^{be_1 f_1} \beta^{e_2 b f_1} a^{-e_2 f_1} \bmod p$$
$$= s^{be_1 f_1} \bmod p$$

类似地，利用 $D = c^b \bmod p$，$c = s^{f_1} \beta^{f_2} \bmod p$ 及 $\beta = \alpha^k \bmod p$ 可得出

$$(Da^{-f_2})^{e_1} = s^{be_1 f_1} \bmod p$$

从而证明(8-3-10)式成立。

执行上述否认协议可以证实以下两点：

(1)签名者可以证实接收者提供的假签名确实是假的；

(2)签名者提供的真签名不可能(极小的成功概率)被签名者证实是假的。

8.3.3 群签名

1991年，Chaum 和 Van Heyst 提出了群签名的概念，它是一种既具有匿名性又具有可跟踪性的数字签名技术。签名者能用自己持有的签名私钥代表群体进行签名，签名验证者可以用公开的群公钥验证签名的有效性，检验消息是否来自于一个群体，但无法知道真实的签名人。在必要时可由群管理员来解释签名者的身份，而签名成员不能否认自己的签名。群签名还具有消息无关性，在不揭示群签名的条件下，任何人均不能确定两个群签名是否为同一个群成员所签署。群签名在管理、军事、政治及经济等多个方面有着广泛应用，例如，在公共资源的管理、重要军事命令的签发、重要领导人的选举、电子商务、重要新闻的发布和金融合同的签署等活动中，群签名都可以发挥重要作用。

一个群签名方案涉及一个群管理员和若干个群成员，其中，群管理员在签名出现争议时可以确定签名者的身份。群签名方案一般由以下几个算法构成：

(1)Setup(群建立算法)：产生群公钥，群成员公钥和私钥以及管理员打开签名的信息。

(2)Sign(签名算法)：由群体中的某一成员完成对消息的签名。

(3)Verify(验证算法)：对群签名进行验证。

(4)Open(打开算法)：输入群签名和打开私钥，揭示签名人的身份。

在考虑动态群时，在群建立算法中还包括一个成员加入算法 Join。

(5)Join(成员加入算法)：新成员与群管理员经过交互后，加入签名群。

一般而言，一个群签名方案的安全性质如下：

（1）不可伪造性：在不知道签名者私钥的情况下，想要伪造一则合法的群签名是不可行的。

（2）匿名性：除群管理员外，对于给定的一款合法签名，任何人想要确定签名者的身份是不可行的。

（3）无关联性：在不打开签名时，任何人都无法确定两个不同的合法签名是否来自同一个群成员。

（4）可追踪性：在必要时，群管理员能够打开签名以确定签名者的身份，而签名成员无法阻止。

（5）抗陷害性：包括群管理员在内的任何成员，都不能以其他成员的名义产生合法的群签名。

（6）抗合谋攻击性：即使多个不诚实的成员合谋也不能产生一个合法的群签名。

8.3.4 代理签名

在现实世界中，权力往往可以传递，某人可以全权或部分委托他人来代表自己行使权力，如委托他人代理自己签署文件，或者将自己的印章交给其他人。代理签名技术是一类能够实现权利传递的数字签名。代理签名是指签名者可以授权他人代理自己，由被指定的代理签名者代表原始签名者生成有效的签名。代理签名的概念在 1996 年由 Mambo、Usuda 和 Okamoto 首次提出。由于代理签名技术有着重要的用途，因此引起了广大学者的关注，许多学者已经在概念的界定和实现理论与技术方面取得了许多重要成果。

一个代理签名系统至少有几个参与者：对他人进行授权的原始签名者、获得授权执行签名的一个或多个代理签名者、对签名进行验证的一个或多个验证者。以下给出代理签名的一个定义。

定义 8.1 一个数字签名体制（R, SK, PK, M, S, KeyGen, Sign, VER），A，B 为两个用户，他们的私钥、公钥分别是（x_A, y_A）和（x_B, y_B）。其中，R 为随机参数空间，SK 为私钥空间，PK 为公钥空间，M 为消息空间，S 为签名空间，KeyGen：$R{\rightarrow}SK{\times}PK$ 为密钥生成算法，Sign：$SK{\times}M{\rightarrow}S$ 为签名生成算法，Ver：$PK{\times}M{\times}S{\rightarrow}\{$True, False$\}$ 为签名验证算法，且如果以下条件成立：

（1）A 利用私钥 x_A 计算出 σ，并将 σ 秘密交给 B。

（2）任何人（包括 B）在试图求出 x_A 时，σ 不会对他有任何帮助。

（3）B 可以用 σ 和 x_B 生成一个新的签名密钥 $\sigma_{A{\rightarrow}B}$。

（4）存在一个公开的验证算法 $VER_{A{\rightarrow}B}{\rightarrow}\{$True, False$\}$，使得对任何 $s\in S$ 和 $m\in M$，都有 $VER_{A{\rightarrow}B}(y_A, s, m)=$ True，当且仅当 $s=Sign(\sigma_{A{\rightarrow}B}, m)$。

（5）任何人在试图求出时，任何数字签名都不会对他产生帮助。

称用户 A 将他的（部分）数字签名权利委托给了用户 B，并且称 A 为 B 的原始签名者，称 B 为 A 的代理签名者，称以 $\sigma_{A{\rightarrow}B}$ 作为签名密钥对消息 $m\in M$ 生成的数字签名 Sign（$\sigma_{A{\rightarrow}B}$, m）为 A 的代理签名。

同时，一个代理签名方案应满足以下六条性质：

（1）不可伪造性：指原始签名者外，只有获得授权代理签名者能够代表原始签名者进行签名。

（2）可验证性：指通过代理签名，验证者能够确定被签名的文件已经得到原始签名者的

高等学校信息安全专业规划教材

認可。

（3）不可否认性：指当代理签名者完成了一个有效的代理签名后，就不能向原始签名者否认他签名的有效性。

（4）可区分性：指能够正确地区分代理签名和原始签名者的签名。

（5）代理签名者的不符合性：指代理签名者必须创建一个能检测到是代理签名的有效代理签名。

（6）可识别性：指原始签名者能够通过代理签名确定代理签名者的身份。

其中可验证性、可区分性以及不可否认性是代理签名应满足的三个基本条件。

习 题 8

8.1 完善的签名需要满足的条件有哪些？

8.2 写出利用公开密钥密码和哈希函数实现数字签名的一般过程（先签名后加密）。

8.3 试写出 RSA 先签名后加密的算法流程。

8.4 简述盲签名的特点和原理。

8.5 设用户 A 的公开密钥为（$N_A = 55$，$e_A = 23$），用户 B 的公开密钥为（$N_B = 33$，$e_B = 13$），用户 A 应用 RSA 算法向用户 B 传送消息 $m = 6$，求 A 发送的带签名的保密信息。

8.6 设应用 RSA 进行签名时，$N = 91$，加密密钥 $e = 29$，求对消息 $m = 23$ 的签名结果。

8.7 设定义在 Z_{11} 上的椭圆曲线为 $y^2 = x^3 + x + 6$，设 $q = 13$，$P = (2, 7)$，选取秘密密钥 $x = 7$ 及其对应的公钥 $Y = (7, 2)$，设消息 m 对应的 $H(m) = 4$，选取随机数 $k = 3$ 对其进行签名，试求签名结果并进行验证。

8.8 设在 DSS 签名系统中，素数 $p = 23$，$q = 11$，选取 Z_p^* 中的一个 11 阶元 $g = 4$，用户选择一个自己的秘密密钥 $x = 3$，现要对消息 m 进行签名，设其杂凑值为 $H(m) = 8$，选取的随机数 $k = 7$，试求其签名值并进行验证。

8.9 设一用户 A 利用 Elgamal 数字签名方案进行签名，$p = 17$，选取 Z_{17}^* 的一个生成元 $g = 2$，选取的秘密密钥 $x = 5$，随机数 $k = 7$，试求对消息 $m = 8$ 的签名结果，并验证其正确性。

第9章 密钥管理

密钥是参与密码变换的关键参数，随着网络的发展，密码技术变得越来越重要，而每一种密码应用都会涉及密钥的管理。例如，用户的鉴别、消息的完整性保护、文件的数字签名、多媒体收费广播和数字版权保护等密码计算都需要用到密钥。与我们平时对金属钥匙的管理一样，密钥管理既要防止他人知晓密钥，又要方便用户使用密钥。

密码体制的安全性取决于对密钥的保护，而不是对算法或硬件本身的保护。本章首先介绍密钥的种类及分层、分散保护，并重点介绍密钥全生命周期管理中密钥分配与协商环节以及公钥密码管理基础设施(Public Key Infrastructure)。

9.1 密钥管理概述

9.1.1 密钥的种类

根据密钥在信息系统安全中所起作用，密钥可分为基本密钥、会话密钥、密钥加密密钥及主密钥。

1. 基本密钥

基本密钥是由用户自己选定或由系统分配给用户的，可在一段时间内由一对用户专用的密钥，所以又称为用户密钥。要求基本密钥既安全又便于更换。基本密钥和会话密钥要求一起启动和控制某种加密算法构成的密钥生成器来产生用于加密明文数据的密钥流。

2. 会话密钥

会话密钥是由两个通信终端用户在一次通话或交换数据时所使用的密钥，当用其对传输数据进行保护时称其为数据加密密钥，当用其保护文件时称其为文件密钥。会话密钥的作用是不必过于频繁地更换基本密钥，有利于密钥的安全和管理。这类密钥可由用户双方预先约定，也可由系统动态产生并赋予通信双方，为通信双方专用，又称为专用密钥。由于会话密钥使用时间短暂有利于安全性，它限制了密码分析者攻击时所能得到的统一密钥下加密的密文量。会话密钥只在需要时通过协议建立，从而降低了密钥的存储量。

3. 密钥加密密钥

密钥加密密钥是用于对传送的会话密钥进行加密时使用的密钥，也称为次主密钥或二级密钥。为了安全，各节点间的密钥加密密钥应互不相同。

4. 主机主密钥

主机主密钥是对密钥加密密钥进行加密的密钥，存于主机处理器中。

几种主要密钥的关系如图 9.1.1 所示：

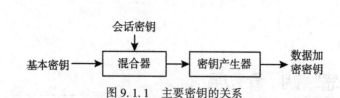

图 9.1.1　主要密钥的关系

9.1.2　密钥的组织结构

现有的计算机网络系统与数据库系统的密钥管理大多采用层次化的密钥结构设计。按照密钥的作用与类型以及它们之间的相互控制关系，可以将不同类型的密钥划分为一级密钥、二级密钥、…、n 级密钥，从而组成一个 n 层密钥系统，如图 9.1.2 所示，其中，系统使用一级密钥 K_1，通过算法 f_1 保护二级密钥，一级密钥使用物理方法或其他方法进行保护，依次类推，直到最后使用 n 级密钥通过算法 f_n 保护明文数据。随着加密过程的进行，各层密钥的内容动态变化，而这种变化的规则由相应层次的密钥协议控制。

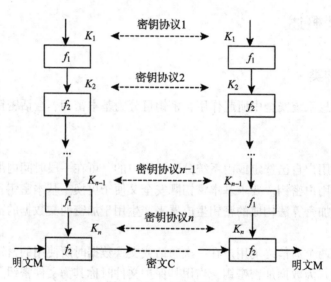

图 9.1.2　n 层密钥系统

最底层的密钥 K_n 称为工作密钥，或数据加密密钥。它直接用于对明文数据的加解密；所有上层的密钥可称为密钥加密密钥，它们用于保护数据加密密钥或者其他底层的密钥加密密钥；最高层的密钥 K_1 称为主密钥，它是整个密钥管理系统的核心，应采用最保险的方式进行保护。

平时，数据加密密钥可能并不存在，在进行数据加解密时，数据加密密钥将在上层密钥的保护下动态产生，数据加密密钥在使用完毕后立即清除，不再以明文的形式出现在密码系统中。

通常，可以以相对的概念来理解层次化的密钥结构：某层密钥 K_i 相对于更高层的密钥 K_{i-1} 是工作密钥，而相对于底层的密钥 K_{i+1} 是密钥加密密钥。

层次化的密钥结构意味着以密钥来保护密钥，这样，大量的数据可以通过少量动态产生

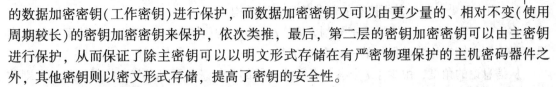

的数据加密密钥(工作密钥)进行保护,而数据加密密钥又可以由更少量的、相对不变(使用周期较长)的密钥加密密钥来保护,依次类推,最后,第二层的密钥加密密钥可以由主密钥进行保护,从而保证了除主密钥可以以明文形式存储在有严密物理保护的主机密码器件之外,其他密钥则以密文形式存储,提高了密钥的安全性。

层次化的密钥结构具有以下优点:

1. 安全性更高

在一般情况下,位于层次化密钥结构中越底层密钥更换得越快,最底层密钥可以做到每加密一份报文就更换一次。另外,在层次化的密钥结构中,下层的密钥被破译将不会影响到上层密钥的安全。在少量最初的处于最高层次密钥注入系统之后,下面各层密钥的内容可以按照某种协议不断变换(如可以通过使用安全算法以及高层密钥产生低层密钥)。

对于破译者而言,层次化密钥结构意味着他所攻击的已经不再是一个静止的密钥系统,而是动态的密钥系统。对于一个静止的密钥系统一份报文被破译,将会导致使用该密钥的所有报文的泄露;而在动态的密钥系统中,密钥处于不断变化中,在底层密钥受到攻击后,高层密钥可以有效地保护底层密钥进行更换,从而极大限度地削弱底层密钥被攻击所带来的影响,使得攻击者无法一劳永逸地破译密码系统,有效地保证了密码系统整体的安全性。同时,一般而言,直接攻击一级密钥是很难成功的,这是因为一级密钥使用的次数有限且有严密的物理保护方法。

2. 有利于密钥管理自动化

由于计算机的普及应用和飞速发展,计算机系统的信息量和计算机网络通信量不断增大。为了达到较高的安全性,所使用的密钥数量也随之迅速增加,人工更换密钥已经无法满足需要。同时,一些新的应用场景的出现,例如,电子商务应用领域需要在双方不相识的情况下进行秘密通信,在这种情况下,已经不可能进行人工密钥分配。研究自动化密钥管理方案已经成为现代密码系统急需解决的问题。

层次化密钥结构中,除了一级密钥需要由人工装入外,其他各层的密钥均可以设计由密钥管理系统按照某种协议进行自动地分配、更换、销毁等。密钥管理自动化不仅大大提高了工作效率,而且也提高了数据安全性。它可以使一级密钥仅被少数安全管理人员所掌握,使得一级密钥的扩散面达到最小,有助于保证密钥的安全。

9.2 秘密共享

对于主机主密钥这一位于密钥组织结构顶层,只能以明文形态存储且至关重要的密钥可对其采取分散管理。秘密共享的需求来自于对于秘密信息的保护和使用控制:将秘密信息分散到多个用户中,每个用户都不知道该秘密信息的完整内容,只有达到一定数量的用户群才能恢复出秘密信息,或者使用秘密信息进行密码计算。

导弹控制发射、重要场所的通行检验等情况都必须由两人或多人同时参与才能生效,这时都需要将秘密分给多人掌管,并且必须有一定数目的掌管秘密的人同时到场才能恢复这一秘密。

定义 9.1 设秘密值 s 被分成 n 部分信息,每一部分信息称为一个子密钥或影子,由一个参与者持有,使得:

(1)由 t 个或多于 t 个参与者所持有的部分信息可重构 s。

（2）由少于 t 个参与者所持有的部分信息无法重构 s。

称这一方案为 (t, n) 门限秘密分割方案，t 为方案的门限值。(t, n) 门限秘密分割方案是对最高层密钥实施分散保护的一种有效方法。

从信息论的角度，由少于 t 个参与者所持有的部分信息得不到秘密 s 的任何信息，则称该方案是完善的。

Shamir 于 1979 年基于 Lagrange 插值多项式提出了一个 (t, n) 门限方案。

设 $GF(p)$ 是一个有限素域，s 是需要被保护的秘密值，令 $s = a_0$，随机选取 a_1，a_2，$\cdots$，$a_{t-1} \in GF(p)$，这样可以构造一个 $GF(p)$ 上的 $t-1$ 次多项式 $f(x) = a_0 + a_1 + \cdots + a_{t-1}x_{t-1}$。给每个用户一个随机值 $x_i(i = 1, 2, \cdots, n)$，其相应的函数值为 $f(x_i)$，n 个用户分别拥有秘密参数 $(x_i, f(x_i))$，其中 $i = 1, 2, \cdots, n$。

要想恢复秘密值 s 只需要其中的 t 个用户提供他们的参数，设为 $(x_{i_j}, f(x_{i_j}))(j = 1, 2, \cdots, k)$，带入 $f(x)$，得到 t 个 t 元线性方程组：

$$\begin{cases} a_0 + a_1 x_{i_1} + \cdots + a_{k-1} x_{i_1}{}^{k-1} = f(x_{i_1}) \\ a_0 + a_1 x_{i_2} + \cdots + a_{k-1} x_{i_2}{}^{k-1} = f(x_{i_2}) \\ \qquad\qquad\qquad\vdots \\ a_0 + a_1 x_{i_k} + \cdots + a_{k-1} x_{i_k}{}^{k-1} = f(x_{i_k}) \end{cases}$$

该方程组的未知数为 $a_i(i = 0, 1, \cdots, k-1)$，其系数行列式为范德蒙行列式，该行列式满秩，因此有唯一解。

由 Lagrange 插值法重构多项式，即

$$f(x) = \sum_{r=1}^{t} f(x_{i_j}) \prod_{j \neq r, j=1}^{t} \frac{x - x_{i_j}}{x_{i_r} - x_{i_j}} \bmod p$$

由于 $f(0) = a_0$，由此得

$$s = a_0 = \sum_{r=1}^{t} f(x_{i_j}) \prod_{j \neq r, j=1}^{t} \frac{x_{i_j}}{x_{i_j} - x_{i_r}} \bmod p$$

由该方案可以看出少于 t 个用户，则最多只能得到 $t-1$ 个线性方程组，这时，a_0 取 $GF(p)$ 中任何值是等概率的，因此少于 t 个用户得不到秘密 s 的任何信息。

例 9.1 设 $t = 3$，$n = 5$，$q = 19$，$s = 11$，随机选取 $a_1 = 2$，$a_2 = 7$，得多项式为
$$f(x) = (7x^2 + 2x + 11) \bmod 19$$
分别计算 $f(1) = 1$，$f(2) = 5$，$f(3) = 4$，$f(4) = 17$，$f(5) = 6$ 得到 5 个子密钥。

若已知其中的 3 个子密钥 $f(2) = 5$，$f(3) = 4$，$f(5) = 6$，就可以按以下方式重构 $f(x)$：
$$f(x) = 5 \cdot \frac{(x-3)(x-5)}{(2-3)(2-5)} + 4 \cdot \frac{(x-2)(x-5)}{(3-2)(3-5)} + 6 \cdot \frac{(x-2)(x-3)}{(5-2)(5-3)} \bmod 19$$
$$= 7x^2 + 2x + 11$$
因此，秘密值 $s = 11$。

9.3 密钥全生命周期管理

密钥全生命周期的自动管理通过密钥管理系统来实现，密钥管理系统的主要功能就是在保证密钥安全的基础上，实现密钥的生成、注入、备份、恢复、更新、导出、服务和销毁等

整个生存期的管理，保证密钥全生命周期安全的基本原则除了在有安全保证的环境下进行密钥的产生、分配、装入以及存储于保密柜内备用外，密钥绝不能以明文形式出现。

密钥生存期共有四个阶段，即预运行阶段，此时密钥尚不能正常使用；运行阶段，密钥可正常使用；后运行阶段，密钥不再提供正常使用，但是为了特殊目的可在脱机状态下接入；报废阶段，将密钥从密钥空间中删除，这类密钥不可再用。

预运行阶段主要包括用户注册、初始化、密钥生成及建立。用户注册是使一个实体成为安全区内的一个授权或合法成员的技术(一次性)。注册过程包括请求，以安全方式建立或交换初始密钥材料。用户初始化是一个实体要初始化其密码应用的工作，如装入并初始化软、硬件，装入和使用在注册时得到的密钥材料。

密钥管理可分为以下步骤：

1. 密钥生成

密钥的产生包括对密钥密码特性方面的测量，以保证生成密钥的随机性和不可预测性，以及生成算法或软件的密码上的安全性。用户可以自己生成所需的密钥，也可从可信赖中心或密钥管理中心申请。

(1)主机主密钥产生。

这类密钥通常要用诸如掷硬币、骰子，从随机数表中选数等随机方式产生，以保证密钥的随机性，避免可预测性。而任何及其和算法所产生的密钥都有被预测的危险，主机主密钥是控制产生其他加密密钥的密钥，而且长时间保持不变，因此它的安全性至关重要。

(2)密钥加密密钥产生。

这类密钥可用随机比特产生器(如噪声源二级管振荡器等)或伪随机数产生器生成，也可用主密钥控制下的某种算法来产生。

(3)会话密钥产生。

会话密钥可在密钥加密密钥作用下通过某种加密算法动态地产生，如用初始密钥控制一非线性移存器或用密钥加密密钥控制 DES 算法产生。初始密钥可用产生密钥加密密钥或主机主密钥的方法生成。

2. 密钥存储

如果将密钥与加密算法一起不加保护地明存于计算机中，那么任何能够侵入到该计算机的攻击者都能采取直接窃走密码算法和密钥的方法，破译由该密码算法加密的任何明文。密钥存储的理想情况是密钥永远不会以明文形式暴露在加密设施外。将密钥存储在磁条卡中，嵌入 ROM 芯片或智能卡等物理载体是常用的存储方法。用户先将物理载体插入终端或终端上的特殊读入装置中，然后将密钥输入到系统中。当用户使用这个密钥时，用户并不知道密钥值，也不能泄露它。另一种更安全的方法是将密钥分为两个部分：一部分存入终端，另一部分存入 ROM 中，两者之一被截获都不能损害整个密钥的安全。美国政府的 STU-Ⅲ 保密电话即采用的是这一密钥存储方法。此外还可采用类似于密钥加密密钥的方法对难以记忆的密钥进行加密存储。例如，一个 RSA 私钥可用 DES 密钥加密后存储在磁盘上，要恢复密钥时，用户只需要把 DES 密钥输入到解密程序中即可。

主密钥是最高级别的密钥，且只能以明文形态存储。这就要求存储器必须高度安全，一般将它存储在专用密码装置中。密钥加密密钥可以以明文形态存储，也可以以密文形态存储。如果以明文形态存储，则存储要求与主密钥的要求一样高。若以密文形态存储，则对存储器的要求降低。工作密钥一般使用时动态产生，使用完毕后销毁，生命周期很短。因此，工作密钥的存储空间是工作存储器，应当确保工作存储器的安全。

3. 分配和协商

密钥建立大体分为两类，即密钥分配和密钥协商。密钥协商和密钥分发是密钥管理技术中研究历史最久的方面，主要讨论如何在通信方之间秘密共享会话密钥。其中，密钥分配是由一方建立(或得到)一个秘密值安全地传送给另一方；密钥协商是由双方(或多方)形成的共享秘密，该秘密是参与各方提供信息的函数，任何一方都不能事先预定所产生的秘密数值。在密钥协商中，双方共同建立的秘密密钥通常是双方输入信息的一个函数。

4. 密钥装入

将密钥材料装入一个实体的硬件或软件中的方法很多，如手工输入通行字或 PIN 码、磁盘转递、只读存储器件、IC 卡或其他手持工具等。初始密钥材料可用来建立安全的联机会话，通过这类会话可以建立会话(工作)密钥。在以后的更新过程中，可以用这种方式以新的密钥材料代替原有的密钥，最理想的是通过安全联机更新技术来实现。

5. 正常使用

利用密钥进行正常的密码操作(在一定控制条件下使用密钥)，如加解密。

单密钥体制中密钥控制技术有以下两种：

(1) 密钥标签。

用于 DES 的密钥控制，将 DES 的 64 比特密钥中的 8 个校验位作为控制使用这一密钥的标签，标签中各比特的含义为：

- 一个比特表示这个密钥是会话密钥还是主密钥；
- 一个比特表示这个密钥是否能用于加密；
- 一个比特表示这个密钥是否能用于解密；
- 其他比特无特定含义，留待以后使用。

由于标签是在密钥之中，在分配密钥时，标签密钥一起加密，因此可对标签起到保护作用，本方案的缺点：第一，标签的长度被限制为 8 比特，限制了它的灵活性和功能；第二，由于标签是以密文形式传送。只有解密后才能使用，因而限制了对密钥使用的控制方式。

(2) 控制矢量。

这一方案比上一方案灵活，方案中对每一会话密钥都指定了一个相应的控制矢量，控制矢量分为若干字段，分别用于说明在不同情况下是被允许使用还是不被允许使用的，且控制矢量的长度可变。控制矢量是在 KDC 产生密钥时加在密钥之中的，过程由图 9.3.1(a) 所示，首先由一杂凑函数将控制矢量压缩到与主密钥等长，然后与主密钥异或后作为加密会话密钥的密钥。即

$$H = h(CV)$$
$$K_{\text{in}} = K_m \oplus H$$
$$K_{\text{out}} = E_{K_m \oplus H}[K_S]$$

其中，CV 是控制矢量，H 是杂凑函数，K_m 是主密钥，K_S 是会话密钥，会话密钥的恢复过程如图 9.3.1(b) 所示，表示为：

$$K_S = D_{K_m \oplus H}\lfloor E_{K_m \oplus H}[K_S] \rfloor$$

KDC 在向用户发送会话密钥时，同时以明文形式改善控制矢量，用户只有使用与 KDC 共享的主密钥以及 KDC 发送来的控制矢量才能恢复会话密钥，因此还必须保留会话密钥和它的控制矢量之间的对应关系。

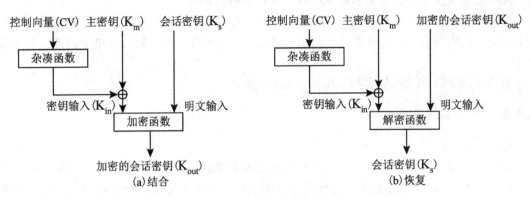

图 9.3.1 控制矢量的使用方式

与使用 8 比特的密钥标签相比，使用控制矢量有两个优点，第一，控制矢量的长度没有限制，因此可对密钥的使用施加任意复杂的控制，第二，控制矢量始终是以明文形式存在，因此可在任一段对密钥的使用施加控制。

6. 密钥备份

以安全方式存储密钥，用于密钥恢复。

7. 密钥更新

在密钥过期之前，以新的密钥代替即将过期的密钥。

8. 密钥归档

不再正常使用的密钥可以存入档案，通过检索查找使用，用于解决争执。

9. 密钥销毁

对于不再需要的密钥，将其所有副本进行销毁，而不能再现。

公钥密码体制的密钥管理要比对称密码体制的密钥管理复杂一些，一般还包括密钥的注册、吊销、注销等过程。无论是从设计角度，还是从运行角度来看，一个大系统的密钥管理是一项十分复杂的任务，需要遵循以下设计原则：

（1）所有密钥的装载与导出都采用密文方式。

（2）密钥受到严格的权限控制，不同机构或人员对不同密钥的读、写、更新、使用等操作具有不同权限。

（3）为保证密钥使用的安全，并考虑实际使用的需要，系统可产生多套主密钥，如果其中一套密钥被泄露或攻破，应用系统可立即停止该套密钥的使用，并启用备用密钥，尽可能避免现有投资和设备的浪费，减小系统使用风险。

9.4 公钥基础设施

公钥基础设施 PKI(Public Key Infrastructure)作为信息安全的核心，是通过公钥密码体制中用户私钥的机密性来提供用户身份的唯一性验证，并通过公钥数字证书的方式为每个合法用户的公钥提供一个合法性的证明。作为一种技术体系，PKI 可以作为支持认证、完整性、机密性和不可否认性的技术基础，从技术上解决网上身份认证、信息完整性和抗抵赖等安全问题，为网络应用提供可靠的安全保障，因此，它也是一种普遍使用的网络安全基础设施，可以提供全面安全服务，包括软件、硬件、人和策略的集合。

PKI 的常规应用包括 SSL 安全应用、SET 安全电子交易、表单签名、VPN 安全应用、安全 E-mail、代码签名、PDF 签名等，应用领域包括网上证券、网上银行、电子商务、电子政务等。

本节介绍 PKI 的基本概念和公钥证书的基本原理。

9.4.1　PKI 的基本概念

1. 公钥证书

如果需要使用公钥密码系统，则需要保证能可靠地获得公钥(包括加密公钥和验证签名的公钥)。显然在网络上得到某个主体关于公钥的声明是不可靠的，公钥必须和其拥有者绑定，即公钥需要对应主体的身份认证信息，为此提出了公钥证书的概念。

公钥证书(PKC)是一个防篡改的数据集合，它可以证实一个公钥与某一最终用户之间的绑定关系，是一种把公钥分发给网络内可信实体的安全方式，是 PKI 的基本部件。它由证书服务器生成，由证书颁发机构(CA)签名颁发，并由注册机构(RA)提交给证书库，以便其他用户下载和验证身份。目前，最常见的 X.509 证书的机构主要包括：版本号、证书序列号、签名算法标识符、颁发者名称、有效期(包括两个日期/时间值：Not Valid Before 和 Not Valid After)、主体名称(拥有与证书中所对应的私钥主体)、主体公钥信息(主体的公钥、算法标识符以及相关参数)、颁发者唯一标识符、主体唯一标识符。

3. 证书撤销列表

证书撤销列表(CRL)是一个带有时间戳并且经过 CA 数字签名的已吊销证书的列表。当用户的证书使用期超过证书属性中的有效期时或者与证书所对应的私钥泄露时，CA 为用户颁发新的证书并把原来的证书上传到 CRL。CRL 的主要缺陷是必须经常在客户端下载以确保列表更新，在线证书状态协议(Online Certificate Status Protocol，OCSP)能克服 CRL 这一缺点，当用户试图访问一个服务器时，OCSP 发送一个对于证书状态信息的请求，服务器回复"有效"、"过期"或"未知"的回应。

3. 注册机构

注册机构(RA)作为 CA 和最终用户之间的中间实体，负责控制注册过程中、证书传递过程中及密钥和证书生命周期过程中最终实体和 PKI 间的交换。其主要功能有：主体注册证书时个人身份认证、确认主体所提供的信息的有效性、根据被请求证书的属性确定主体的权利、确认主体确实拥有注册证书的私钥、在需要撤销证书时向 CA 报告密钥泄露或终止事件、产生公/私钥对、代表主体开始注册过程、私钥归档、开始密钥恢复处理、包含私钥的物理令牌的分发等。然而，任何情况下 RA 都不能代表 CA 发起关于主体的可信生命，既不能代表 CA 验证主体身份，也不能颁发证书或者颁发证书吊销状态信息。

4. 证书颁发机构

PKI 的核心是 CA，证书颁发机构(CA)作为可信第三方，是权威部门，CA 负责颁发含有用户名称、公钥以及其他身份信息的证书，并负责在证书发行后证书生命周期中所有方面的管理(身份验证、颁发证书撤销列表、证书的更新和吊销等)及证书吊销后维护证书档案，以满足日后验证的需要。

5. 证书服务器

证书服务器是负责根据注册过程中提供的信息生成证书的机器或者服务。

6. 证书库

证书库是 CA 或者 RA 代替 CA 发布证书的地方。它必须使用某种稳定可靠的、规模可扩充的在线资料库系统，以便用户能够找到安全通信所需要的证书。证书库的实现方式有很多种，包括 X. 500 协议、轻量级目录访问协议(LDAP)、Web 服务器、Ftp 服务器等，其中以 LDAP 最为常用。

7. 密钥备份恢复服务器

密钥备份恢复服务器为 CA 提供了在创建私钥时备份和在以后恢复私钥的一种简单方式。当 CA 创建私钥后，一方面，CA 通过 RA 将私钥和证书分发给最终用户；另一方面，将私钥传送给密钥备份恢复服务器进行备份。当用户私钥丢失后，用户通过 RA 向 CA 报告私钥泄露终止时间，并要求恢复原私钥以解密未读信息。CA 则向密钥备份恢复服务器提出私钥恢复请求。

9.4.2　公钥证书的原理

数字证书是实现用户公钥与其身份的一种绑定，目的是保证用户公钥的真实性和完整性，通过签名字段来实现，原理如下：

即证书中除签名字段外的所有字段数据为 M，计算 M 的杂凑值 $H(M)$，用 CA 的私钥对 $H(M)$ 进行签名，得到 $\mathrm{Sig_{CA}}(H(M))$。$\mathrm{Sig_{CA}}(H(M))$ 即是签名字段的内容。

通过 CA 对用户公钥的数字签名，实现了用户公钥的真实性和完整性保护。目前，用户私钥的生成方式有两种：第一种是由用户或者客户端服务器产生；第二种则是用户的私钥由 CA 产生。图 9.4.1 是由用户产生私钥，并生成数字证书的过程图。

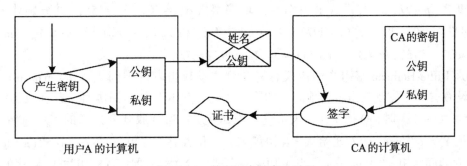

图 9.4.1　数字证书的产生过程

验证者取得被验证者的证书，使用 CA 的公钥对签名字段的内容 $\mathrm{Sig_{CA}}(H(M))$ 进行加密运算，得到 $H(M)$，记为 h_1。然后对证书中除签名字段外的所有字段数据(记为 M)，计算 M 的杂凑值 $H(M)$，记为 h_2。比较 h_1 和 h_2 是否相等，若相等，则该证书得到验证。

如果通过 PKI 获得主体的证书并通过验证，则基于对发放 CA 的信任，可以对证书主体的身份获得认证，同时获得该主体可靠的公钥。目前，共有三种可能的公钥，即加密公钥、验证签名公钥和密钥协商公钥，根据证书的目的包含对应需要的公钥。

9.5　密钥协商

由于公钥密码效率较低，使用对称密码(包括加密和消息认证)是安全通信的主要方式。

密钥建立协议用来建立共享的秘密密钥。密钥建立协议的目的就是在协议结束时，通信双方具有一个相同的秘密密钥K，并且K不被其他人知道，在其后作为对称密钥使用，以达到加密、消息认证和实体认证的目的。对于密钥建立协议，被动攻击者的目的是得到共享的密钥，而主动攻击者的目的可能是下述情形之一：

（1）欺骗通信双方接受一个过期失效的密钥；

（2）让通信双方攻击的是与其通信的另一方，然后分别与攻击者建立有效的共享密钥。

因此，通常将身份认证和密钥建立一起考虑，设计所谓的可认证的密钥建立协议。

密钥建立分为密钥交换和密钥分配，前者也称密钥协商。在密钥协商中，通信双方通过在一个公开的信道上相互传送一些信息来共同建立一个共享的秘密密钥，这个秘密密钥是双方输入消息的一个函数。

1976年提出的Diffie-Hellman密钥交换协议是一个典型的密钥协商协议，已经在很多商业产品中得到应用。通信双方利用该协议可以在一个公开的信道上建立共享的会话密钥。

设 p 是一个素数，α 是 Z_p^* 的一个本原元，p 和 α 是公开的，则 Diffie-Hellman 密钥协商协议可描述如下：

（1）A 随机选择 $\alpha_A(0 \le \alpha_A \le p-2)$，计算 $Y_A = \alpha^{\alpha_A}(\bmod p)$，并将计算结果发送给B；

（2）B 随机选择 $\alpha_B(0 \le \alpha_B \le p-2)$，计算 $Y_B = \alpha^{\alpha_B}(\bmod p)$，并将计算结果发送给A；

（3）A 计算 $k = (\alpha^{\alpha_B})^{\alpha_A}(\bmod p)$，B 计算 $k = (\alpha^{\alpha_A})^{\alpha_B}(\bmod p)$。

这样，A 和 B 实际上建立了共同的密钥 $k \equiv \alpha^{\alpha_A\alpha_B}(\bmod p)$。因为 α_A 和 α_B 是保密的，攻击者只能得到 p, α, Y_A, Y_B，要想得到 k，则必须得到 α_A 和 α_B 中的一个值，这等价于求解有限域上的离散对数难题，因此，攻击者求 k 是不可行的。

例9.2 $p = 97$，$\alpha = 5$，A 和 B 分别选取秘密值 $\alpha_A = 36$，$\alpha_B = 58$，并分别计算 $Y_A = 5^{36}(\bmod 97) = 50$，$Y_B = 5^{58}(\bmod 97) = 44$。在交换 Y_A 和 Y_B 后，分别计算 $k \equiv Y_B^{\alpha_A}(\bmod p) = 44^{36}(\bmod 97) = 75$，$k \equiv Y_A^{\alpha_B}(\bmod p) = 50^{58}(\bmod 97) = 75$。

但是 Diffie-Hellman 密钥协商协议容易受到主动攻击者的中间人攻击（man-in-the-middle）。设 O 是一个主动攻击者，他同时和用户 A 与用户 B 进行密钥协商，当 O 收到 A 发送的 $Y_A = \alpha^{\alpha_A}(\bmod p)$ 时，O 把 $Y_A' = \alpha^{\alpha_A}(\bmod p)$ 发送给B；当 O 收到 B 发送的 $Y_B = \alpha^{\alpha_B}(\bmod p)$ 时，O 把 $Y_B' = \alpha^{\alpha_B}(\bmod p)$ 发送给A。在协议末，O 和 A 建立了共同的密钥 $\alpha^{\alpha_A\alpha_B}(\bmod p)$，O 和 B 建立共同密钥 $\alpha^{\alpha_B\alpha_A}(\bmod p)$，当 A 加密一个消息发送给 B 时，O 利用与 A 建立的共享密钥解密，然后 O 再用与 B 共享的密钥加密消息，这样，A 与 B 之间的通信可被 O 窃听，而 A、B 难以察觉。

为了克服中间人攻击，密钥协商协议应能自己认证参与者的身份，这种密钥协商协议称为认证密钥协商协议。

W. Diffie 和 P. C. Van Oorachot 以及 M. J. Wiener 于1992年给出的端到端协议（station-to-station protocol）是对 Diffie-Hellman 密钥交换协议的一个修订，它可以抵抗中间人攻击。端到端协议中，需要每个用户 A 都有一个签名方案，签名算法为 Sig_A，签名验证算法为 Ver_A，同时每个用户 A 都有一张由 CA 发放的证书 $C(A)$。

下面给出简化的端到端协议。假设 p 是一个大素数，$\alpha \in Z_p$ 是一个本原元，p 和 α 公开。

（1）用户 A 随机选取 α_A，$0 \le \alpha_A \le p-2$；

（2）用户 A 计算 $\alpha^{\alpha_A}\bmod p$，并将结果传送给用户 B；

（3）用户 B 随机选取 α_B，$0 \leqslant \alpha_B \leqslant p-2$；；

（4）用户 B 先计算 $\alpha^{\alpha_B} \bmod p$，然后计算 $k \equiv (\alpha^{\alpha_A \alpha_B}) \bmod p$，$y_B = sing_B(\alpha^{\alpha_B} \bmod p,\ \alpha^{\alpha_A} \bmod p)$；

（5）用户 B 将 $(C(B),\ \alpha^{\alpha_B} \bmod p,\ y_B)$ 传送给用户 A；

（6）用户 A 先验证 B 的证书，再验证 y_B，最后计算 $k \equiv (\alpha^{\alpha_B})^{\alpha_A} \bmod p$；

（7）用户 A 计算 $y_A = sig_A(\alpha^{\alpha_A} \bmod p,\ \alpha^{\alpha_B} \bmod p)$，然后将 $(C(a),\ y_A)$ 传送给用户 B；

（8）用户 B 先验证 A 的证书，再验证 y_A。

端到端协议抵抗中间人攻击如图 9.5.1 所示，其中 C 是一个主动攻击的中间人，他位于用户 A 和 B 之间。C 截获用户 A 发送的 α^{α_A}，将其替换为 $\alpha^{\alpha'_A}$。然后，C 截获用户 B 发送的 α^{α_B} 和 $sig_B(\alpha^{\alpha_B},\ \alpha^{\alpha'_A})$。C 可以将 α^{α_B} 替换为 $\alpha^{\alpha'_B}$，同时 C 必须将 $sig_B(\alpha^{\alpha_B},\ \alpha^{\alpha'_A})$ 替换为 $sig_B(\alpha^{\alpha'_B},\ \alpha^{\alpha_A})$，但因为 C 不知道用户 B 签名时所用的私钥，C 无法计算用户 B 对 $(\alpha^{\alpha'_B},\ \alpha^{\alpha_A})$ 的签名 $sig_B(\alpha^{\alpha'_B},\ \alpha^{\alpha_A})$。同理，由于 C 不知道用户 A 签名时所用的私钥，C 无法将 $sig_A(\alpha^{\alpha_A},\ \alpha^{\alpha'_B})$ 替换为 $sig_A(\alpha^{\alpha'_A},\ \alpha^{\alpha_B})$，因此，该协议可以抵抗中间人攻击。

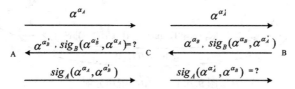

图 9.5.1 端-端协议抵抗中间人攻击

9.6 密钥分配

除密钥协商外，密钥分配也是建立共享对称密钥的一种常用方法。

两个用户（主机、进程、应用程序）在用单钥密码体制保密通信时，首先必须有一个共享的秘密密钥，而且为防止攻击者得到密钥，还必须时常更新密钥，因此，密码系统的强度也依赖于密钥分配技术。两个用户 A 和 B 获得共享密钥的方法有以下几种：

（1）密钥由 A 选取并通过物理手段发送给 B；

（2）密钥由第三方选取并通过物理手段发送给 A 和 B；

（3）如果 A、B 事先已有一密钥，则其中一方选取新密钥后，用已有的密钥加密新密钥。并发送给另一方。

（4）如果 A 和 B 与第三方 C 分别有一保密通道，则 C 为 A、B 选取密钥后，分别在两个保密信道上发送给 A、B。

前两种方法称为人工发送，在通信网络中，若只有个别用户想进行保密通信，密钥的人工发送还是可行的。然而如果所有用户都要求支持加密服务，则任意一对希望通信的用户都必须用一共享密钥，如果有 n 个用户，则密钥数目为 $n(n-1)/2$。因此当 n 很大时，密钥分配的代价非常大，密钥的人工发送是不可行的。

对于第 3 种方法，攻击者一旦获得一个密钥就可获得以后所有的密钥，而且用这种方法对所有的用户分配初始密钥时，代价仍然很大。

第 4 种方法比较常用，其中的第三方通常是一个负责为用户分配密钥的密钥分配中心，这时每一用户必须和密钥分配中心有一个共享密钥，称为主密钥，通过主密钥分配给一对用户的密钥称为会话密钥，用于这一对用户之间的保密通信，通信完成后，会话密钥即被销毁，如上所述，如果用户数为 n，则会话密钥数为 $n(n-1)/2$，但主密钥数却只需 n 个，所以主密钥可通过物理手段发送。

1. 无中心的密钥分配

用密钥分配中心为用户分配密钥时，要求所有用户都信任 KDC，同时，还要求对 KDC 加以保护。如果密钥的分配是无中心的，则不必有以上两个要求。然而，如果每个用户都能和自己想与之建立联系的另一用户安全地通信，则对有 n 个用户的网络来说，主密钥应多达 $n(n-1)/2$ 个，当 n 很大时，这种方案无实用价值，但在整个网络的局部范围却非常有用。

无中心的密钥分配时，两个用户 A 和 B 建立会话密钥需要经过以下 3 步如图 9.6.1 所示：

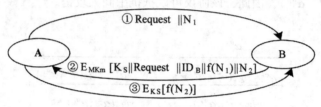

图 9.6.1　无中心密钥分配

（1）A 向 B 发出建立会话密钥的请求和一个一次性随机数 N_1。

（2）B 用与 A 共享的主密钥 MK_m 对应答的消息加密，并发送给 A。应答的消息中有 B 选取的会话密钥、B 的身份、$f(N_1)$ 和另一个一次性随机数 N_2。

（3）A 使用新建立的会话密钥 K_S 对 $f(N_2)$ 加密后返回给 B。

2. 密钥分配中心式

图 9.6.2 是 Needham-Schroeder 密钥分配协议，N-S 协议是密钥分发技术的里程碑，许多密钥分发协议都是在此基础上发展而来的，同时在密码协议分析中占有重要地位，成为密码协议设计与分析的实验床。

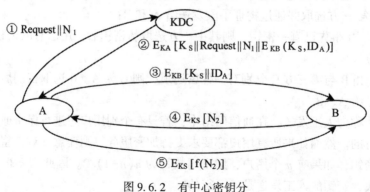

图 9.6.2　有中心密钥分

假定用户 A、B 分别与密钥分配中心 KDC（Key Distribution Center）有一个共享的主密钥

K_A 和 K_B，A 希望与 B 建立一个共享的一次性会话密钥，可通过以下几步来完成：

（1）A 向 KDC 发出会话密钥请求，表示请求的消息由两个数据项组成，第一项是 A 和 B 的身份，第二项是这次业务的唯一识别符 N_1，称 N_1 为一次性随机数，可以是时间戳、计数器或随机数，每次请求所用的 N_1 都应不同，且为防止假冒，应使敌手对 N_1 难以猜测，因此用随机数作为这个识别符最合适。

（2）KDC 为 A 的请求发出应答，应答是由 K_A 加密的消息，因此只有 A 才能成功地对这一消息解密，并且 A 可相信这一消息的确是由 KDC 发出的，消息中包括 A 希望得到的两项内容：

- 一次性会话密钥 K_S；
- A 在（1）中发出的请求，包括一次性随机数 N_1，目的使 A 将收到的应答与发出的请求相比较，看是否匹配。

因此 A 能验证自己发出的请求在被 KDC 收到之前，是否被他人篡改，而且 A 还能根据一次性随机数相信自己的应答不是重放的过去的应答。

此外，消息中还有 B 希望得到的两项内容：

- A 的身份（如 A 的网络地址）ID_A。

这两项由 K_B 加密，将 A 转发给 B，以建立 A、B 之间的连接并用于向 B 证明 A 的身份。

（3）A 存储会话密钥，并向 B 转发 $E_{K_B}[K_S \parallel ID_A]$。因为转发的是由 K_B 加密后的密文，所以转发过程不会被窃听，B 收到后，可得会话密钥 K_S，并从 ID_A 可知另一方是 A，而且还从 E_{K_B} 知道 K_S 的确来自 KDC。

这一步完成后，会话密钥就安全分配给了 A、B，然而还能继续以下两步工作。

（4）B 用会话密钥 K_S 加密另一个一次性随机数 N_2，并将加密结果发送给 A。

（5）A 以 $f(N_2)$ 作为对 B 的应答，其中，f 是对 N_2 进行某种变换（如加 1）的函数，并将应答用会话密钥加密后发送给 B。

这两步可使 B 相信第（3）步收到的消息不是一个重放。

注意：第（3）步就已完成密钥分配，第（4）、（5）两步结合第（3）步执行的是认证功能。

习 题 9

9.1 密钥管理的生命周期包括哪些阶段？

9.2 传统密码体制密钥分配的基本方法有哪些？

9.3 简述密钥分层管理的基本思想及其必要性。

9.4 什么是会话密钥？并说明 KDC 是如何在收、发双方之间创建会话密钥的。

9.5 假设 A 和 B 已经安全地交换过公钥，在此基础上，A、B 希望用传统体制进行保密通信，则 A、B 之间交换会话密钥的步骤如下：

（1）A 向 B 传送：$E_{e_B}(ID_A \parallel N_1)$

（2）B 向 A 传送：$E_{e_A}(N_1 \parallel N_2)$

（3）A 向 B 传送：$E_{e_B}(N_2)$

（4）A 选择秘密密钥 Ks 并向 B 发送：$m = E_{e_B}(D_{d_A}(k_s))$

（5）B 计算 $E_{e_A}(D_{d_B}(m)) = k_s$，恢复 k_s。

试解释每一步要达到的目的和各参数的含义。

9.6 查阅相关资料，改进 Diffie-Hellman 密钥交换协议，使之可以抵抗中间人攻击。

9.7 在 Shamir 秘密分割方案中，设 $t=3$，$n=5$，$p=17$，5 个子密钥分别是 8，7，10，0，11，从中任选 3 个，构造插值多项式并求秘密数据。

9.8 试着比较密钥分配点对点式和密钥分配中心式在密钥管理方面的特点。

第10章　密码学新进展

伴随着人类计算能力从手工计算、机械计算到电子计算的转变，密码编码理论也在不断发展深化，目前，量子力学的重大进展带动人类计算能力再次提升，同时，量子通信与量子计算技术的逐渐丰富与成熟，已经对现代密码编码构成了极大威胁，但是机遇总是与挑战并存，量子计算也为探索、设计基于量子计算机这一新平台的密码算法提供了新思路。

云计算是传统计算机和网络技术发展融合的产物，它体现了"网络就是计算机"的思想，将大量计算资源、存储资源与软件资源链接在一起，形成巨大规模的共享虚拟 IT 资源池，为远程计算机用户提供 IT 服务。云计算为用户带来全新体验和便捷的同时，其安全性也正引起人们的关注，以云计算为代表的新的网络应用模式对密码学研究产生了很大推动作用。

本章介绍量子计算机对现代密码体制的挑战，由此引出量子密码。同时，本章将对应用于云计算中的同态加密技术、混沌密码以及针对密码芯片的侧信道攻击技术作简要介绍。

10.1　量子计算与量子密码

10.1.1　量子计算机对现代密码体制的挑战

量子计算和量子计算机的概念起源于著名物理学家 Feynman。他在 1982 年观察到一些量子力学现象不能有效地在经典计算机上模拟出来，由此，他推断按照量子力学原则建造的新型计算机对解决某些问题可能比传统计算机更有效。1989 年，世界上第一个量子密钥分配原型样机研制成功，它的工作距离仅为 32cm，然而，它标志着量子密码已经开始初步走向实用。2007 年 2 月，加拿大 D-Wave 公司利用"绝热量子计算"方式，成功研制出世界上第一台 16 位商用量子计算机"Orion"。D-Wave 宣布今后将以一定时间间隔使量子位数翻番，让计算能力呈指数增长，实现类似于半导体集成度每隔一段时间翻一番的摩尔定律。

1985 年，牛津大学的 Deutsch 指出，利用量子态的相干叠加性可以实现并行量子计算，并提出了量子图灵机的模型。

对于经典计算机而言，大整数因子分解问题是一个 NP 问题，然而这些问题在量子计算情形下经过 Shor 算法均为易解问题–P 问题。Shor 算法破解大证书因子分解问题的复杂度是 $O((\log n)^3)$，这是多项式时间的复杂度。这表明 RSA 算法在量子计算机环境下是不安全的。Shor 量子算法充分利用了量子的相位的相干性、相消性与量子计算的并行性，从而具有指数加速的特点，克服了经典计算的复杂性。

自 Shor 算法提出后，引起人们的广泛关注。近年来，Shor 算法的研究已转向纵向发展，已由量子傅立叶变换推广到一般情况下的 HSP(Hidden Subgroup Problem)问题，且 RSA、Elgamal 和 ECC 等安全性能归结到 HSP 问题的公钥密码方案均不能抵抗量子计算机的攻击。这意味着一旦量子计算机走向使用，那么目前这些广泛应用的经典公钥密码体制将不再安全。例如，二代身份证中使用 256 位的 ECC 密码，如果量子计算机上升到 1448 量子位，意味着二代身份证密码破解，不法分子大肆伪造身份证，电子商务中使用的 1024 位 RSA 也将破解。初步估计，在量子计算机上运行 Shor 算法，按每秒一百万次操作计算，分解 1024 位二进制数大约只需 18 分钟，而若用数域筛法分解，则其计算量相当于 RSA 140 的 4900 万倍，即 980 亿 MIPS-years。因此，如果一个问题可以归约为隐含子群问题，那么就存在一个求解该问题的多项式时间量子计算算法。

针对密码破译的另一个有效的量子算法是 Grover 在 1996 年提出的通用的量子搜索算法，通常称为 Grover 算法。它将遍历搜索的复杂度从经典算法的 $O(N)$ 步缩小到 $O(\sqrt{N})$。显然该算法对经典搜索算法起到了二次加速作用，从而显著提高了搜索效率。对于密码破译而言，这相当于将密码算法的密钥长度 $n(N=2^n)$ 减少到原来的一半，并未在本质上对现有密码构成威胁，可以通过增加密钥长度来抵御 Grover 量子搜索算法的攻击，虽然 Grover 算法只是二次加速，而不是指数加速，但由于其应用的广泛，因而备受关注。

要注意的是，量子计算机对现代密码学的威胁主要在公钥密码方面，对称密码体制(如 AES)只需增加密钥长度即可抵抗量子计算。此外，虽然量子计算机的计算能力比传统计算机强大，但也存在极限，不是所有的 NP 问题都在量子计算机上可解，特别是 NPC 问题。

与当前普遍使用的以数学为基础的密码体制不同，量子密码以量子物理原理为基础，利用量子信号实现。与数学密码相比，量子密码方案具有可证明安全性(甚至无条件安全性)和对扰动的可检测性两大主要优势，这些特点决定了量子密码具有良好的应用前景。

最早想到将量子物理用于密码术的是美国科学家威斯纳(Stephen Wiesner)。他于 1970 年提出，可利用单量子态制造不可伪造的"电子钞票"。但这个设想的实现需要长时间保存单量子态，不太现实，并没有被人们接受，但他的研究成果开创了量子密码的先河，在密码学历史上具有划时代的意义。直到 1984 年贝内特(Charles H. Bennett)和布拉萨德(Gilles Brassard)提出著名的量子密钥分配协议，也称为 BB84 方案，由此迎来了量子密码术的新时期。5 年后，他们在实验室里进行了第一次实验，成功地把一系列光子从一台计算机传送到相距 32cm 的另一台计算机，实现了世界上最安全的密钥传送。1992 年，贝内特又提出一种更简单但效率减半的方案，即 B92 方案。经过 30 多年的研究，量子密码以及发展成为密码学的一个重要分支。

量子密码的概念主要建立在"海森堡测不准原理"及"单量子不可复制定理"之上，"海森堡测不准原理"是量子力学的基本原理，指在同一时刻以相同精度测定量子的位置与动量是不可能的，只能精确测定两者之一。"单量子不可复制定理"是"海森堡测不准原理"的推论，它指出在不知道量子状态的情况下复制单个量子是不可能的，因为要复制单个量子就只能先作测量，而测量必然改变量子的状态。

量子密码突破了传统加密方法的束缚，提出了以量子状态作为密钥。因为任何截获或测量量子状态的操作都会改变量子状态，所以量子状态具有不可复制性，因而用其作为密钥是"绝对安全"的。这样，截获者得到的量子状态无任何意义，而信息的合法接收者则可以通过检测量子状态是否改变而知道密钥是否曾被窃听或截获过。也就是说，量子密码的基本原理是以量子状态作为密钥来传输，由于量子在传输过程中若被窃听就会发生状态的改变，容易被通信的双方检测出来，从而克服了传统密码体制中密钥在传输过程中即使被泄露而通信双方也无法知晓的弊端。所以，量子密码能安全地分发密钥，从而可以使通信双方进行安全的通信。

10.1.2　量子密码理论体系

1917 年，Vernam 提出了"一次一密"密码体制，由于它在加密前需要在收、发双方之间交换一个和明文一样长的真随机数序列作为密钥，而且这个密钥只能用一次，使得攻击者确定密钥的难度增大，保证了密码体制的无条件安全性，但也给密钥管理带来了巨大困难，因此，传统环境限制了它的使用范围。然而，量子力学原理也为探索设计无条件安全密码带来了新思路，量子密码的出现有可能使得"一次一密"密码的广泛应用成为现实。

量子密码是以现代密码学和量子力学为基础，利用量子物理学方法实现密码思想和操作的一种新型密码体制。与安全性建立在计算复杂性理论之上的密码体制不同，量子密码的安全性建立在量子力学的 Heisenberg 测不准原理和量子不可克隆原理上，这与攻击者的计算能力无关。

Heisenberg 测不准原理表明，对于微观粒子的共轭物理量（如位置和动量），当对其中的一个物理量进行测量时，将会干扰另一个物理量，即不可能同时精确地测量粒子的共轭物理量。

不可克隆原理是 Heisenberg 测不准原理的推论，它表明，在不知道量子态的情况下，要精确复制单个量子是不可能的。因为对于单个量子，要复制就需要先进行测量，而由 Heisenberg 测不准原理可知，测量必然会改变量子态。

经过 30 多年的研究与发展，逐渐形成了比较系统的量子密码理论体系。其主要涉及量子密钥分配、量子密码算法、量子密钥共享、量子密钥存储、量子密码安全协议、量子身份认证等方面。

1. 量子密钥分配

量子密钥分配（quantum key distribution）是目前量子密码研究的重点。量子密钥分配是指 2 个或者多个通信者在公开的量子信道上利用量子效应或原理来获得密钥信息的过程。人们从量子密钥分配的设计、安全性以及实现等多个方面开展了研究，先后产生了很多种量子密钥分配方案，其中具有代表性的有 BB84 协议和 EPR 协议，还提出了许多改进的方案，如 B92 协议和六态协议。

量子密钥分配需要通过量子比特的传输特性来实现，是一个动态的过程，这个特性使量子密钥的获取需要经过以下过程：首先产生量子比特，然后经过量子信道发送到需要建立共享密钥信息的其他用户，为了获得最终的密钥，这些用户需要接收并测量他们收到的量子比特串。在不同的方案中量子比特串产生和分配的实现过程和原理不同，BB84 协议中传输的量子比特具有共轭特性，而 EPR 协议中传输的是纠缠量子比特。通信双方在获取了随机的量子比特后，就来检测系统中的噪声和窃听者的干扰等情况。为了获得无条件安全性的量子密钥，还需要数据后处理的过程，如数据纠错和保密加强等，才能获得最终的密钥。

BB84 协议是量子密码中提出的第一个密钥分配协议，该协议于 1984 年由 Bennett 和 Brassard 共同提出的。BB84 协议以量子互补性为基础，协议实现简单，却具有无条件的安全性。海森堡测不准原理和量子不可克隆定理保证了 BB84 协议的无条件安全性。协议描述如下：

（1）Alice 以线偏振和圆偏振光子的 4 个偏振方向为基础产生一个随机量子比特串 $S = \{s_1, s_2, s_3, L, s_n\}$；

（2）Alice 通过量子传输信道将量子比特串 S 发送给 Bob；

（3）Bob 随机选择线偏振光子和圆偏振光子作为测量基序列测量他所接收到的光子；

（4）Bob 通过经典信道通知 Alice 他所选定的测量基序列；

（5）Alice 通知 Bob 所采用的测量基中哪些选择是正确的，哪些是错误的；

（6）Alice 和 Bob 分别保存测量基相同的测量结果，放弃测量基不一致的测量结果；

（7）根据所选用的测量基序列的出错率来判断是否有窃听者的存在，如果在错误率限制允许的范围内，则继续执行下面的步骤；否则，中止协议，开始新一轮的传输；

（8）Alice 和 Bob 将量子态编码成二进制比特，由此获得原密钥；

（9）采用数据协调方式（reconciliation）对原始密钥进行纠错处理，然后采用密性放大（privacyamplification）技术对经过数据协调后的密钥作进一步的处理，以提高密钥的保密性，并最终获得安全密钥。

EPR 协议是 1991 年英国牛津大学的学者 A. Ekert 采用 EPR 纠缠比特的性质提出的，该协议描述如下：

（1）Alice 通过物理方法产生 EPR 粒子对，将每一个 EPR 粒子对中的 2 个粒子分发给 Alice 和 Bob，使 Alice 和 Bob 各自拥有一个粒子；

（2）Alice 随机地测量她的粒子串，并记录结果。根据 EPR 光子纠缠态的性质，Alice 测量她的粒子后，粒子对解纠缠，同时确定了 Bob 粒子的量子态；

（3）Bob 测量收到的量子比特串；

（4）Bob 随机地从所检测的结果中选取部分结果，将这些结果通过公共信道告诉 Alice，根据 Bell 理论检测窃听行为是否存在；检测 Alice 和 Bob 的光子是否关联，以此判断是否放弃本次通信；

（5）根据获得的原始密钥，采用数据协调方式对原始密钥进行纠错处理，然后采用密性放大技术对经过数据协调后的密钥作进一步的处理，以提高密钥的保密性，并最终获得安全密钥。

EPR 协议具有极好的安全性，因为量子比特在传输的过程中状态不确定，只有当合法的通信者对纠缠态中的粒子测量后，粒子的状态才确定。

从量子密钥分配的实现过程来看量子密钥的产生、传输与分配实际上是一个通信过程，可以用图 10.1.1 所示的通信模型来描述。该量子密钥分配模型包括量子信源、信道和量子信宿 3 个主要部分。

量子信源可定义为输出特定量子符号集的量子系统。在目前所提出的量子密钥分配方案中，量子信源的不同是这些方案的主要不同之处。要产生和分配量子密钥，需要将随机的量子比特串从一方传送到另一方，这个过程需要建立信道。信道是量子密钥分配的重要组成部分，包括量子传输信道、量子测量信道和公共信道。量子传输信道的特性受量子物理学的约束，因此不同于经典传输信道。量子信息本身是不可访问的，要获得可访问的信息必须测量量子比特，也就是说让用户获取量子比特携带的信息。因此，要获取密钥信道，用户必须测量他们的量子比特串，才能获得可访问的信息。实际上，量子信源的不同意味着输出的量子符号集的不同，测量信道的不同意味着测量算符不同，因此，不同的量子信源和测量信道形成了不同的量子密钥分配协议。因为通信双方中一方对另一方的秘密信息的了解程度与旁观者一样，没有什么优势，所以必须借助公共信道来获得最终的密钥，也就是说在量子密钥分配中的公共信道是为了帮助通信双方从已经获得的量子信息中获取可访问的信息。

量子密钥分配理论上具有无条件安全性，但是，在实际应用中还需要考虑由于量子密钥

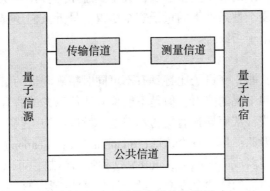

图 10.1.1　量子密钥分配模型

分配系统本身的技术不足所带来的安全性问题。

2. 量子秘密共享

量子秘密共享(quantum secret sharing)已经成为量子密码的一个重要研究方向,不但在理论上取得了一些成果,在实验上也取得了初步的进展。

1998 年,Hillery 等人参照经典秘密共享理论提出了量子秘密共享的概念,并利用 GHZ 三重态的量子关联性设计了一个量子秘密共享方案。此后量子秘密共享引起了人们的广泛关注和兴趣,利用 Bell 纠缠态性质、量子纠错码的特征,以及连续变量量子比特的性质等量子属性,人们设计了一些量子秘密共享方案。其中具有代表性的有日本 Solen 大学 N. Imoto 领导小组提出的两态量子秘密共享算法,澳大利亚学者提出的基于连续变量的量子(m , n)门限方案等。2001 年,瑞士日内瓦大学首次在实验上验证了基于 GHZ 三重态的量子秘密共享方案。但是,已经提出的量子秘密共享体制还存在很多问题需要解决,其方案仍然不是很完善。

3. 量子密钥存储

量子密钥存储(quantum key memory)影响到量子密码的安全性,因此,量子密钥存储对量子密码也是很重要的。研究表明,量子密钥存储可以采用两种方式:一种是将量子比特编码成经典比特,然后按照经典密钥的存储方式保存密钥;还有一种是直接保存量子比特串,这种方法需要使用量子内存或量子寄存器。但是,目前量子密钥存储仅仅是在理论上的证明,在实际中还难以实现长时间的量子密钥存储。因为从目前的技术上来讲,量子密钥存储的时间还很短,而且不稳定。量子存储不仅在量子密码中很重要,而且也是未来实现量子计算机的重要基础,但是还有很多问题有待进一步的探讨和研究。

4. 量子密码安全协议

量子密码安全协议(security of quantum cryptographic protocol)是量子密码学的重要组成部分。到目前为止,人们在量子比特承诺(quantum bit commitment)、量子掷币协议(quantum coin tossing protocol)、量子不经意传输(quantum obvious transfer)、量子指纹(quantum fingerprinting)、量子数据隐藏等多个方面的研究取得了一定的研究成果。

1984 年,Bennett 和 Brassard 在 Wiesner 思想的基础上提出了著名的 BB84 协议和量子掷币协议。由于技术上的进步,1997 年以前提出的量子掷币协议、量子比特承诺、量子不经意传输都被证明不能抵抗量子纠缠的攻击,也就是说这些方案不具有无条件安全性。因此,研究人员转而研究有条件下的量子安全协议，其主要思路为：在一定的物理条件下实现量子安全协议和在量子计算复杂性条件下的量子安全协议。最近人们还提出了一些具有无条件安全的量子安全协议，如量子指纹等。

5. 量子身份认证

在量子密钥分配中，非正交量子比特具有不可同时精确测量的量子属性，虽然这种属性具有主动的检测窃听者和干扰的能力，但是不能检测通信双方的假冒行为。因此，有可能通信信息全部被攻击者截获，从而导致通信的不安全，所以，为了获得安全的密钥，需要对通信双方进行身份认证。因此，量子身份认证（quantum authentication）是很有必要的。

同时还提出了量子签名（quantum signature）这种签名体制，可以分为真实签名和仲裁签名，可用于身份验证和消息确认两个方面。量子签名算法必须遵循以下的安全性准则：不可修改和伪造，即签名完成后，验证者和攻击者不能作任何改动和伪造；不可抵赖，即签名者的抵赖不能成功，同时验证者能够识别签字者；量子属性，即量子签名算法中包含量子力学属性。量子签名算法可通过单钥体制、公钥体制和单向函数等方式实现。但是，国际上量子签名方面的研究论文还很少，很多这方面的问题有待进一步的研究。

6. 量子密码系统攻击方法

攻击一个量子密码系统主要有两种方法：经典方法和量子方法。量子攻击方法可分为非相干攻击方法和相干攻击方法。非相干攻击就是攻击者独立地给每一个截获到的量子态设置一个探测器，然后测量每一个探测器重的粒子，从而获取信息。相干攻击是指攻击者可通过某种方法使多个粒子比特关联，从而可相干地测量或处理这些粒子比特，进而获取信息。有些经典密码分析方法和策略不但可以在经典密码分析中发挥作用，在量子密码分析中也将起到重要的作用。在某些情况下，经典攻击甚至是一种重要的攻击方式。

下面简单介绍几种经典型的量子攻击方法：

（1）截获—测量—重发攻击。

所谓截获—测量—重发攻击，即窃听者截获信道中传输的量子比特并进行测量，然后发送适当的量子态给合法接受者，这是最简单的攻击方法之一。

（2）假信号攻击。

假信号攻击泛指用自己的量子比特替换合法粒子（或光子），以期利用自己与接受者之间的纠缠来协助达到窃听者的攻击方法。同时，替换以后往往需要辅以其他手段来达到目的。因此，假信号攻击具有多样性，分析起来也相对复杂。

（3）纠缠附加粒子攻击。

窃听者在截获信道中的量子比特后，通过该操作将自己的附加粒子与合法粒子纠缠起来，然后将合法粒子重新发给接收者，以期利用这种纠缠获取信息。这就是所谓的纠缠附加粒子攻击，通常包括截获—纠缠—重发—测量（附加粒子）四个步骤。这种分析方法在证明协议的安全性时也经常用到。

（4）特洛伊木马攻击。

特洛伊木马攻击是另外一种由于实现设备的不完美而存在的攻击方法。在这种攻击中，窃听者可以向通信信道中发送光脉冲，并分析它们用户设备反射回来的光信号以试图得到设备信息。一般来说，这种针对实验设备的不完美性来实施攻击的问题通常可以用某些技术手段来解决。

10.1.3　后量子密码体制

依赖于量子计算机的高度并行计算能力，将相应的 NP 问题化解为 P 问题是量子计算攻击现代密码学的实质，这一点对基于 NP 困难数学问题而设计的现代公钥密码所潜在的威胁是致命的。而目前尚未发现量子计算对不依赖任何困难问题的对称密码和 Hash 函数等密码算法的量子多项式时间的攻击算法，所以目前量子计算的威胁主要是在公钥密码方面，把具有量子计算安全的公钥密码体制称为"后量子公钥密码体制"

目前国际密码学界公认的后量子计算公钥密码体制主要包括基于 Hash 函数的 Merkle 树签名方案、基于纠错码的公钥密码体制、基于格问题的公钥密码体制以及基于有限域上非线性方程组难解性问题的公钥密码体制等。

1. 基于 Hash 函数的数字签名

基于 Hash 函数的数字签名(主要是指 Merkle 签名方案)来源于一次签名方案。Rabin 于 1978 年首次提出一次签名方案，该方案验证签名时需与签名者交互。Lamport 与次年提出了一个更有效的一次签名方案，该方案并不要求与签名者进行交互；随后 Diffie 将其推广，并建议用 Hash 函数替代基于数学难题的单向函数来提高该机制的效率，所以常将其称为 Lamport-Diffie 一次签名方案。在 Merkle 数字签名方案中，没有过多的理论假设，其安全性仅依赖于 Hash 函数的安全性。

2. 基于纠错编码的公钥密码体制

纠错编码公钥密码可理解为加密是对明文进行纠错编码并且加入一定量的错误，解密是运用私钥纠正错误恢复明文。目前尚不存在量子攻击算法，并且经过 30 年的分析，目前 McEliece 密码方案被认为是最安全的公钥密码体制之一。

3. MQ 公钥密码体制

MQ 公钥密码体制也就是多变量二次多项式公钥密码体制，MQ 密码的研究是密码学界的研究热点之一。MQ 公钥密码学孕育了代数攻击的出现，并且许多密码体制，如 AES 都可以转化为 MQ 问题。MQ 公钥密码算法比基于数论的一些公钥密码算法实现效率高。在目前已经构造的 MQ 公钥密码算法中，有一些在蜂窝电话、智能卡 RFID 标签、无线传感器网络等计算能力有限的设备上特别适用，这个优势是 RSA 等经典弓腰密码算法所不具备的。

4. 基于格的公钥密码体制

寻找具有更简单运算的数学难题，以此来降低加解密操作的复杂性，有代表性的是基于格的密码系统(lattice-based cryptography)，其基本运算为矢量的加法和乘法。表 10.1.1 简要比较了三种有代表性的公钥密码方案。

表 10.1.1　　　　　　　　　　不同公钥密码方案的基本比较

	大合数因子分解难题	椭圆曲线离散对数难题	格难解问题
提出时间	20 世纪 70 年代中期	20 世纪 80 年代中期	20 世纪 90 年代中期
典型实例	RSA，DSA	ECDSA	NTRU
实际应用	大规模应用	推荐应用	局部应用

续表

	大合数因子分解难题	椭圆曲线离散对数难题	格难解问题
主要优势	深入研究	密钥规模小	基于最坏情况复杂性；抗量子攻击；全同态加密
加/解密操作	模幂运算 $O(n^2)$	椭圆曲线上的点乘运算；$O(n^2)$	矢量乘法；$O(n)$

在如今量子算法尚未成熟的情况下，虽不能对这些后量子密码体制进行有效破解，但是量子计算机拥有经典计算机无法比拟的优势，并且量子计算机目前正处于发展阶段，即使无法完全破解这些密码体制，也已经有了对这些密码体制方面的探索。

10.2 同态加密技术

随着云计算的不断普及，云计算发展面临许多关键性问题，隐私保护首当其冲，已经成为制约其发展的重要因素。例如，大数据被非授权者、实体或进程利用或泄露；数据完整性遭受非授权方式的篡改等。数据安全与隐私保护涉及用户数据生命周期中创建、储存、使用、共享、归档、销毁等各个阶段，同时设计所有参与服务的各层次云服务提供商，所以要求有一种加密方式可以对用户的加密数据直接进行处理而无须解密，用户收到云处理的数据后进行解密就可以得到所需要的结果。显然，无论是传统的对称加密技术还是非对称加密技术，都无法达到这一要求，因此，开发快速加、解密技术已成为当前云数据安全保护技术的一个重要研究方向。

目前，应用于云计算的加密技术主要有属性加密、代理重加密以及同态加密(Homomorphic Encryption，HE)。

Shai 等提出了第 1 个属性加密方案，公钥、私钥和数据属性相关联。当用户私钥具备解密数据的基本属性时，用户才能解密出数据明文。例如：用户 1 的私钥有 a、b 2 个属性，用户 2 的私钥由 a、c 2 个属性，若有一份密文解密的基本属性要求为 a 或 b，则用户 1 和用户 2 都可以解密出明文；同样，若密文解密的基本属性要求为 a 和 b，则只有用户 1 可以解密出明文。

同态加密最初由 Rivest 于 1978 年提出，是一种允许直接对密文进行操作的加密技术，HE 技术最早用于对统计数据进行加密，它允许人们对密文进行特定代数运算得到仍然是加密的结果，与对明文进行同样的运算再将结果加密一样，由算法的同态性保证了用户可以对敏感数据进行操作，但又不泄露数据信息。

记加密操作为 E，明文为 m，加密得 e，即 $e=E(m)$，$m=E^{-1}(e)$。已知针对明文有操作 f，针对 E 可构造 F，使得 $F(e)=E(f(m))$。这样，E 就是一个针对 f 的同态加密算法。假设 f 是一个很复杂的操作，用户可以利用同态加密把加密得到的 e 交给第三方，第三方进行操作 F，用户取回 $F(e)$ 并解密后得到 $f(m)$。同态加密技术使得用户可以对密文进行注入检索、比较等操作，得出正确的结果，而在整个处理过程中无须对数据进行解密。其意义在于真正从根本上解决了将数据及其操作委托给第三方时的保密问题。

以下是一个简单的全同态加密方案：

加密参数的选择：q 和 r，密钥：奇数 p

加密：对明文 m，计算 $c=pq+2r+m$，即为相应的密文。

解密：$m=(c \bmod p) \bmod 2$

上式中的 p 是一个正的奇数，q 是一个大的正整数（没有要求是奇数，它比 p 要大得多），p 和 q 在密钥生成阶段确定，p 看成是密钥。而 r 是加密时随机选择的一个小的整数（可以为负数）。明文 $m \in \{0, 1\}$，是对"位"进行加密的，所得密文是整数。

正确性验证：由于 pq 远大于 $2r+m$，则 $(c \bmod p) = 2r+m$，故 $(c \bmod p) \bmod 2 = (2r+m) \bmod 2 = m$。

同态性验证：

对于加法，两个密文 $c_1=q_1p+2r_1+m_1$，$c_2=q_2p+2r_2+m_2$，则有 $c_1+c_2=(q_1+q_2)p+2(r_1+r_2)+m_1+m_2$，这样，只需要满足条件 $2(r_1+r_2)+m_1+m_2$ 远小于 p，则有 $(c_1+c_2) \bmod p = 2(r_1+r_2)+m_1+m_2$。即该加密满足加同态条件。

对于乘法，$c_1*c_2= p[q_1q_2p+(2r_2+m_2)q_1+(2r_1+m_1)q_2]+2(2r_1r_2+r_1m_2+r_2m_1)+m_1m_2$，因此，只需满足 $2(2r_1r_2+r_1m_2+r_2m_1)+m_1m_2$ 远小于 p，有 $(c_1*c_2) \bmod p = 2(2r_1r_2+r_1m_2+r_2m_1)+m_1m_2$，而 $[(c_1*c_2) \bmod p] \bmod 2 = m_1m_2$，即该加密满足乘同态条件。

此外，2009 年，IBM 研究人员 Gentry 使用"理想格"构建了全同态数据加密方案。该方案由四个算法组成：KeyGen、Encrypt、Decrypt 和 Evaluate。该方案使得加密信息即使是被打乱的数据，仍然能够被深入和无限地分析，而不影响其保密性，这是由于格可以提供一些附加的结构基础，而理想格则可以提供多变量结构基础，这样可以方便构造者计算深层的循环，使人们可以充分操作加密状态的数据。经过这一突破，存储他人机密电子数据的电脑销售商就能受用户委托来充分分析数据，不用频繁地与用户交互，也不必看到任何隐私数据。

全同态加密算法能较好解决大数据安全保护的计算问题，但是这些算法需要进行大量复杂的指数运算，大大降低了数据的处理效率。因此提高计算效率将是同态加密算法研究的重要方向。

除了在云安全方面的应用之外，同态加密在其他方面也有极其广泛的应用：

1. 私有数据银行（private data bank）

Rivest，Adleman 和 Dertouzous 在提出同态加密概念时就预言同态加密可以用于建立私有数据银行。所谓私有数据银行就是用户可以将自己的数据加密后保存在一个不信任的服务器中，此后可以向服务器查询所需要的信息，服务器生成一个用用户的公钥加密的查询结果，用户可以解密该结果获得自己需要的信息，而服务器并不知道用户具体查询的内容。

2. 在多方保密计算方面的应用

所谓多方保密计算是指 $n(n \geq 2)$ 个参与者 P_1，P_2，…，P_n 分别拥有保密数据 x_1，x_2，…，x_n，他们希望联合计算函数 $f(x_1, x_2, \cdots, x_n)$，但都不愿意泄露自己的保密数据。多方保密计算是网络隐私保护的关键技术，在密码学与信息安全中有重要的理论与实际意义。现实中的许多游戏（如扑克游戏等）都可以用多方保密计算协议来描述，而许多密码学协议（如秘密共享协议、密钥分配协议、不经意传输协议等）都可以看做是一种特殊的多方保密计算协议。因此多方保密计算也是密码学研究的热点问题，而同态加密算法是构造多方保密计算协议的有力工具。

3. 数字水印

数字水印技术是指用信号处理的方法在数字化的多媒体数据中嵌入隐蔽的标记，这种标记通常是不可见的，只有通过专用的检测器或阅读器才能提取。如何应对复杂网络环境下数据隐藏与数字水印系统的安全挑战，是目前需要迫切解决的问题。针对数字水印的一种主要的安全性攻击手段是非授权检测攻击，即攻击者在未经授权的情况下对含有水印的载体进行检测，以确定水印是否存在，进而猜测或破译水印的含义，甚至去除载体中的水印并嵌入一个伪造的水印。基于全同态加密的数字水印方案可以有效地抵抗这种攻击。方案首先利用全同态加密体制对水印信号与原始载体进行加密，然后将加密后的水印嵌入到原始载体中。在用户检测水印之前，必须首先对含有水印的载体进行同态解密，从而保证解密后的水印信号与含水印的载体之间没有明显的相关性。在解密含水印的载体之后，可以通过计算解密后的载体与水印信号之间的相关度，判断水印的存在性进而提取水印。

4. 电子投票

电子投票在计票的快捷准确、人力和开支的节省、投票的便利性等方面有着传统投票方式无法企及的优越性。而设计安全的电子选举系统是全同态加密的一个典型应用。下面介绍一个简单的电子选举方案：1）若有同态函数 $Enc_k(x_1+x_2) = Enc_k(x_1) \times Enc_k(x_2)$，选民将自己的选票进行加密 $C_i = Enc_k(M_i)$，其中 $M_i \in \{0, 1\}$；2）投票中心收集同态加密后的选民选票 C_i，投票中心基于全同态加密方案的同态性质对加密后的选票 C_i 进行计票 $C = C_1 \times C_2 \times \cdots \times C_n$，得到经过同态加密后的选举结果 $C = Enc_k(M_1+M_2+\cdots+M_n)$；3）只有拥有解密密钥的某个可信机构才能够对加密后的选举结果进行解密，公布选举结果。在上述过程中，选票收集与计票完全对加密后的选票数据进行操作，不需要使用任何解密密钥。因此，任何一个主体或机构都可以完成计票员的职责，无论其是否可信。

10.3 混沌密码

混沌作为一种非线性现象，有许多独特的性质，正是因为混沌系统所具有的这些基本特性恰好能够满足保密通信及密码学的基本要求，混沌动力学方程的确定性保证了通信双方在收发过程或加解密过程中的可靠性；混沌轨道的发散特性及对初始条件的敏感性正好满足Shannon 提出的密码系统设计的第一个基本原则——扩散原则；混沌吸引子的拓扑传递性与混合性，以及对系统参数的敏感性正好满足 Shannon 提出的密码系统设计的第二个基本原则——混淆原则；混沌输出信号的宽带功率谱和快速衰减的自相关特性是对抗频谱分析和相关分析的有利保障，而混沌行为的长期不可预测性是混沌保密通信安全性的根本保障等。因此，研究混沌保密通信，不仅对构造新的更安全的加密方法和加密体系有帮助，而且对进一步深入地理解现有的密码与密码体制也有帮助。

一个密码系统其实也是一个映射，只是它是定义在有限域上的映射。密码系统是一个确定性的系统，它所使用的变换由密钥控制。加解密算法是可以公开的，但密钥却需要严格保密，没有密钥的参与，就不能进行正常的加解密变换。实际上，一个好的密码系统也可以看做一个混沌系统或者是伪随机的混沌系统，如表 10.3.1 所示。

表 10.3.1　　　　　　　　　　　混沌与密码学的关系

	混沌理论	密码学
相同点	对初始条件和控制参数的极端敏感性	扩散，通过混合打乱明文统计关系
	类似随机的行为和长周期的不稳定轨道	伪随机序列
	混沌映射通过迭代，将初始域扩展到整个相空间	密码算法通过迭代产生预期的扩散和混乱
	混沌映射的参数	加密算法的密钥
不同点	相空间：实数集	相空间：有限的整数集

下面探讨如何利用混沌设计序列密码的问题。

混沌序列密码实际上是利用混沌映射产生一个混沌序列，然后使用该混沌序列和明文作某种可逆运算，如异或运算，从而完成加密。如果按照香农所提出的密乱码本的思想，序列密码的密钥长度需长于被加密消息的长度，而实际上这是无法实现的。因此，问题就转化为寻找一个短的种子密钥，产生一个周期足够长的伪随机序列。这样构成的混沌序列密码系统，其安全性在很大程度上取决于伪随机序列的随机性。但是，要产生足够复杂，难以寻求规律的伪随机序列其实是非常困难的。因为所有的伪随机序列总存在某种内在的隐性结构。从这个角度来讲，一个好的伪随机序列发生器就是要具有更好的隐性结构，也即具有更难以用统计方法检测出的结构，使得对特定的应用来说，这个伪随机数发生器的内部结构更难以被发现。混沌映射由于其所固有的伪随机特性和遍历特性，很自然地成为了伪随机数发生器的候选者。目前，已经提出了许多基于混沌的伪随机数发生器和混沌伪随机二值序列发生器的构造方法，以及基于混沌的流密码。但这些伪随机序列发生器大多是利用离散的混沌映射在连续域上实现的，很少考虑数字实现的问题。而一般所采用的流加密基本上是在有限域上实现的，当连续域上的混沌映射数字化后，其性能将下降。譬如，用计算机生成混沌伪随机数，则原理没有周期的混沌序列将出现周期性的重复，且周期长度是随机的。目前对该周期长度的分析尚没有理论结果，数值模拟表明周期长度和计算精度与初值选取有关。其实，混沌映射从理论上说，是在连续域上的一种映射，它没有固定的周期点(或者说它有从周期为1一直到周期为无穷的所有周期点)，且在各个点都呈现不稳定的状态。但是，当这样的映射数字化以后，运动轨迹会在离散的相空间里呈现稳定状态，映射重新出现周期。很多研究者试图解决这个问题，但至今还没有一个好的理论结果。也有一些方法被提出，如提高计算精度，将多个混沌系统串联起来，以及基于扰动的算法等。

在传统密码学中，出于硬件可实现性的考虑，以及便于安全性分析，采用的是利用线性反馈移位寄存器产生 m 序列的方法。该方法简单易行，但不够安全。而实际上，要想产生足够复杂的伪随机序列，使得一般的统计分析方法不能够找到蕴藏其中的规律，同时，该序列的产生又不太复杂，则只有求助于某种非线性系统，尤其是具有混沌特性的非线性系统。因为只有非线性系统才能在看似简单的系统中产生复杂的行为(如 Logistic 映射)，而要满足伪随机序列的遍历性，则又需该系统具有混沌特性。

具体地，利用混沌系统设计流密码主要包括以下几个方面：

1. 混沌序列的生成

序列密码的目的就是要产生一系列随机的密钥值，并且密钥流必须具有随机性，同时它还应在接收端能够同步生成，否则不能实现解密。多数实际的序列密码都围绕 LFSR 进行设计。由线性反馈移位寄存器所产生的序列中，有些类似 m 序列，具有良好的伪随机性，人们开始曾认为它可以直接作为密钥流，但很快又发现它是可预测的，其密码强度低。

混沌系统具有产生密钥流的天然的优良品质：能产生对参数、初始值敏感的混沌值。所以用混沌系统产生密钥流是很好的方案。可以用混沌系统产生随机实数值序列、伪随机二指序列、位序列、四值序列。同时，可以由上述各种二进制序列构成随机数序列。所以既可以用混沌系统设计伪随机二进制序列发生器，也可以用混沌系统设计随机数发生器。

2. 混沌实数值序列

任何一个混沌系统在一定的条件下都可以产生混沌实数值序列。可以把直接产生的实数值序列作为密钥流用于加密明文信息，但是对于一般混沌系统而言，其实数值序列分布是不均匀的。例如，Logistic 映射的分布就是很不均匀的。所以，直接将数值序列用做密钥流是不可取的。而且，Logistic 映射的相邻点也有非常强的相关性。

3. 混沌伪随机序列的设计

在实际应用中经常利用混沌系统来产生伪随机二值序列。一般混沌系统产生的实数值序列是不均匀的，不适合直接作为密钥流。但是可以通过一些构造方法对实数值序列进行必要的处理，从而产生伪随机二值序列，经常采用的方法是相空间分割法。

4. 位序列设计

这种方法的思想就是把混沌实数值序列转化为一定长度的浮点数形式而得到：

$$|x_k| = 0. b_1(x_k) b_2(x_k) \cdots b_i(x_k) \cdots b_L(x_k)$$

其中，$b_i(x_k) \in [0, 1]$ 是 x_k 的第 i 位，所需的序列即为 $\{b_i(x_k)\}$，$i = 0, 1, 2, \cdots, L$，$k \in Z_q^*$。这样混沌系统每迭代一次就可以获得 L 比特长度的二值序列，在获得同等二值序列的情况下，混沌系统的迭代次数仅是移位寄存器生成方式的 $1/L$，大大地减少了获得混沌位序列所需的计算量。

对于每个混沌实数值转化成二值序列还可以作部分改动。对每个实数值不取全部的二进制位，而是引进抽取函数，对每个实数值只抽取部分二进制位，如只取偶数位或奇数位等，这样可以增大密钥强度。

上述针对混沌实数值在 $(0, 1)$ 区间的序列设计可以推广到普遍情况：

假设由一维混沌映射 $x_n = f(x_{n-1})$，$x_n \in [d, e]$）获得的序列为 $\{x_n \mid x_n = f^n(x_0) \in [d, e]\}$ 对任意 x_n 有 $(x_n - d)/(e - d) \in [0, 1]$，表示成二进制为：

$$\frac{x_n - d}{e - d} = 0, b_1(x_n) b_2(x_n) \cdots b_i(x_n) \cdots$$

其中，$b_i(x_n) \in [0, 1]$。这样得到一个二进制序列 $\{b_0, b_1, \cdots, b_n\}$：

$$b_1(x_n) = \sum_{r=1}^{2^{t-1}} (-1)^{r-1} \Theta_{(e-d)(r/2^t)+d}(x_n)$$

其中，$\Theta_t(x_n) = \begin{cases} 0, & x_n < t \\ 1, & x_n > t \end{cases}$

5. 混沌随机数发生器的设计

随机数发生器是生成序列密码的重要部件，它的好坏直接影响到密钥强度。对一个伪随机序列一般有如下的性能要求：

(1) 对种子数敏感，即任意两个不同的种子数，产生的序列具有很大的差异。

(2) 概率分布均匀。

(3) 数据点之间统计独立，即在已知点 $\{X_i, X_{i+1}, \cdots, X_{i+k-1}\}$ 的条件下预测 X_k 是困难的。

(4) 序列没有周期。

传统的伪随机发生器使用线性同余随机数产生器，它可用公式表示为：

$$x_{n+1} = (ax_n + b) \bmod N$$

此处，N 是一个自然数，$x_{n+1} = (ax_n + b) \bmod N$ 且 $x_n, a, b \in \{0, 1, \cdots, N-1\}$。可以证明，线性同余随机数发生器是有周期的，其周期最大为 N，并且，当下面条件之一满足时，可达到最大周期：

(1) b 和 N 互素。

(2) 如果 $N \mid p$，则 $a-1$ 须为 4 的倍数。

（3）若 N 为 4 的倍数，则 $a-1$ 须为 4 的倍数。

上述 $x_{n+1} = (ax_n + b) \bmod N$ 可以看成是对映射 $x_{n-1} = (ax_n + b) \bmod l$, $x_n \in \{0, 1\}$ 的数字化，而原始映射在 $a>1$ 的时候是混沌的。一些传统的伪随机数发生器本身就具有混沌的特性。因此，很自然也可以考虑采用混沌映射来产生伪随机数。尽管混沌映射具有内在的伪随机性，但是，直接利用它作为伪随机数发生器仍然存在一些问题。如它产生的数据序列不一定均匀分布，相邻的数据点之间具有高度的相关性。

当前混沌序列密码的研究中还存在如下困难和问题：

（1）用于获得序列流加密的混沌系统大多不能给出其分布函数的表达式，对它们的统计特性及线性复杂度等安全性指标的分析还较为困难，对它们的密码学验证基本上停留在数值模拟上，缺乏严密的理论证明；

（2）对某些特定的映射及其变换组合，若配合不当，则二进制输出信号中仍保留原序列的部分信息；如果这些信息又能以较为简单的某种逆运算逐步予以恢复，那么这样构成的输出序列将不能经受住已知明文，尤其是选择明文攻击，从而对保密通信来说是不安全的；

（3）由于计算机实际运算精度有限，因此所谓的"混沌序列"的周期性不可避免，通常会造成输出序列的短周期现象。解决办法有用 m 序列加扰法来克服有限精度，或对混沌映射的系统变量或参数随机扰动来增大周期等。

（4）由于混沌所用的系统是界定在实数上的，而密码学一般处理具有有限整数的系统，如何将实数集上的实数映射成一个有限集上的整数，也是一个值得深入探讨的问题。另外，对混沌密码算法以及相应的攻击方法也有待进一步研究。

10.4　侧信道攻击技术

传统密码模型总是将密码原语抽象成纯粹的数学函数来分析密码体制的理论安全性，而在密码芯片实现中，密码算法总是基于某个物理设备并采用软件或硬件方式实现，物理设备将会与其所处作用环境发生物理交互作用，亦会受到作用环境之影响。攻击者有可能主动策划并检测这种交互作用，进而产生有助于密码分析的信息。这类信息称为测信息（Side-Channel Information），利用侧信息的攻击称为测信道攻击（Side-Channel Attack）。

1996 年，Kocher 在美国密码学年会上发表开创性论文 Timing attacks on implementations of Diffie-Hellman, RSA, DSS and other systems，提出计时攻击的概念，对 RSA 实施了实际的攻击，并从理论上阐述了攻击上述密码体制以及其他密码体制的一般性方法。这是首篇关于侧信道攻击的公开文献。之后经历了十余年的发展，侧信道攻击已呈现出多元化的发展趋势，能量分析攻击、故障攻击、基于缓存的攻击、错误信息攻击、基于扫描的攻击等先后被提出，并有大量学者对其做了深入研究。

一般地，侧信道攻击的实施过程分为两个阶段：攻击数据收集阶段与侧信息挖掘与秘密信息恢复阶段。攻击数据收集阶段的主要工作是获得实施攻击所需要的样本数据；而侧信息挖掘与秘密信息恢复阶段则对上一阶段所获得的样本数据进行分析，提取出攻击所需要的侧信息，恢复部分或全部系统秘密。

本节将重点讨论侧信道攻击中的能量分析攻击、基于缓存的攻击和故障攻击。

1. 能量分析攻击

能量分析（Power Analysis）攻击的基本工作原理是密码设备的瞬时能量消耗与其所执行

现代密码学

的操作及所操作的数据之间具有相关性，而相应的防御措施则要隐藏或者破坏这种相关性。能量分析攻击已经被公认为一种获取秘密信息的强有力工具。自 1999 年 Kocher 等提出能力分析攻击以来，这种方法得以迅速发展。按照对侧信息进行分析的原理，可将其分为简单能量分析(Simple Power Analysis，SPA)、差分能量分析(Differential Power Analysis，DPA)以及相关能量分析(Correlation Power Analysis，CPA)等。

(1)简单能量分析。

Kocher 等人在文献中最先提出 SPA 方法，利用 SPA 对 DES 的硬件实现实施了实际的能量分析攻击，并指出了可能遭受该攻击的一些密码算法常用操作。SPA 的目标是仅通过少量的能量迹来揭示密钥或与密钥相关的敏感信息。本质上，SPA 旨在从能量迹中猜测出特定时刻执行的指令以及可能的输入/输出值。因此，为实施这种攻击，供给者必须掌握密码实现的确切知识。由于 SPA 仅仅基于少量的能量迹来进行攻击，所以，可以通过添加噪音等简单方法来进行防范。

(2)差分能量分析。

DPA 亦由 Kocher 等人在文献中提出。DPA 使用统计分析方法，首先按照某种原则对信息分类，然后计算每类信息的能量消耗瞬时值的均值，最后通过分析这些均值差的渐近特性来获取秘密信息。DPA 是目前主流的能量分析攻击。与 SPA 不同，实施 DPA 攻击不需要掌握密码实现的具体细节，且对噪声有一定免疫能力。从目前已公开发表的文献来看，可将 DPA 攻击视为攻击能力最强的 SCA 攻击之一，而且实施该攻击资源消耗小。

(3)相关能量分析。

相关能量分析主要通过考查密码设备的能量消耗和所操作数据的重量之间的相关性来获取密钥。它主要是基于这一假设：密码设备的能量消耗 W 和所操作的数据的重量之间存在线性关系。通过计算并观察一组特定中间值和每个采样时间点的能量消耗值之间的相关系统恢复相应的 1 比特或多比特密钥。

2. 基于缓存的攻击

高速缓冲存储器(Cache)是位于 CPU 和主存之间的小容量存储器，它对于减少存储器存取时间、提高处理器性能起到十分重要的作用。当 CPU 应用某地址时，首先在 Cache 中查找，若有有该地址，则称为 Cache 命中，直接将数据返回给 CPU；否则，即 Cache 未命中，则访问主存，并将该地址及其相邻地址的数据调入 Cache 中，替换掉 Cache 中的某一行。Cache 未命中会引发内存访问以及可能的流水线停滞，因此执行时间较长、Cache 能量消耗较大。攻击者可以通过测量样本数据在加密过程中执行时间或能量消耗的差异，来推测出 Cache 的行为，从而实现对特定密码算法的攻击。

3. 故障攻击

密码设备计算过程中出现的软硬件故障及相关输出完全可能成为重要的侧信息，利用这些错误行为或输出而实施的攻击称为故障分析攻击(Fault Analysis，FA)。FA 为供给者攻击密码系统提供了更多的选择和更高的可能性。

FA 攻击一般包含故障诱导(或故障注入)和故障利用两个步骤。故障诱导是指在计算处理过程中的某个合适时间将故障植入，其技术实施和实际效果严重依赖于攻击者的工作环境与所使用的设备。常见的故障诱导手段如下：一个是突然改变密码设备的工作环境，包括电压、时钟、温度、射线和光照等；另一个是向被攻击模块发送恶意的非法数据而造成故障。故障利用是指利用错误的结果或意外的行为，使用特定的分析方法恢复出全部或部分秘密信

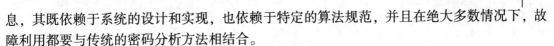

息，其既依赖于系统的设计和实现，也依赖于特定的算法规范，并且在绝大多数情况下，故障利用都要与传统的密码分析方法相结合。

近年来，针对各主流密码体制的故障分析攻击以及相关防御对策的研究成果较为丰富，但是，关于故障攻击模型的理论研究成果还相对比较缺乏。

附 录

F_2上的本原多项式(次数≤168，每个数次一个)

次数	本原多项式	次数	本原多项式	次数	本原多项式
1	1 0	2	2 1 0	3	3 1 0
4	4 1 0	5	5 2 0	6	6 1 0
7	7 1 0	8	8 6 5 1 0	9	9 4 0
10	10 3 0	11	11 2 0	12	12 7 4 3 0
13	13 4 3 1 0	14	14 12 11 1 0	15	15 1 0
16	16 5 3 2 0	17	17 3 0	18	18 7 0
19	19 6 5 1 0	20	20 3 0	21	21 2 0
22	22 1 0	23	23 5 0	24	24 4 3 1 0
25	25 3 0	26	26 8 7 1 0	27	27 8 7 1 0
28	28 3 0	29	29 2 0	30	30 16 15 1 0
31	31 3 0	32	32 28 27 1 0	33	33 13 0
34	34 15 14 1 0	35	35 2 0	36	36 11 0
37	37 12 10 2 0	38	38 6 5 1 0	39	39 4 0
40	40 21 19 2 0	41	41 3 0	42	42 23 22 1 0
43	43 6 5 1 0	44	44 27 26 1 0	45	45 4 3 1 0
46	46 21 20 1 0	47	47 5 0	48	48 28 27 1 0
49	49 9 0	50	50 27 26 1 0	51	51 16 15 1 0
52	52 3 0	53	53 16 15 1 0	54	54 37 36 1 0
55	55 24 0	56	56 22 21 1 0	57	57 7 0
58	58 19 0	59	59 22 21 1 0	60	60 1 0
61	61 16 15 1 0	62	62 57 56 1 0	63	63 1 0
64	64 4 3 1 0	65	65 18 0	66	66 10 9 1 0
67	67 10 9 1 0	68	68 9 0	69	69 29 27 2 0
70	70 16 15 1 0	71	71 6 0	72	72 53 47 6 0
73	73 25 0	74	74 16 15 1 0	75	75 11 10 1 0

高等学校信息安全专业规划教材

次数	本原多项式	次数	本原多项式	次数	本原多项式
76	76 36 35 1 0	77	77 31 30 1 0	78	78 20 19 1 0
79	79 9 0	80	80 38 35 1 0	81	81 4 0
82	82 38 35 3 0	83	83 46 45 1 0	84	84 13 0
85	85 28 27 1 0	86	86 13 12 1 0	87	87 13 0
88	88 72 71 1 0	89	89 38 0	90	90 19 18 1 0
91	91 84 83 1 0	92	92 13 12 1 0	93	93 2 0
94	94 21 0	95	95 11 0	96	96 49 47 2 0
97	97 6 0	98	98 11 0	99	99 47 45 2 0
100	100 37 0	101	101 7 6 1 0	102	102 77 76 1 0
103	103 9 0	104	104 11 10 1 0	105	105 16 0
106	106 15 0	107	107 65 63 2 0	108	108 31 0
109	109 7 6 1 0	110	110 13 12 1 0	111	111 10 0
112	112 45 43 2 0	113	113 9 0	114	114 82 81 1 0
115	115 15 14 1 0	116	116 71 70 1 0	117	117 20 18 2 0
118	118 33 0	119	119 8 0	120	120 118 33 0
121	121 18 0	122	122 60 59 1 0	123	123 2 0
124	124 37 0	125	125 108 107 1 0	126	126 37 36 1 0
127	127 1 0	128	128 29 27 2 0	129	129 5 0
130	130 3 0	131	131 48 47 1 0	132	132 29 0
133	133 52 51 1 0	134	134 57 0	135	135 11 0
136	136 126 125 1 0	137	137 21 0	138	138 8 7 1 0
139	139 8 5 3 0	140	140 29 0	141	141 32 31 1 0
142	142 21 0	143	143 21 20 1 0	144	144 70 69 1 0
145	145 52 0	146	146 60 59 1 0	147	147 38 37 1 0
148	148 27 0	149	149 110 109 1 0	150	150 53 0
151	151 3 0	152	152 66 65 1 0	153	153 1 0
154	154 129 127 2 0	155	155 32 31 1 0	156	156 116 115 1 0
157	157 27 26 1 0	158	158 27 26 1 0	159	159 31 0
160	160 19 18 1 0	161	161 18 0	162	162 88 87 1 0
163	163 60 59 1 0	164	164 14 13 1 0	165	165 31 30 1 0
166	166 39 38 1 0	167	167 6 0	168	168 17 15 2 0

说明：

(1)本原多项式栏中列出的是该多项非零系数的幂次。例如，２１０代表 x^2+x+1，８６５１０代表 $x^8+x^6+x^5+x+1$。

(2)对于一个给定的次数 $n \leqslant 168$，如果有 n 次本原三项式存在，这个表里就列出一个本原三项式 x^n+x^k+1 而 k 尽可能地小；如果没有本原 n 次三项式存在，这个表里就列出了一个本原五项式 $x^n+x^{b+a}+x^b+x^a+1$，而 $0<a<b<n-a$，同时，a 尽可能地小，而在 a 尽可能地小前提下，b 又尽可能地小。

参考文献

［1］ 金晨辉，郑浩然，张少武等．密码学［M］．北京：高等教育出版社，2009.

［2］ 秦艳琳．信息安全数学基础［M］．武汉：武汉大学出版社，2014.

［3］ 杨晓元．现代密码学［M］．西安：西安电子科技大学出版社，2009.

［4］ 陈少真．密码学教程［M］．北京：科学出版社，2012.

［5］ 林东岱，曹天杰．应用密码学［M］．北京：科学出版社，2009.

［6］ 李超，屈龙江．密码学讲义［M］．北京：科学出版社，2009.

［7］ 吴晓平，秦艳琳，罗芳．密码学［M］．北京：国防工业出版社，2010.

［8］ 祝跃飞，王磊．密码学与通信安全基础［M］．武汉：华中科技大学出版社，2008.

［9］ 李晖，李丽香，邵帅．对称密码学及其应用［M］．北京：北京邮电大学出版社，2009.

［10］ 杨波．现代密码学（第2版）［M］．北京：清华大学出版社，2008.

［11］ 中国密码学会．2009—2010密码学学科发展报告［M］．北京：中国科学技术出版社，
2010.

［12］ 李超，孙兵，李瑞琳．分组密码的攻击方法与实例分析［M］．北京：科学出版社，2010.

［13］ 李超，屈龙江，周悦．密码函数的安全性指标分析［M］．北京：科学出版社，2011.

［14］ 胡亮，赵阔，袁巍等．基于身份的密码学［M］．北京：高等教育出版社，2011.

［15］ 陈晖，祝世雄，朱甫臣．量子保密通信引论［M］．北京：北京理工大学出版社，2010.

［16］ 吴文玲，冯登国，张文涛．分组密码的设计与分析［M］．北京：清华大学出版社，2009.

［17］ 金晨辉，李世取．对有限域上复合变换的线性逼近［J］．数学研究与评论，2005，25
（1）：176-182.

［18］ 温巧燕，钮心忻，杨义先．现代密码学中的布尔函数［M］．北京：科学出版社，2000.

［19］ 卿思汉．安全协议［M］．北京：清华大学出版社，2005.

［20］ Joan Daemen, Vincent Rijmen. 高级加密标准（AES）算法——Rijndael 的设计．谷大武，
徐胜波译．北京：清华大学出版社，2003.

［21］ Ralph T C. Security of continuous-variable quantum cryptography［J］. Physical Review A.
2000, 62：062306.

［22］ Namiki R, Hirano T. Security of quantum cryptography using balanced homodyne detection
［J］. Physical Review A, 2003, 67：022308.

［23］ Grosshans F, Cerf N J. Continuous-variable quantum cryptography is secure against non-
Gaussian attacks［J］. Physical Review Letters, 2004, 92：047905.

［24］ Klapper A, Goresky M. 2-adic shift registers［C］// Fast Software Encryption, Cambridge
Security Workshop. Lecture Notes in Computer Science. New York：Springer-Verlag, 1993,
809：174-178.

［25］ Kocher P, Jaffe J, Jun B. Differential Power analysis［C］// Wiener M. Advances in Crypt-

高等学校信息安全专业规划教材

logy-CRYPTO 1999, LNCS 1666. Berlin：Springer-Verlag, 1999：388-397.

[26] Kobliz N. Elliptic curve cryptosystem [J]. Mathematics of Computation, 48(1987)：203-209.

[27] NIST. Advanced encryption standard(AES), FIPS PUB 197[S]. National Institute of Standards and Technology, U. S. Department of Commerce, 2001, 11.

[28] Lai X J, Massey J L. A proposal for a new block encryption standard [C]. Advances in Cryptology-Eurocrypt'90 Proceedings, Berlin：Springer-Verlag, 1991：389-404.

[29] E Biham, O. Dunkelaman. Cryptanalysis of the A5/1 GSM stream cipher[C]. Advanced in Cryptology：Indocrypt'2000, LNCS 1997, Springer-Verlag 2000.

[30] W. Meier, O. Staffelbach. Fast correlation attacks on stream cipher[C]. Eurocrypt'88. LNCS 330, 301-314. Springer-Verlag, 1988；Journal of Cryptology, 1, 1989：159-176.

[31] W. Meier, O. Staffelbach. Correlaiton properties of combines with memory in stream ciphers [J]. Journal of Cryptlogy, Vol. 5, 1992(1)：67-86.

[32] Wu Wenling, Zhang Lei. LBlock：A Lightweight Block Cipher [C]//Proc of International Conference on Applied Cryptography and Networks Security. Berlin：Springer, 2011：327-344.

[33] Wang Yanfeng, Wu Wenling, Yu Xiaoli, et al. Security on LBlock against Biclique Cryptanalysis. [C]//Proc of 13th International Workshop on Information Security Application, 2012：1-14.

[34] 中国密码学会. 2014—2015 密码学学科发展报告[M]. 北京：中国科学技术出版社, 2016.